古塔纠倾加固技术

谌壮丽　王　桢　编著

中国铁道出版社

2011年·北　京

图书在版编目(CIP)数据

古塔纠倾加固技术/谌壮丽，王桢编著．—北京：中国铁道出版社，2011．7

ISBN 978-7-113-13190-6

Ⅰ．①古…　Ⅱ．①谌…　②王…　Ⅲ．①古塔—修缮加固　Ⅳ．①TU746．3

中国版本图书馆 CIP 数据核字(2011)第 128164 号

书　　名：古塔纠倾加固技术
作　　者：谌壮丽　王　桢　编著

责任编辑：陈小刚　**电话：**010 - 51873065
封面设计：崔丽芳　乔　倩
责任校对：张玉华
责任印制：李　佳

出版发行：中国铁道出版社（100054，北京市宣武区右安门西街 8 号）
网　　址：http：//www. tdpress. com
印　　刷：北京华正印刷有限公司
版　　次：2011 年 7 月第 1 版　　2011 年 7 月第 1 次印刷
开　　本：850 mm×1 168 mm　1/32　印张：12. 875　字数：353 千
书　　号：ISBN 978-7-113-13190 - 6
定　　价：60. 00 元

前　言

在辽阔美丽的祖国大地上，随处都可以看到古塔的踪影。这些千姿百态的古塔，其造型之美、结构之巧及雕刻、装饰之华丽，均可与我国其他种类的古代建筑相媲美。然而，在我国早期的古建筑物中有楼有阁，有台有榭，有廊有庑，有民居有桥梁有陵墓，唯独没有塔。原来塔并不是我国的固有构筑物，而是从国外引进的一种建筑类型。在传入我国以后，塔又和我国原有的建筑形式相结合，形成了一种具有中国民族传统特色的新的建筑类型。所以，建筑学家们把塔称为我国传统建筑中的一朵晚开的奇葩。

塔起源于印度，佛经上说：释迦牟尼圆寂之后，遗体被火化，变成各色晶莹的珠子，称为“舍利子”，因而建塔埋葬，以资纪念。后来佛教高僧、大法师死后，亦建塔埋葬灵骨，也有用以埋葬重要经卷、袈裟、法器的。

中国造塔的起源，通常认为是从汉明帝开始。汉明帝刘庄夜梦金人，因此派遣使臣西去印度、阿富汗，并摹画佛塔的样式回国，在京都洛阳建造中国第一座佛寺，为纪念白马驮经之功，故取名为白马寺，后又在寺旁建一佛塔——释迦舍利塔，又名齐云塔，这便是中国第一座塔。

佛法东来，不仅掀开了佛教在中国光辉灿烂的一页，启发了无数的生命臻至圆满，在建筑艺术上的成就更是丰富惊人。中国的佛塔虽然源于印度，但并没有生搬硬套，而是把中国原有的亭台楼阁建筑特点运用在塔的建筑之中，创造了姿态万千的名塔，形成了自己别具一格的建筑艺术体系。

中国古塔建筑艺术是世界上延续历史悠久、分布广阔、风格鲜明的一种独特艺术体系，是一笔宝贵的中华建筑文化遗产。塔不仅对研究中国佛教文化和古建筑艺术有着极深的文化艺术价值，也是中华文明灿烂史上一颗璀璨的明珠。作为建筑艺术，古塔还是人与大自然溶为一体的媒介，北京北海公园的白塔、杭州西子湖畔的雷峰塔、以及苏州的虎丘塔，在碧水青山的景致中更显玲珑秀巧。遍布塞北江南、卓越多姿的中国古塔，将万里山川点缀得更加美丽妖娆。

塔还与百姓的生活息息相关，有些塔成为一个城镇、乡村的标志性建筑；以塔为名的社区、街道和乡镇比比皆是，如雁塔区、白塔公园、砖塔胡同、木塔巷等，让人听起来倍感亲切。当远方归来的游子隐约看见家乡的古塔，第一反应是——到家了。每一座古塔的背后都有鲜活、生动的故事或美丽的传说，说起普救寺的莺莺塔，人们自然想起《西厢记》里张生和崔莺莺一见钟情的浪漫传说；提起慈恩寺的大雁塔，人们就会想起《西游记》唐僧西天取经的神话奇遇；谈起西子湖畔的雷峰塔，人们不由得想起《白蛇传》里白娘子与许仙悲欢离合、凄婉动人的爱情故事……正是这动人的故事赋于了塔的生命、塔之灵性。于是，每一座古塔便成了历史的见证，一座古塔就是一部历史。

据不完全统计，中国有上万座古塔，遍布大江南北。岁月悠悠，时代变迁，古塔历经千百年风雨侵蚀，倾斜倒塌事件时有发生，既有自然的因素，也不乏人为因素。有些是由于当时挽救乏术而不得不任其倾斜或倒塌，如陕西扶风法门寺唐代舍利塔、内蒙阿拉善左旗南寺双白塔曾在暴雨中倒塌。有些是缺乏预先保护性，如举世瞩目的四川汶川大地震，毁损了震区内 28 座古塔，有的整体倒塌，有的被拦腰震断，有的产生倾斜和裂损；时隔两年，青海玉树地震也造成了藏区十余座佛塔毁于瞬间……古塔倒一座，也就少一座，我们不能眼看着这些弥足珍贵的古塔在当今时代消身湮灭。黄金有价，文物无价，即使按原样重建一座塔，也失去了原有的文物价值，其意义不能与原塔相比。文物界向来有“十塔九斜”、甚至“无塔不斜”之说，这表明古塔倾斜是一个普遍的通病，同时也说明，人们对于高耸结构物的倾斜难以控制的无奈。如今现存的楼阁式纯木结构古塔已经寥寥无几，堪称木结构建筑典范的山西应县木塔，也面临诸多病害之困扰（倾斜、扭曲及材料老化等）。由此可见，保护这些稀世珍宝的古塔建筑、拯救人类文化遗产，是造福子孙后代的千秋功业，是当今社会文明程度和提高软实力的重要体现，同时也是我辈刻不容缓的社会责任和艰巨任务。

古塔纠倾加固技术就是采用一定工程措施，将倾斜的古塔改斜归正；对病害的古塔排险解患；对残损的古塔修缮保护，增强古塔地基基础和塔身的稳定性，提高古塔抗震、抗雷击的能力。古塔纠倾加固技术是一门高风险、高难度的综合实用技术，涉及文物、建筑、宗教、历史、文化、力学、测绘学、岩土工程、材料科学等多种学科和专业领域。所以，保护文物古建筑包括古塔在内等文化遗存不只是文物工作者的事情，也是上述相关专业人士共同解决的课题。

20 世纪 70 年代末，以苏州虎丘塔抢险加固成功为标志，开创了我国古塔纠倾加固乃至特种工程领域的新时代。随着科学技术和社会文明的进步，近十余年来，文物保护工作取得了喜人的发展，越来越多的专业队伍加入到文物保护的行列，出现了跨学科跨专业的交叉联合。与此同时，古塔纠倾加固的新方法、新技术、新材料不断涌现，取得了不斐的业绩，使一些岌岌可危的古塔得到了纠倾加固，避免了倒塌的厄运。除苏州虎丘塔外，尚有杭州余杭的舒公塔、兰州白塔山白塔、太原双塔寺的东塔、江苏常熟的聚沙塔、上海的唐代青龙塔、昆明的金刚宝座塔、四川都江堰奎光塔等……尤其值得欣慰的是都江堰奎光塔，2002 年 8 月进行了纠倾加固，时隔 6 年，经受住了 2008 年汶川特大地震的考验屹然挺立。举世闻名的意大利比萨斜塔，历时 17 年，耗资 4 000 万美元，使古塔的倾斜度由原来的 5.5°减为目前的 5°，塔顶回归了 45 cm，可以保证 300 年不倒。大量事实证明，经过纠倾加固后的古塔不敢说“老当益壮”，但的确可以“益寿延年”。

本着对先辈创造的灿烂建筑文化保存至今的尊重，也为保护我国优秀历史文化和古塔建筑艺术，作者集近年来对几座古塔纠倾加固的实践经验、研究和思索，并收集整理了同行们的一些研究成果和经典实例，特别是有关古塔发展的历史，编撰了这本书，适逢中铁西北科学研究院迎来 50 周年庆典，作为献给中铁西北科学研究院 50 华诞微薄之礼。

本书第 1、2 章介绍了塔的起源，塔与佛教的关系，塔在中国演化、发展的历史进程；塔的各种类型、塔的作用和功能、塔的组成和结构类型等。总结归纳了古塔常见的破坏模式和破坏因素，指出人类不当的生产活动和地震是造成古塔倾斜和损毁的主要因素；通过地震前后的图片对比介绍了汶川大地震中毁损的几个古塔、青海玉树地震中毁损的几十座佛塔资料，提出了古塔纠倾加固的必要性和紧迫性。

第 3 章分析和总结了导致古塔倾斜的四种因素，根据多年的经验积累，论述了如何对古塔病害进行现场勘察，如何判断分析、寻找古塔致倾的原因，以便对症施治提出切实可行的纠倾加固方案。在古塔纠倾加固设计中，提出了设计中应考虑的相关问题、技术要点、设计应遵循的程序等。在古塔纠倾加固施工中，提出了施工前应做的技术准备工作、注意事项、关键环节等。最后对古塔纠倾的合格标准及纠倾加固完成以后的复旧工作提出了一些技术要求。

第 4 章首先介绍了古塔纠倾与加固的辨证关系和先后顺序，详细介绍了古塔纠倾中常规的几种方法及各种方法的技术特点和选取的原则，特别介绍了作者近年来在纠倾加固实践中发明的几种方法:《迫降顶升组合协调纠倾法》、《可控精确组合纠倾法》及《互动协调组合纠倾法》，论述了上述方法的优越性和适用范围。同时还介绍了古塔地基加固、塔身抗震加固等方法。

第 5 章介绍了古塔纠倾加固过程中的各种监测技术和方法，

论述了信息反馈技术在古塔纠倾加固中的作用和重要性，并介绍了古塔纠倾加固过程中的一系列安全保护措施和控制手段。

第6章列举了笔者部分参与的国内十几座古塔纠倾加固、病害勘察和方案论证的案例，还特别介绍了著名的意大利比萨斜塔的纠倾加固过程。这些工程案例供同行们借鉴。

第7章古塔览胜里，列举了国内一些著名的古塔、倾斜和残损的古塔资料图片，以供古塔爱好者鉴赏。

本书前言，第1、2、6、7章及后记由王桢同志编写，第3、4、5章由谌壮丽同志编写，并对全书进行全面审核。

2010年4月19日　兰州

目　录

第 1 章　概　　述 ………… 1

1.1　塔的溯源 ………… 1

1.2　中国古塔的起源 ………… 3

1.3　中国古塔的发展 ………… 5

1.4　古塔的类型 ………… 10

第 2 章　古塔的作用、结构特点和常见的破坏因素 ………… 20

2.1　古塔的作用和功能 ………… 20

2.2　古塔的结构 ………… 22

2.3　中国古塔的数量和分布 ………… 28

2.4　古塔常见的破坏因素 ………… 32

2.5　四川汶川、青海玉树大地震造成古塔的破坏情况 ………… 41

第 3 章　古塔纠倾加固的工作程序及要点 ………… 52

3.1　古塔病害勘察 ………… 52

3.2　古塔倾斜原因分析判断 ………… 54

3.3　古塔稳定性评价 ………… 60

3.4　提出纠倾加固方案设想，并进行可行性论证 ………… 60

3.5　施工图设计 ………… 61

3.6　纠倾加固工程施工 ………… 64

3.7　古塔纠倾 ………… 64

3.8　古塔纠倾量与纠倾合格标准 ………… 66

3.9　复旧处理 ………… 68

第 4 章　古塔纠倾加固方法 ………… 69

4.1　纠倾工程与加固工程 ………… 69

4.2　古塔纠倾方法 ………… 72

4.3　古塔常用纠倾方法的技术特点 …………………… 77
4.4　纠倾施工及施工工艺流程 …………………………… 97
4.5　古塔纠倾方案的选择原则 ………………………… 101
4.6　古塔加固方法 ……………………………………… 104
第5章　古塔纠倾加固中的监测与控制技术 ………… 112
5.1　监测技术 …………………………………………… 112
5.2　数据采集与信息反馈系统 ………………………… 119
5.3　控制技术 …………………………………………… 119
第6章　古塔纠倾加固工程实例 ……………………… 129
6.1　都江堰奎光塔纠倾加固工程 ……………………… 129
6.2　兰州白塔山白塔纠倾加固工程 …………………… 147
6.3　兰州烈士陵园纪念塔纠倾加固工程 ……………… 165
6.4　陕西眉县净光寺塔纠倾加固工程 ………………… 177
6.5　南京定林寺塔纠倾加固工程 ……………………… 182
6.6　昆明妙湛寺金刚塔纠倾加固工程 ………………… 185
6.7　江苏常熟聚沙塔纠倾加固工程 …………………… 191
6.8　青海化隆县阿河滩清真寺宣礼塔地基加固 ……… 197
6.9　北京万松老人塔地铁下穿加固及纠倾方案 ……… 205
6.10　北京妙应寺白塔病害勘察及加固方案 ………… 221
6.11　苏州虎丘塔地基加固 …………………………… 243
6.12　意大利比萨斜塔纠倾加固 ……………………… 249
6.13　山西应县木塔病害治理方案 …………………… 258
6.14　陕西铜川延昌塔纠倾 …………………………… 275
6.15　四川省中江县南塔震后维修加固工程 ………… 277
6.16　四川省中江县北塔震后维修加固工程 ………… 290
6.17　都江堰奎光塔震后加固修复工程 ……………… 304
6.18　陕西周至仙游寺法王塔迁建工程 ……………… 336
第7章　中国著名古塔、倾斜及残损古塔概览 ……… 340
7.1　国内名塔 …………………………………………… 340

7.2 国内倾斜、残损的古塔 …………………………………… 372
7.3 四川汶川、青海玉树地震毁损的古塔 ………………… 389
参考文献 ……………………………………………………………… 397
编后记 ………………………………………………………………… 399

第1章 概 述

“救人一命，胜造七级浮屠”，自古以来就是中国人乐善好施的通俗用语，也是扶危济贫、救死扶伤义士们的谦逊之辞。其实在佛教世界里，除了救死扶伤以外，建造“浮屠”就是最大的善举了。那么究竟什么叫“浮屠”呢？这并不是每一个中国人都能回答上的问题。其实，浮屠就是佛塔，虽然佛塔对于所有的中国人而言并不陌生，但如果要问“佛塔是用来作什么的?”、“为何要造塔、修塔和敬塔?”仍然是一个不容易回答的问题。为了更好地保护和修缮古塔，深刻理解古塔的丰富内涵，把它深深地溶入古塔纠倾加固的理念中，这就需要我们首先去了解古塔的来历、用途以及它的类型、结构特点等。

1.1 塔的溯源

塔，梵文称作 Stupa，在古代的印度就是坟冢的意思。从印度的梵文译成汉文之后，曾经出现了窣睹婆、塔婆、窣堵波、率都婆、佛图、浮屠、浮屠、佛塔等音译名称，意译则是高显处、功德聚、坟陵、方坟、圆冢、灵庙、归宗、聚相、灭恶生善处等。“窣堵波”与中国原有东西相比较，没有这样的建筑，也找不到相应的文字。人们发挥着各自的才能，于是出现上述音译、意译和形状译的各种名称。而最接近的“台”字又显示不出它的高妙，于是就另造一字为“塔”，这是古代中国人给予这种印度传来的佛教建筑的一种很形象化的名称。“塔”字最早见于葛洪的《字苑》，它采用了梵文佛字，“布达”的音韵，又加上土作偏旁，以示土冢之义，最为恰当，也最为简洁，于是“塔”的名称流行广泛，直至现在，许多人已不知道“窣堵波”为何物了。

造塔的起源，在佛陀时代应已开始了。据《十诵律》记载：须达长者曾求取佛陀的头发与指甲，并建塔供养。相传佛祖释迦牟尼涅槃以后，弟子们把他的遗体火化了，遗骨在火光之中凝结成了五彩斑烂、击之不碎的结晶物，称作舍利子。相传释迦还遗留下了他的身骨、头顶骨、牙齿、毛发、指骨等，这都是佛的舍利子。当时有八个国家的国王听说释迦涅槃了，都分别求得了一份，按照印度古老的传统习俗在自己的国家建塔供养了起来。这些佛塔的下面都有地宫，里面都珍藏着释迦佛祖的舍利。由于佛教信徒们将释迦佛祖的舍利子视为一种至高无上的神圣物品，所以佛塔就不仅成为了释迦涅槃的象征，更是佛家弟子们顶礼膜拜的对象了。佛教认为：信徒们如果能经常性地环绕着佛塔作礼拜，就可以在来世获取无上的功德和福报。所以，环绕着佛塔作右旋礼拜，也就成为当时的僧侣们每日必作的功课了。不仅如此，建造佛塔更可获无量福德，《僧祇律》中记载：“真金百千担，持用行布施，不如一团泥，敬心治佛塔”。《造塔功德经》中举出了造塔可增寿、生天、灭五无间罪、成佛等种种功德果报。

在释迦涅槃二百多年以后，印度孔雀王朝的阿育王就曾经打开了最早的八个舍利塔中的七塔地宫，取出舍利子，把它们分成许多份，然后在他传播佛教的广大区域内普遍建塔供养。这种作法还经常被后世的佛教信众所效仿。时至今日，佛祖的舍利塔已经遍布于中亚、东亚、南亚和东南亚各地区。

从建塔的数量来讲，冠军非阿育王莫属，据《阿育王传》记载，阿育王曾修缮拘含牟尼佛等古塔，并造了84 000座佛塔。阿育王为什么要建这么多塔呢？这与他早年的经历有关。阿育王是2 300年前古印度孔雀王朝的第三代国王，他早年靠暴力和战争完成了孔雀王朝统一印度的事业，当他看到伏尸成山、血流成河的场面时，阿育王深感痛悔，从小埋藏在他心中的佛性，曾一度被权欲所遮盖，这次终于被唤醒。他问高僧曰：“我从来杀害不必以理，今修何善得免斯殃？”答曰：“惟有起塔供养众僧，救诸囚徒赈济贫乏”。阿育王从此决定皈依佛门，彻底改变统治策略，他向佛教僧团捐赠了大量的财产和土地，并在东南亚各国建塔赎罪，仅在中国就建了十九座塔。经过三四百年之后，佛教盛行于北印度，属于这一时期所建造的佛塔，塔身为长圆筒形，立在方形的基坛上，无石栏与四门，塔身与基坛周围有装饰。此类塔遗存于北印度、阿富汗、中国新疆等地，其中造型宏伟而且遗迹完整的塔是在北印度马尼卡拉的大塔。

塔最初是为安置佛陀舍利等物，采用土、石或砖等材料构建而成的建筑物。后来则泛指佛陀出生地、成道处、转法轮处、般涅槃处，乃至安置诸佛菩萨像及佛陀足迹、祖师高僧遗骨和遗物等处，从而以堆土、石、砖、木等构成隆起的标志物，作为礼拜供养的建筑物。除了供奉佛陀的遗骨、头发、钵体之类的塔外，也有在佛陀一生行历中主要事件有关的地方设的塔，如在佛生处、成道处等造四塔、八塔之类。后代也有小型的供养塔，在塔内供奉佛舍利或经文，供奉的经文代表佛舍利，被称为法舍利，大多以“诸法缘起颂”作为小型供养塔所供奉的经文。

在各种佛教经典中，记载了造塔有极大之功德，同样的，修塔、扫塔、礼塔等，亦有莫大之功德。

总之，在佛教里，佛塔代表了佛门弟子对佛陀永恒的崇仰与思慕，后世佛塔的发展，更形成极具特色的宗教艺术。

1.2 中国古塔的起源

中国古代宗教建筑包括道教、佛教和伊斯兰教建筑，但现存最多的要数佛教建筑。从建筑艺术、文物艺术的角度上说，佛教建筑特别是古塔实乃为中国古代建筑中最为宝贵的一笔文化遗产。

佛教同其他宗教一样，都要借助于实物来传播教义。佛教借以传播教义的实物除了佛经、佛像等外，就是佛塔了。佛法东来，当佛塔建筑随着佛教从印度传至中国以后，中国也开始建造佛塔，并在佛教建筑艺术史上发展出了丰富的成就。

中国佛塔建造的起源，通常公认为是从汉明帝开始。中国第一座寺院及佛塔的营建与我国佛教史上著名的“永平求法”故事密切相关。

相传东汉永平七年（公元64年）的一天夜里，汉明帝刘庄夜寝南宫，梦见金色神人，身带白光，飞行于皇宫殿庭，令人心悦。次日，刘庄征询群臣解梦。一位博学多识的大臣说：“西方天竺国（古印度）有叫‘佛’的神人，皇上可能是梦见佛了。”刘庄于是派人西去讨求。这一行人过天山、越葱岭，在西域大月氏国（今阿富汗境内）遇到天竺沙门摄摩腾与竺法兰，就邀请二位佛僧来中国宣讲佛法，并用白马驮载佛经、佛像，跋山涉水，于永平十年（公元67年）一起回到京城洛阳。第二年，汉明帝敕令仿天竺式样为摩腾、法兰修建精舍居住，称为白马寺，见图1.2-1。“寺”本义是官署，因摩腾、法兰初来时住在官署，又是外宾，为示、礼待，就仍称新居为寺，此后，中国佛教建筑就相沿称寺。之所以用“白马”命名，据说是为了纪念驮经的白马负经有功。大多数学者一般皆认为白马寺是中国第一座佛寺。

图1.2-1　中国第一座寺院——白马寺

虽然后世有的学者对这个传说和佛教初传中国的时间、路径等颇有争议，但一般佛教徒对此津津乐道，汉明帝求法成为中国佛教史上基本公认的事实，白马寺也就作为佛教传入中国内地的最早标志，蜚声古今中外。塔和寺一向有着密不可分的关系，凡寺必有塔，有塔必有寺。在印度，原本是以塔为中心，供养佛陀及圣者的舍利，礼敬崇仰，周围方有佛寺、精舍等建筑。中国青海的塔尔寺，正是先有塔，后成寺。

白马寺山门东侧，有一座玲珑古雅、挺拔俊秀的佛塔，这就是著名的齐云塔。齐云塔是一座四方形密檐式砖塔，十三层，高 35 m，见图 1.2-2。虽然它不是汉代所建的佛塔，但它造型别致，在古塔中独具特色，不可多得。齐云塔前身为白马寺的释迦如来舍利塔，当初为木塔，后来毁于大火。现在的齐云塔于金大定十五年(公元 1175 年)重建，为洛阳现存最早的古代高层建筑。

图 1.2-2　白马寺齐云塔

1.3　中国古塔的发展

印度佛塔有两种：一种是埋葬佛舍利、佛骨等的“窣堵波”，属于坟冢的性质。另一种是所谓的“支提”，传入中国以后，发展成为中国的石窟寺。而原来有舍利的塔传入中国以后，发展成为中国的寺塔。

中国早期的佛塔，从原来印度佛塔窣堵波的形制，即墓塔形的实心建筑样式，渐渐演变成有塔身、中空的精舍、塔庙形式。

从文献记载和石窟雕刻、壁画中我们可以得知：塔的发展经历了一个从楼阁式、亭阁式到密檐式到各种各样不同塔形的历史。

随着佛教传入中国，佛寺、佛塔等建筑也伴随而来，不但在中国落地生根，而且融合了中国原有的建筑形制，如亭、台、楼、阁等元素，在此基础上不断创新和发展，形成了独具中国特色的丰富多彩的古塔，除了宗教上的意义之外，也为建筑艺术史写下光辉璀璨的一页。由于早在佛教传入之前汉代即有“楼”的建筑形式，所以中国的佛塔可以说是“楼”的形制的一种发展和变化。在佛寺的布局上，大部分还是保存着中国建筑固有的平面形式，而在构造和装饰性的细节上，却发生了很大的变革。

从公元三世纪三国时代开始，佛教在中国开始广为流传，当时西域的高僧不断到中国来弘扬佛法，中国也派遣许多僧人到西域去取经求法，通过请进来、走出去，佛寺开始在中国各地如雨后春笋般建立起来，至四世纪两晋时代已经相当普遍，到了五六世纪南北朝时期更进入了一个高潮。在南北朝佛教鼎盛时，仅北魏而言，僧尼有二百万之多，佛寺三万余所，单就一个洛阳城，佛寺就有一千三百六十座。

随着佛教在中国的广泛传播，佛教高僧广招信徒、大兴土木，佛寺和佛塔的建造也越来越多，越来越奢华。从汉末到明清，虽有周武帝灭佛、“会昌法难”等限制佛教发展的事件发生，毁掉了不少包括古寺名塔在内的佛教建筑，尽管如此，佛教建筑在中国宗教建筑的数量中还是占据了主导的地位。

中国早期的佛塔，多位于佛寺的中央，或是佛寺中心致高地形上，寺院以塔为主，寺和塔是密不可分的，有塔必有寺，有寺定有塔。正如诗云：“高阁青霄外，苍茫万树烟。夕阳红道壁，寒水白为天……”，这无疑把塔与寺和谐地融合在一起，寺静谧而传奇，塔耸立而神秘，寺里的塔庄严古朴，有塔的寺香烟缭绕、佛事隆盛。

我国第一座佛寺白马寺当时的布局，就是以一个大型方木塔为中心，在其四周有廊庑门殿围绕。这种以塔为主的寺塔布局直接来源于印度寺塔建筑，自汉、晋、南北朝，迄于隋唐初期，大体因循未改。但随着念经拜佛殿堂的升级，先是寺、塔并列，然后逐步把塔排出寺外，或建于寺旁。这一变化自唐代开始，主要原因一是中国佛教自身的发展引起佛寺布局的变化；二是中国原有的庭院布局影响了佛寺布局。当外来的建筑来到中国以后，必将被赋与中国的色彩，变成有中国特色的建筑。此外，自佛教广泛传播以后，不少官商纷纷把自己的府第、王府以至行宫御舍作寺庙。可想而知，寺庙由府第改建，佛寺布局的改变已属自然而然了。

由于我国幅员辽阔、民族众多，寺塔布局的形式出现千变万化，时有反复的状态。在唐代以后的一些朝代和个别的地区，也还有一些把塔作为寺院主体的例子。如山西应县佛宫寺辽代释迦塔（应县木塔），建于辽清宁二年，塔在寺的前部中心位置上，大殿在后。这种布局，就保存了早期以塔为主的寺塔布局形式；闻名遐迩的青海省塔尔寺亦是典型的一例，先有塔，后成寺，寺以塔为中心而建。但是，随着社会的发展，以大殿为寺庙中心的布局已渐渐地成为主流，塔在寺中的地位已远不如以前了。

正如其他建筑物发展变化一样，古塔的建筑材料和建造技术的不断改进，促使古塔结构和形式也不断发展变化，与时俱进。

据历史文献记载，中国最早的塔是木塔。从东汉第一座佛寺白马寺的木塔开始，一直到三国徐州的浮屠塔，都是木塔。著名的北魏洛阳永宁寺塔，占地千尺，金宝瓶，承露金盘三十垂……号称“天下第一”，此塔就是其中一例。木塔重量轻、抗震能力强、可建得更高便于登高远眺，但它有一个最致命的缺点，就是容易起火烧毁。这个缺点严重阻碍着木塔的保存与发展，人们开始用防火性能较好的砖石来建塔。现在所知的砖石塔，最早的例子是《洛阳伽蓝记》中所记载的太康寺三层浮屠。现存最早的砖塔，是建于北魏正光元年（公元 520 年）的嵩岳寺塔，此塔高 40 m，造型优美，虽历 1 000 余年仍巍然屹立。现存最早的石塔是山东历城的四门塔，它是隋朝大业七年（公元 611 年）建筑的。此塔的重量和高度均较小，大概是由于石块较重，不好搬运的缘故吧。

唐朝时，砖塔建造技术已相当精湛，数量十分可观，成功创造了仿木结构楼阁式和密檐式两种类型的塔。亭阁式砖石塔在唐代达到巅峰,例如山东历城龙虎塔,塔身雕刻非常富丽,堪称建筑史上的佳作。随着建塔技术的提高,同时塔的数量也急剧增大,杜牧在他的《江南春绝句》中有这样的诗句:“南朝四百八十寺,多少楼台烟雨中。”这种描述听起来似乎有点夸张,但当时南朝的寺院和古塔的数量,其实远远不止这个数字。正是如此众多的寺院和古塔,在它们的发展过程中不仅形成了宗教建筑所特有的文化风格,而且这些名寺古塔,都与周围的自然风景有机地结合起来,相映成趣,形成了当地特有的人文景观。

高层砖石塔的建筑水平,到了宋、辽、金代达到顶峰。料敌塔、小雁塔、千寻塔等达到当时世界一流水平。这时的塔的结构有一处重大创新和发展,即塔的截面形式普遍由唐代的四方形转变为六角和八角形。塔截面形状的变化,首先是建筑工匠们从长期造塔的实践中积累的丰富经验所致。众所周知,我国是一个多地震的国家,高层建筑特别是砖石结构高层建筑,极易在地震中受到破坏。古代工匠们从对地震后建筑物受损情况的观察中,认识到了建筑物的锐角部分在地震中因受力集中而容易损坏,但钝角或圆角部分在地震时因受力较为均匀而不易损坏。其次,为适应人们登塔远望的需要,也是古塔平面发生变化的一种原因。木塔虽为方型,但却便于设置平座,使人们能够走出塔身,凭栏远眺。改为砖石塔后,平座就不能挑出太远,人们走出塔身便很困难,而且危险性也大大增加。改为六角形或八角形后,不仅能有效的扩大视野,而且还有利于消弱风力,其优势是十分明显的。所以,基于坚固和使用两方面的考虑,自然要改变古塔的平面形状。总之,这一发展解决了两个关键问题:一是增强了抗震和抗风暴的性能,二是多面形塔扩大了登塔眺览的视野。

此后,人们又利用金属的坚实和贵重建筑金属塔。广州光孝寺的东西铁塔,铸制于五代南汉时期,是现在保存最早的铁塔。四川峨眉山的铜塔,极尽铜制雕铸之能事,天下闻名。此外,使我国古塔建筑分外增彩的还有明清琉璃宝塔。琉璃是中国古典建筑中一种重要的建筑材料，早在 1 000 多年前就已出现。但它的普遍使用，还是在明、清时代。金塔、银塔、珍珠塔、象牙塔、珐琅塔等等，质料昂贵，更显示出塔的佛光流溢、多彩多姿。

古塔建筑材料的发展史，也是中国建筑材料的发展史，它不断由低级向高级发展，从简单向复杂发展。宋、辽、金时期的古塔，发展砖石结构的坚固、防火，兼用木材富有弹性和便于加工的特点，创造了砖木混合材料。多种材料组合，各用所长，使得建筑更加美观、耐用。这诸多的创造革新，皆来自于中国古代能工巧匠们的智慧。

综上所述，中国古塔的发展大致上可分为三个阶段。

(1)从东汉到唐朝初年，为古塔发展的第一阶段。在这一阶段中，印度的萃堵波开始和我国传统建筑形式互相结合，是不断磨合的阶段，这一时期，建塔的数量不多，保存下来的也极少。

(2)从唐朝经两宋至辽、金时期，是我国古塔发展的第二个阶段，也是我国古塔发展的高峰时期。

随着社会生产力的发展，在佛塔的建造材料上，砖块逐步取代了木材，从南北朝开始已用砖块建塔，但真正成熟地运用砖块建塔已到隋唐时代，建于唐代初期而留存至今的西安大雁塔、小雁塔即是确切的物证。特别是大雁塔，也是一座大型、多层的仿木结构楼阁式砖塔。

唐朝及两宋时期，古塔的建筑也达到了空前繁荣的程度。塔的总体数量较前代大增。建塔的材料也更为丰富了，除了木材和砖、石以外，还使用了铜、铁、琉璃等材质。阁楼式、密檐式、以及亭阁式塔犹如雨后春笋般拔地而起，花塔和宝箧印经塔精彩纷呈。这一时期，是从以木塔为主转向以砖石塔为主的最后阶段。由于材料的改变，使建筑造型与技术也相应有所变化，其中最重要的一点，是塔的平面形状从四方形逐渐演变为六角形和八角形。

由于社会风俗的变化，唐与宋、辽、金时期的古塔，在审美特征上也有了明显的差异。大致来说，唐代时期修建的塔一般不崇尚装饰，唐朝人追求的主要是简练而明确的线条，稳定而端庄的轮廓，亲切而和谐的节奏，唐塔表现出来的，是唐朝人豪放的个性和气度。而宋朝人却追求细腻纤秀，精雕细琢，柔和清丽，所以宋塔的艺术更在装饰、表现、外在的方面开拓了新的境界，极力渲染其令人目眩的轮廓变化和精湛技艺的形式美。至于与宋对峙的辽和金，则是在唐风宋韵的混合当中，谱写了中国古塔的黄金时代里又一辉煌篇章。除了民风习俗之外，宗教内在的感染力，是造塔者极力要表现的重要主题。

(3)从元代经明代到清代，是我国古塔发展的第三个阶段。

自元代以后，塔的建筑材料和结构技术，再无更高的突破，只是在建造形式上有了一些新的发展。最为明显的是，随着喇嘛教的传播，喇嘛塔进入了中国佛塔的行列。这种带有强烈异域风格的塔，长期保持了它们那庄重硕壮而又丰满的造型，如泥泊尔匠师阿尼哥主持建造的北京妙应寺白塔以及山西五台山塔院寺大白塔就属于这一时期的代表作。从元至清六百年间，这种塔形的主要变化，是其塔刹（即十三天）比例的变更，从元代的尖锥形，发展成为直筒形。明代以后，仿照印度佛陀伽耶金刚宝塔形式而来的金刚宝座式塔又和喇嘛塔一起，推动中国古塔的建造出现一次“回光返照”般的高潮。然而，从整体来看，从元代以后，塔的数量已经大大减少，佛塔的建造也处在不断衰落之中，而各种与佛教关系不大的文峰塔、风水塔、报恩塔、观景塔等却大量涌现，随之也产生了不少塔中精品。

塔，随着佛教的传入一起来到中国，也和佛教文化一样扎根在中华大地。由于佛塔与中国人的日常生活相结合，中国人的勤劳智慧使佛塔建筑形式更加丰富多彩，也成为中国佛塔的一大特色。

1.4 古塔的类型

任何形式的文化艺术都没有一成不变的固定模式，作为佛教信仰的重要标志之一的佛塔也是如此。当建造佛塔的思想从印度走向四面八方之后，各地区的佛教信徒们在接受印度佛塔建筑样式的同时，也在不断地结合着本民族固有的文化特色，创造出自己所喜爱的佛塔样式。于是在佛教发展的历史长河中，各种各样的佛塔不断涌现，成为了古代信仰佛教的各民族建筑艺术中的一朵奇葩。

中国的佛塔虽然来源于印度，但并没有生搬硬套，拿来即用，而是把中国原有的亭台楼阁等建筑特点，巧妙地运用在塔的建筑之中，创造了各种样式的名塔，形成了自己鲜明的建筑特点。中国幅原辽阔、民族众多，各民族的生活习俗及文化差异，造就了中国古塔的千姿百态、种类繁多。一般来说，南方的塔清秀挺拔，北方的塔雄伟壮观，西域的塔端庄厚重，东方的塔玲珑俊秀。

1.4.1　按结构形式区分

从它们的外表造型和结构形式上来看，大体可分为以下几种类型：

(1)楼阁式塔：在中国古塔建筑史上最为悠久、体形也较为高大雄伟、保存数量最多，是汉民族所特有的佛塔建筑样式，因为结构形式来源于中国传统建筑中的楼阁而得名楼阁式塔。早期的楼阁式塔多为木结构，现今保存最古老、最高大、最完整的纯木结构古塔当属举世闻名的山西应县木塔，见图 1.4-1。它是我国古建筑中的瑰宝，世界木结构建筑的典范，全塔上下没用一根铁钉，全靠构件互相铆榫咬合，梁柱间辅以斗栱重叠连接起到很好的减震作用，全塔共使用 54 种不同形式的斗栱，被世人称为“斗栱博物馆”，有人誉为“远看擎天柱，近似百尺莲。”这种塔的每层间距比较大，一眼望去就象一座高层的楼阁，雄伟壮观。楼阁式木塔虽易于建得形体高大，但天长日久，容易腐烂，特别是容易着火毁损。后来便出现了以砖、石、木料相结合建筑的楼阁塔形式，称为仿木结构楼阁式塔，在塔内一般都设有砖石或木制的楼梯，可以供人们拾级攀登、眺览远方，而塔身的层数与塔内的楼层往往是相一致的。

图 1.4-1　楼阁式塔

(2)密檐式塔:是在木制结构的楼阁式向砖石结构转化过程中出现的,也就是说密檐式是由楼阁式发展而来的。在中国古塔中的数量和地位仅次于楼阁式塔,形体一般比较高大雄伟。密檐式塔的最大特征是塔上有层层的密檐,第一层塔较高大,其上各层之间的距离则较短,各层的塔檐紧密重叠着,塔身上雕有佛龛佛象,并装饰具有佛教内容的花草等图案。塔身内部多为实心,也有部分是空筒式的,内设旋梯可登高远眺。见图 1.4-2。

(3)亭阁式塔:是印度的覆钵式塔与中国古代传统的亭阁建筑相结合的一种古塔形式,也具有悠久的历史。塔身的外表就像一座亭子,都是单层的,有的在顶上还加建一个小阁,见图 1.4-3。在塔身的内部一般设立佛龛,安置佛像。由于这种塔结构简单、费用不大、易于修造,曾经被许多高僧们所采用作为墓塔。

(4)花塔:花塔有单层的,也有多层的。它的主要特征,是在塔身的上半部装饰繁复的花饰,看上去就好像一个巨大的花束,可能是从装饰亭阁式塔的顶部和楼阁式、密檐式塔的塔身发展而来的,用来表现佛教中的莲花素洁世界。它的数量虽然不多,但造型却独具一格。

图 1.4-2　密檐式塔

图 1.4-3　亭阁式塔

(5)覆钵式塔:此塔由于被西藏的藏传佛教使用较多,所以又被人们称作“喇嘛塔”。又因为它的形状很像一个瓶子,还被人们俗称为“宝瓶式塔”。它是具有中国西域地区特色的一种塔形。喇嘛塔直接脱胎于印度古老的传统佛塔形制,在中国很早就开始建造了,主要流行于中国的西藏、青海等地,直到元代,随着喇嘛教的兴盛,覆钵式塔才得到了广泛的传播。覆钵式塔的造型较为统一,塔的最下面是须弥座,座上为覆钵式塔身,俗称“塔肚子”,塔身上面是一层较小的须弥座,座上为相轮,圆锥形,相轮多时可达十三层,相轮上即为伞盖和宝顶,覆钵式塔的主要功能是珍藏舍利,此外还可以作僧人的墓塔。北京妙应寺白塔及山西五台山大白塔就属于此形制,见图 1.4-4。

图 1.4-4　覆钵式塔(喇嘛塔)

(6)金刚宝座塔:这种塔是用来礼拜佛教中密教金刚界五方佛的象征性建筑,在中国流行于明朝以后。金刚五方佛分别是大日如来佛、阿闳佛、宝生佛、不空成就佛、阿弥陀佛,金刚宝座塔就是以东、西、南、北、中五座塔来代表这五佛的,它的基本特征是:下面有一个高大的基座,座上建有五塔,位居正中的塔最大,位于四角的四塔相对较矮,见图 1.4-5。基座上五塔的形制并没有一定的规定，有的是密檐式的，有的则是覆钵式的。

图 1.4-5　金刚宝座式塔——北京正觉寺金刚宝座塔

金刚宝座塔起源于印度，传到中国后有所发展演变。印度金刚宝座塔的基座较短，中间塔身较为高大，而中国金刚宝座塔则是底座高大，中间塔只比周围四塔略高，此外，在塔座与塔身的雕刻与装饰上，也突出了中国建筑的艺术特点。中国最早的金刚宝座塔造型见于敦煌石窟中的北周石窟壁画。

(7)过街塔和塔门：过街塔是修建在街道中或大路上的塔，下有门洞可以使车马行人通过；塔门就是把塔的下部修成门洞的形式，一般只容行人经过，不行车马。这两种塔都是在元朝开始出现的，所以门洞上所建的塔一般都是覆钵式的，有的是一塔，有的则是三塔并列或五塔并列式。门洞上的塔就是佛祖的象征，那么凡是从塔下门洞经过的人，就算是向佛进行了一次顶礼膜拜。这就是建造过街塔和塔门的意义所在。

除了以上列举的七类常见的古塔之外，在中国古代还有不少并不常见的古塔形制，如在亭阁式塔顶上分建九座小塔的九顶塔，类似于汉民族传统门阙建筑形式的阙式塔，形似圆筒状的圆筒塔，以及钟形塔、球形塔、经幢式塔等，这些形制一般多见于埋葬高僧遗骨的墓塔。还有一种在藏传佛教寺院中流行的高台式列塔，即在一座长方形的高台之上建有五座或八座大小相等的覆钵式塔。另外，还有一些将两种或三种塔形组合在一起的形制，如把楼阁式塔安置在覆钵塔的上面，或者把覆钵式塔与密檐式、楼阁式组合为一体，这样一来使古塔的形式更加丰富多彩、变化多端了。

1.4.2 按功能和用途区分

佛塔是古塔类最大的家族，除了佛塔以外，还有诸多与佛教无关的塔，如纪念塔、灯塔、文峰塔、观景塔、料敌塔、风水塔、镇河塔、镇海塔等。

佛塔不仅在佛教的信仰上极为重要，在传入中国后更深入大众的生活，除了宗教性用途之外，最常见的功能莫过于塔可以登高望远。河北定州开元寺塔即作为军事瞭望之用，故又称为“料敌塔”。杭州六和塔即是航海灯塔，其他诸塔或是作为城市、码头、驿站之地标，或是因弥补风水、振兴文风而建，如四川省都江堰奎光塔等。

1.4.3 按样式区分

以塔的外形样式来分，有覆钵式塔、龛塔、柱塔、雁塔、露塔、屋塔、无壁塔、喇嘛塔等。

1.4.4 按塔的层级区分

以塔的层数来分，则有十七层塔、十五重塔、十三层塔、十一重塔、九重塔、七重塔、五重塔、三重塔等。现存的古塔中，以十一层及七层居多，佛塔层数基本上都为单数，单数为阳数。

1.4.5 按塔的截面形状区分

以塔身横截面来分，则有圆塔、方塔、六角形塔、八角形塔。圆形如河南嵩岳寺塔、北京碧海山庄宝瓶式塔；方形如西安大雁塔、常熟虞山方塔；六角形如锦县之砖塔；八角形如苏州虎丘塔、崆峒山凌空塔等。见图 1.4-6。

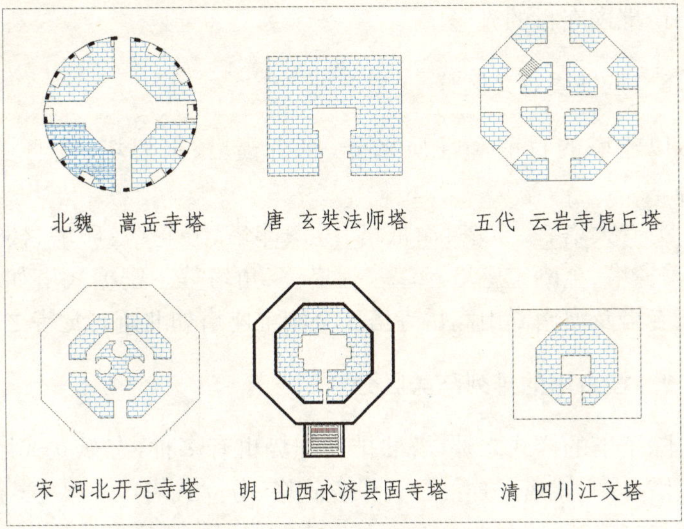

图 1.4-6 古塔的截面形式

1.4.6 按所纳藏之物区分

若以塔内纳藏之物来分，则有舍利塔、真身宝塔、发塔、爪塔、牙塔、衣塔、钵塔、灰身塔、碎身塔、瓶塔、海会塔、三界万灵塔、一字一石塔等。

1.4.7 按建筑材料区分

如以建塔的材料来区分，则有木塔、砖塔、石塔、玉塔、沙塔、泥塔、土塔、铁塔、铜塔、金塔、银塔、水晶塔、玻璃塔、琉璃塔、宝塔、香塔。

中国古塔所使用的建筑材料大体可以分为木、砖石、金属、琉璃等几种。木塔主要流行在东汉、魏晋与南北朝时期，是用汉民族传统的木结构方法建造成的。砖石塔是唐代以后兴起的，是用垒砌、发券、叠涩等方法建造而成的，中国现存的大部分古塔都是属于这种建筑类型。宋代以后，人们有时候喜欢用雕模制范的方法来铸造金属塔。而用琉璃砖瓦砌筑的古塔，更为塔身的外表增添了一份璀璨夺目的光彩。

1.4.8 按性质意义区分

以建塔的目的和性质来分，有祈福塔、报恩塔、法身塔、寿塔等。

另有大塔、多宝塔、瑜祇塔、宝箧印塔、五轮塔、卵塔、楼阁式塔、密檐塔、金刚宝座塔、墓塔、板塔婆、角塔婆。密檐式塔如北京天宁寺塔及河南嵩山嵩岳寺塔。金刚宝座塔如北京真觉寺之塔。

1.4.9 按古塔的排列阵势区分

除了塔的样式之外，塔的排列阵势也有多种，有孤立式塔、对立式塔、排立式塔、方立式塔、拱立式塔、分立式塔等。孤立式塔为单纯独立之式样，最为普遍。对立式如西安大雁塔和小雁塔、桂林的日月塔等，一大一小，两两相望；排立式如青海塔尔寺如来八塔（图 1.4-7）、浙江嘉禾茶禅寺三塔，呈一字形排列；鼎立式塔如云南大理崇圣寺的三塔，平面上呈三足鼎立之势；方立式塔如辽宁辽

图 1.4-7　青海塔尔寺如来八塔（呈一字形排列）

阳的四门四塔，四面遥顾；另外，宁夏青铜峡一百零八塔在黄河西岸山坡上构成三角形立体塔阵，见图 1.4-8。

图 1.4-8　宁夏青铜峡一百零八塔（在黄河西岸山坡上构成三角形立体塔阵）

中国古代的佛教信众在修建佛塔的同时，也为历朝历代的高僧大德们修建了无数的舍利墓塔，在有的寺院旁边，成组成群的高僧墓塔又组成了一个个举世闻名的塔林，向人们述说着塔下圆寂之人当年的功德与业绩。嵩山少林寺塔林位于少林寺北 500 m，是少林寺历代有名望的高僧坟茔。现存有唐代至清嘉庆八年（公元 1803 年）千余年间的各代完整的砖石墓塔 230 座，占地 20 000 m^2左右，是目前中国最大的塔林。

第2章　古塔的作用、结构特点和常见的破坏因素

2.1　古塔的作用和功能

佛塔在传入中国后，在两千多年的中国佛教发展长河中，随着时空因缘变迁，佛塔的建筑艺术形式又启发了祖先们对于其他建筑种类的想象力，造塔不仅只是出于宗教的目的，也和军事、民间生活密切的联系在一起，如用于观望敌情的料敌塔、用于导航引渡的航标塔、用于补充风水的奎光塔、用于振兴文风的文峰塔、用于森林防火的瞭望塔等……，进而发展出多元化的功能。

2.1.1　军事之用

利用塔作为瞭望台观察敌方军事变动，称为料敌塔。如河北定州开元寺塔，屹立于宋辽边境的宋朝军事重镇定州城北，有侦察敌军动向之功用，是名副其实的料敌塔。塔高 85 m，内有旋梯可登高远眺，登上塔顶，辽阔的华北平原尽收眼底。建塔工期从咸平四年(公元 1001 年)开始，到宋仁宗至和二年(公元 1055 年)告成，前后共经历五十四年，工程浩大用材极多，有“砍尽嘉山(曲阳境内)木，修成定州塔”的传说。其倡修者就是北宋定州的历届军事长官。

2.1.2　航海及河运的灯塔

灯塔一般建在海港、码头高耸处或河道险滩处，作为导航之用。如杭州六和塔，海上船只夜泊者，皆以六和塔灯为指南。而海盐资圣寺塔，其塔身层层皆用四方灯点照，在东海航行的船只皆远望此灯以作为标的。净土寺塔，也燃灯彻夜不灭，在江海上航行者

都远望此塔以作为判识方向之用。以上皆是典型用来作为航海灯塔的实例。

2.1.3 城市、码头及驿站的标志

佛塔有的也用来作为城市、码头或是驿站的标志，如青浦福田寺塔，建塔标灯，作为往来识别的地标。苏州盘门旁的瑞光塔、运河口旁虎丘山上的云岩寺塔，镇江运河入江口金山寺塔，泉州港附近石构的万寿塔等皆有此功用。

振兴文风，补充风水。有许多地方建有风水塔、文峰塔、文笔塔等，则与佛教无关，而是出于弥补风水之缺陷的目的。四川省都江堰奎光塔修建起因，据《重建灌县奎光塔碑》记载："奎光塔者何？前明人以补地形之缺者也……"，相传明代有一位风水先生称灌县为蜀西风水宝地、天府之源、山明水丽、古迹遍布，本应人杰地灵，但城南处地势低陷，已患风箭之忌，故历史上人材不济、魁元者寥寥。为了弥补地形缺陷，振兴科举和文风，在此处宜建文笔（塔刹），以蓄其气。市民百姓按其说法，在城南建石塔一座，取名为"奎光塔"，石塔在明末被大水冲毁，清道光十一年，县令周因培主持重建。奎光塔建成之后在川西引起了极大的轰动，文风大振，吸引了大批文人墨客和教书先生，灌县从此人才济济，名人辈出。

2.1.4 点缀风景之用

塔也常被视为风景名胜区的景物之一，对风景名胜区起到"画龙点睛"之功效。如杭州西湖边的雷锋塔、保叔塔；余杭区的舒公塔；甘肃平凉大明砖塔（图 2.1-1）；北京颐和园侧玉泉山上的琉璃塔；扬州瘦西湖的白塔；太湖之滨苏州上方山的楞伽塔；常熟梅李镇聚沙塔等，使秀丽的风景更加空灵虚远。其中"雷锋夕照"早已成为闻名遐迩的西湖十景之一；"聚沙塔影"被誉为"虞山十八景"之一。

也有的地方因为有了塔，才成为风景名胜区的，如兰州的白塔

图 2.1-1　甘肃平凉大明砖塔

山公园，山因塔而得名，塔因山而扬其名；都江堰奎光塔公园也是因为有了塔，才在塔的周围修建文化公园。塔因风景而出名，风景因塔而增色，塔与大自然和谐相处，相映成趣，熟轻熟重，已并不重要了。

这些名目众多、用途广泛的古塔，充分说明了这种原本属于佛教的建筑形式，早已融入到了中国古代民族文化的海洋之中，成为了中国古代建筑艺术中不可缺少的一个重要组成部分，也把中国的大好河山装扮得更加绚丽多姿。

2.2　古塔的结构

尽管古塔的种类是多种多样的，它们的建筑材料和构成方法也不尽相同，但它们的基本构造是大体相同的，主要由地宫、塔基、塔身、塔刹四个部分组成，见图 2.2-1。

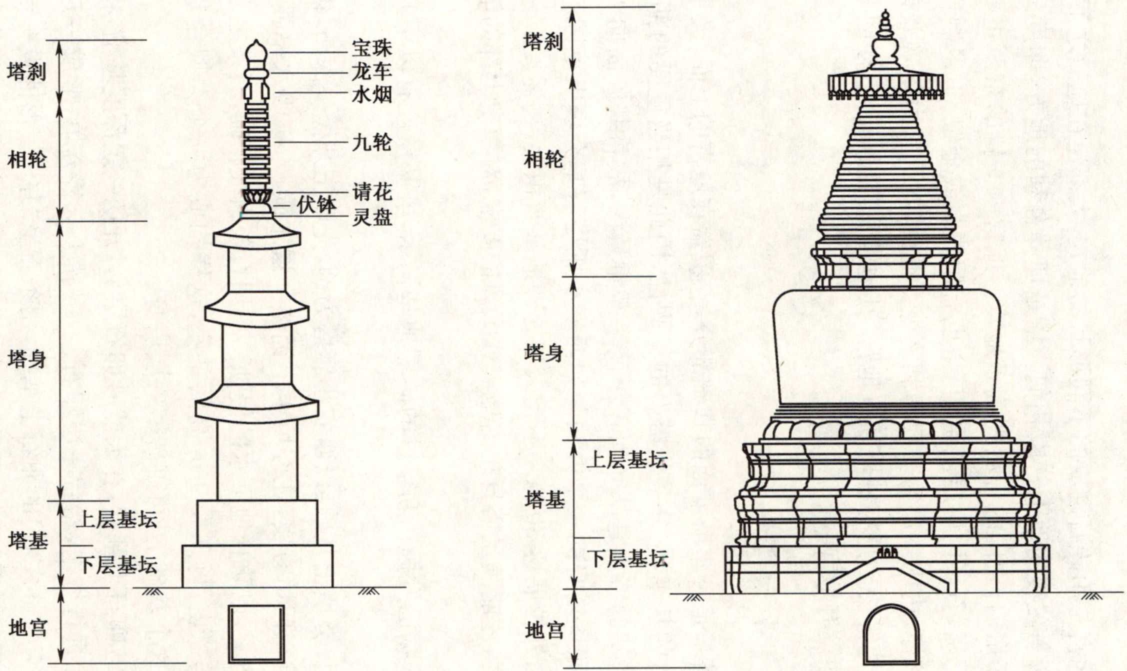

图 2.2-1　古塔结构示意图

2.2.1 地　宫

地宫是用砖石砌成的不同形状的地穴，大都建在地面之下，与古代帝王陵寝的地下宫殿相似。塔是埋葬舍利的地方，印度的舍利藏于塔内，中国的舍利则藏于地宫。地宫内安置的东西主要是一个石函，石函内层层函匣相套，也有用石制或金银、玉翠制作的小型棺椁，内中一层为安放舍利之处。此外，在地宫内还陪葬有经书、佛像等物。只有佛塔才有地宫，其他塔及宫殿、坛庙、楼阁等古建筑均没有地宫。

2.2.2 塔　基

塔基是一座塔下面的基础部分，它覆盖在地宫的上面，又是承托塔身的基座，它关系到塔身的稳固性，因此是相当重要的部分。砖塔塔基的特点是基底面积小而承载重量大，故将基础面向外扩展，是稳固塔身的一个办法。如西安小雁塔塔基夯填土范围就自塔身向外扩展达 30 m。不光人工处理地基面积大，还需要有一定的深度，才能满足塔身抗击地震或大风的要求，对稳定上部的塔身有利。

根据已发掘和勘察过的砖塔地基揭示，塔基一般有以下几种做法：

(1)夯填土基础：以西安小雁塔为例，先取土开挖一深槽，再一层层进行回填夯实，在夯填土上铺垫一层木碳；木碳吸水率强，能防水防潮，以防止地下水的侵蚀。再用石条纵横相砌，石条之上开始砌砖二皮，再砌 3.2 m 高的基座，这样构成为一个大型台基基础，在这个基础上，再砌砖塔一层塔身。

(2)卵石土基础：在天然砂卵石层上，开挖一定深度基槽，将基槽底面进行夯击，然后一层卵石、一层黏土交替夯填，形成一定厚度(约 1.5 m 左右)的卵石土基础，用条石呈“井”字形铺设一定厚度，条石中间用卵石土回填，在此之上用砖砌筑塔身。四川省都江堰奎光塔就是这样的基础。

(3)木桩灰土基础:这种做法主要用石灰土和木桩加固地基基础。凡遇到在土质杂乱或松软土的地基上进行造塔时采用这个办法,比如江苏太仓茜泾塔的桩基础。

(4)木桩砖基础:这种做法适用于软土地带及土质松软地区,必须打木桩,挤紧松土,承担重量。而且砖与枕木混合使用,增加地基基础承载力。

(5)岩石基础:以苏州云岩寺砖塔为例,就是将砖塔基础直接置于岩石上,从岩层上接砌塔身。

(6)砖石混合基础:在建塔时,遇到粉土、软土或松软土的地基时,先铺垫一层碎石、碎砖夯填加固地基。

早期的塔基比较低矮,而且很简单,唐代以后,塔的基础部分有了急剧的变化,明显地分出基台与基座两部分。基台在下,基座在上,基台低矮而没有装饰,基座则人为发展,日趋辉煌,成为古塔中雕饰最华丽的部分。

辽、金塔的基座最为突出,大部分为"须弥座"的形式,表示稳固之意。以北京天宁寺塔的须弥座为例,座为八角,建于一个不甚高大的基台之上。须弥座上不仅浮雕有精美的纹饰,而且在座的最上部周围刻有仿木构的斗栱、平座栏杆等构件。整个须弥座的高度约占塔高的五分之一,成为全塔的重要组成部分。

2.2.3 塔　　身

塔身是古塔的主体部分,前面所讲的古塔的几种类型,主要就是通过塔身的形制来区别划分的。

塔身内部可以分成中空和实心两种,早期印度之佛塔,多为实心,传至中国以后,才发展出空心的楼阁式塔。实心塔内部或用砖石铺砌,或用土夯实填满,也有用木骨填入的,总之,结构简单。中空塔内部结构比较复杂,可分为木楼层塔身、砖壁木楼层塔身、木中心柱塔身、砖木混砌塔身、砖石塔心柱塔身、高台塔身及其他类型塔身。

中空之塔,大多内有旋梯可供人登临,中有楼梯,可以扶登,外必有门,可以远望。门外有廊,可以行走,廊外有栏杆,可以凭眺望远,也用来防止危险。逐层栏外,有时有飞檐翘起,如鸟双翼垂空,屋檐下并悬有金属的铃铎,随风和鸣,铿锵之声远闻。

木楼层塔身是木造楼阁式塔的结构形式,盛行于汉末、魏、晋、南北朝时期。结构大体是:塔身四周立柱,每面三间,立柱上安放梁枋、斗栱,承托上部楼层。每层都有挑出的平座、栏杆游廊和塔檐。与一般木构建筑楼阁做法一样,每层有上下楼梯。

砖壁木楼层塔身也称空筒式塔身,内部好像一个空筒,早期的楼阁式或密檐式砖塔,大多是这种结构,这种塔身结构具有很好的抗震性能。如西安大雁塔、杭州临安功臣塔、苏州罗汉院双塔、嵩岳寺塔、小雁塔等都采用这种塔身,见图 2.2-2。

图 2.2-2　西安大雁塔、小雁塔

木中心柱塔身用中心柱作为塔身的骨干。它的结构方法是以巨大木柱,从上到下,贯通全塔。中心塔的中心柱结构,对于塔的稳定更为有利。我国现存实物中,仅正定天宁寺木塔尚存这一种结构方式。

砖木混砌塔身用砖砌,塔檐、平座、栏杆等部分均为木结构。

这种结构流行于宋塔中，例如上海松江方塔、杭州六和塔、苏州瑞光塔、北寺塔等。

砖石塔心柱塔身全部用砖砌造，塔的中心是一个自顶到底的大砖石柱。这种塔身的结构是我国古代砖石结构发展到高峰的产物。河南开封祐国寺塔、四川乐山凌云寺塔、陕西扶风法门寺塔、四川大足宝顶山塔等等都采用的是这种形式，它们大多是宋、明时期的建筑，建造水平相当高。

高台塔身是把塔身砌成高大的台子，从台子的内部砌砖石梯子盘旋而上，或从座子外面登上顶端。北京真觉寺金刚宝座塔、北京碧云寺塔、呼和浩特慈灯寺金刚宝座塔等等都属于高台塔身。

其他类型的塔还有许多，有的像圆形覆钵，还有以覆钵与楼阁结合的塔身，更有倒栽萝卜式塔身，不一而足。见图 2.2-3。

覆钵式佛塔

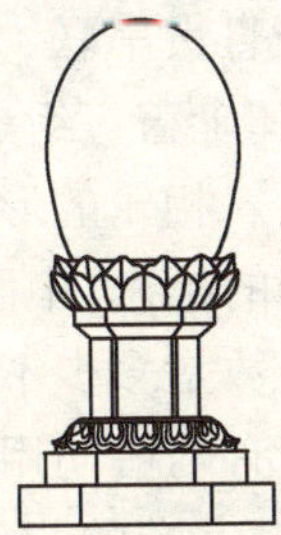

云南大姚白塔

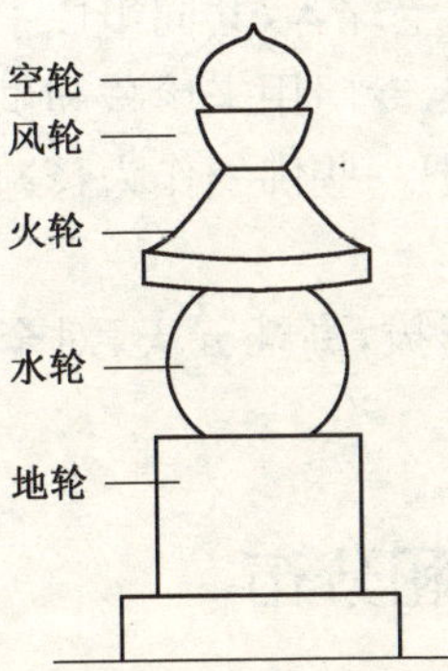

象征构成宇宙五大元素的五轮塔

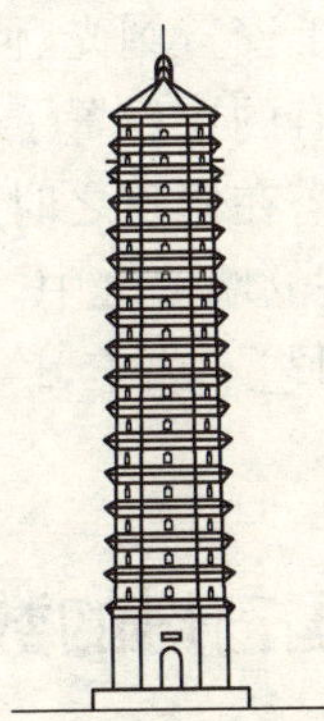

传统的密檐式塔

五世纪敦煌石窟壁画中的佛塔

图 2.2-3　形式多样的塔身

塔身的层数绝大多数都是阳性数目的一、三、五、七、九、十一、十三等，而以二、四、六、八等偶数为层数的极其少见。

2.2.4 塔　　刹

塔刹是塔身上部的塔顶部分，刹是梵文的音译，它含有土田、国土、佛国的意思，所以佛教的寺院也称作刹。将塔顶部分命名为“刹”，则似乎带有佛教世界的象征意义。

塔刹作为塔的最为崇高的部分，冠盖全塔，甚为重要。从建筑结构上看，塔刹是作为收结顶盖用的，既要固定椽子望板、瓦陇等部分，又要防止雨水下漏。从建筑艺术上看，塔刹往往玲珑奇巧直插云霄，给人以超脱、崇高的审美快感。

塔刹本身也是一个小塔，结构可分为刹座、刹身、刹顶三部分，内用刹杆直贯串联。刹座一般由基座和仰覆莲组成，刹身则由刹杆、相轮和伞盖等组成，刹座的上面树立着刹杆，而刹杆之上又套贯着相轮。相轮的形象很像上下相叠的圆环，它是表现佛塔崇高、受人景仰的标志，中国古代传统的俗名又叫作“金盘”和“承露盘”。相轮的层数是多少不等的，少的三五个，多的可达数十个，且都是奇数的。有的塔还用相轮的多少来表示该塔的等级与高低大小。一般来讲，大塔的相轮多而大，小塔的相轮少而小。在相轮的上面，仍然是穿套在刹杆之上安置圆光、仰月、宝珠等，共同组成了刹顶部分。在塔刹的下面，有的还设置了天宫，专门用来珍藏和供奉舍利、供养物品等。有的塔在修建之时，还把一些佛经作为释迦牟尼的法身舍利砌筑在了塔的墙壁之中。

塔刹大都经过精细的艺术加工，玲珑挺拔，高插云天，对全塔有画龙点睛之功效。

2.3　中国古塔的数量和分布

印度现存最为古老的佛塔，可以追溯到公元前三世纪的阿育王时代。而中国第一座佛塔通常被认为是洛阳白马寺齐云塔，大约建立在公元一世纪的东汉王朝时期，那时候，佛教才刚刚被少数中国人接受。齐云塔早先为木结构塔，毁于宋代靖康之难(公元1126 年)，“遭劫火一炬，寺与浮屠俱废”。现今的齐云塔是金大定十五年(公元 1175 年)在原址上兴建的砖塔。

从建立第一座古塔至今，在两千年的历史岁月中，曾经有数不清的宝塔在神州的大地上拔地而起，展示着祖先们辉煌的艺术成就；又不知有多少座宝塔在干戈扰攘的战火中被堙没到了地下，它们当年雄伟的身姿只有到古书、壁画之中去寻觅。尽管如此，中国仍然有成千上万座屹立着的古塔，数量之多，种类之齐全，制作工艺之多样，时代跨度之大，在曾经和依然信奉佛教的国度之中都是首屈一指的。它们的成就也绝不仅仅局限在古老的建筑技艺本身，在这些古塔舍利子的五彩夺目的光环之中，我们可以看到中华民族的祖先们对外来文化的兼收并蓄，以及不断创造新型民族文化的历史过程。

中国现存的塔究竟有多少？保存完好的有多少？存在病害的有多少？没有人详细统计过。根据文献记述及实地考察推测，现存的塔约有 2 万座，仅北京市就有 500 余座。这些塔分布于全国各地，一种是佛塔，另一种是文峰塔。文峰塔自 14 世纪开始建造，这种塔是仿照佛塔的式样修建的，几乎每个县城一座。

中国现存最高的古塔，要数河北定县开元寺塔，号称“中华第一塔”，从塔底到塔刹尖部高度有 85.6 m。此塔位于当时宋辽边疆附近，虽为佛塔，但在军事上还有兼作观察契丹军情之用，这座塔全部用砖砌筑，做得十分精美。不过从塔的绝对高度来讲，它要屈居第二了，近年新建的陕西扶风县法门寺合十舍利塔，此塔由台湾著名建筑设计大师李祖原策划设计，呈双手合十状，塔高148 m，相当于 50 层楼高，中间有安放佛指舍利的宝塔型建筑，舍利塔前面有一条长达 1 500 m 的“佛光大道”，两旁摆放由花岗石雕刻的巨大佛像。舍利塔建成于 2009 年 5 月，总投资约 50 亿元人民币，堪称全世界最高的佛塔，当然这只能算作现代人的杰作。见图 2.3-1。

图 2.3-1 陕西扶风法门寺合十舍利塔

中国历史上最高的塔，是河南洛阳永宁寺塔，建于南北朝时期的北魏熙平元年(公元 516 年)，平面为方形，楼阁式，木结构，共有九层，高达 300 m 左右，在当时堪称是世界上最高的建筑了，在百里之外都可望见。可惜此塔目前已不复存在，所幸塔基遗址已被发掘，人们只有在壁画里欣赏它的英姿了。

中国现存最大的藏式佛塔是北京妙应寺塔，位于北京西城区阜成门内大街。建于元初至元八年(公元 1271 年)，此塔为砖石结构的藏式喇嘛塔，通高 50.9 m，由塔基、塔身和塔刹组成。塔基底面积 810 m²；塔身为覆钵体；塔刹的刹座呈须弥座式，座下竖立着下大上小十三重相轮，即所谓的“十三天”，在“十三天”之上置一巨大华盖，周沿悬挂着 36 片带有佛像和佛字的华幔，下面各系一个风铃；刹顶为铜质鎏金空心的小型喇嘛塔。妙应寺白塔是元大都保存至今的重要标志，是我国现存最早最大的一座藏式佛塔，也是中尼两国人民的友谊和文化交流的历史见证。

中国现存唯一一座木结构楼阁式塔，是山西应县木塔，也称应县佛宫寺释迦塔。建于辽代清宁二年(公元1056年)。塔建造在高4 m的台基上,塔高67.31 m,底层直径30.27 m,呈平面八角形,外观五层,加四个暗层,共有九层。这也是我国现存最高、最古老的一座木构塔式建筑。

中国现存最早的砖塔,应属河南登封县嵩岳寺塔,建于北魏孝明帝正光年间(公元520年~524年),塔总高近40 m,除基座是石砌外,其余全部为砖材料,平面呈十二边形。

中国现存层数最多的古塔,要数四川省都江堰市城南的奎光塔。此塔建于清道光十一年(公元1831年),塔高近53 m,为六面17层密檐式砖塔,其外形十分古朴而结构奇特精巧,具有极高的文物价值和艺术价值。

中国现存最早的琉璃塔,是河南开封祐国寺塔,建于北宋皇祐元年(公元1049年)。平面呈八角形,共13层,高约50 m。因外面贴有紫褐色的琉璃砖,近于铁色,所以又称铁塔。塔上有50多种雕花琉璃装饰,工艺精湛,亮丽华美。

中国最斜的古塔,当属辽宁省绥中县前卫镇斜塔,此塔建于辽代,距今有700多年的历史。这是一座实心密檐式砖塔,石筑塔基,砖砌塔身,分三级呈八角形,塔身上有很多的砖雕佛像、花纹及怪兽图等石刻,清晰可见,这些图案上带有明显的北方民族的特色。塔高约7 m,向东倾斜12°,塔尖偏离底面形心1.7 m,倾斜度超过意大利比萨斜塔(比萨斜塔倾斜度为5.5°)。据说该塔倾斜与明隆庆二年(公元1568年)在辽西走廊上发生过的大地震有关。数百年来历经几次地震与洪水侵袭,此塔都安然无恙。此塔与苏州虎丘塔、天马山护珠塔、玉泉寺斜塔并列为中国四大斜塔。见图2.3-2。

图2.3-2 辽宁绥中县前卫塔

中国古塔的分布主要是根据各地区佛教发展及分布情况的不同而异。一般来说有塔必建有佛寺，如处处建寺，那么处处建塔，但也有少数寺院不建塔，塔的形体不同，大小不同，高低不同，时代不同，做法有差异，气候及地理条件也不同，因此古塔的完好程度也不一样。

2.4　古塔常见的破坏因素

时代变迁，岁月更迭。由于年代久远，加之受各种自然灾害、战乱及人为因素的影响，古塔破坏倒塌现象难计其数。究竟有多少古塔在战火纷争中倒毁？有多少古塔在荒山野岭上哀叹？又有多少古塔在狂风暴雨中呻吟？还有多少古塔在大漠风沙中唔咽？谁也说不清，中国南北朝佛教鼎盛时期所建的古塔几乎荡然无存，即使现存的古塔也有“十塔九斜”之恙，因当地财政所限，地方文物部门也疏于管理，有的古塔浸泡在水田里，无人问津；有的古塔旁边又新建了高压电塔、通信塔；还有的地方出现人与塔争地等等不一而足，许多古塔不仅发生不同程度的倾斜变形，甚至有着濒临倒塌的危险。见图 2.4-1。

图 2.4-1　大漠中的古塔

著名的陕西扶风县法门寺真身宝塔，屡经兴废，多次重修。1981 年关中遭遇大雨，倾斜的古塔再也站立不住而凄然倒塌。2006 年雨季，内蒙阿拉善左旗南寺双白塔也在暴雨之中倒下一座。2008 年汶川大地震，一大批文物古建筑难逃厄运，震区内有 28 座古塔受损，轻者产生裂缝、倾斜，重者倒塌损毁。2010 年青海玉树地震，致使几十座佛塔毁于一旦。

古塔作为古代的高层建筑，它的特点是：体形细高，重量大，受力面积小，地基、基础处理简单，很容易倾斜。木塔，重量轻，其立柱、梁枋及斗栱均以榫卯相连，结构具一定柔性，抗震性能好，但易遭风雨剥蚀或火焚。砖塔及石塔，抗压强度高，耐火及抗风化性能好，但重量大，对地基要求高，由于砖块或石块砌筑材料多为糯米汁、石灰和沙子混合物，胶结材料强度低，抗拉、抗弯性能弱，故砖塔及石塔的抗震性能差，容易遭受地震的破坏。

造成古塔破坏的因素很多、很复杂，总的来说可以分成两大类，见图 2.4-2。因素一：在自然营力作用下使古塔破坏，其中地震、雷击、洪水、大火、台风是突然和快速的，人力无法抗拒的。塔是高耸建筑物，打雷时容易产生高压放电，而过去的塔刹并没有金属接地装置，木塔遭受雷击时可能起火，而砖塔数遇雷击也会使塔身遭受损害甚至劈裂。风化剥蚀及材料年久逐渐老化作用是持续缓慢的，通常延续数百年甚至上千年。因素二：在人为因素作用下古塔遭受破坏，如战争、采矿及工程建设等带来的破坏，这种破坏是迅速的，甚至是致命性的。

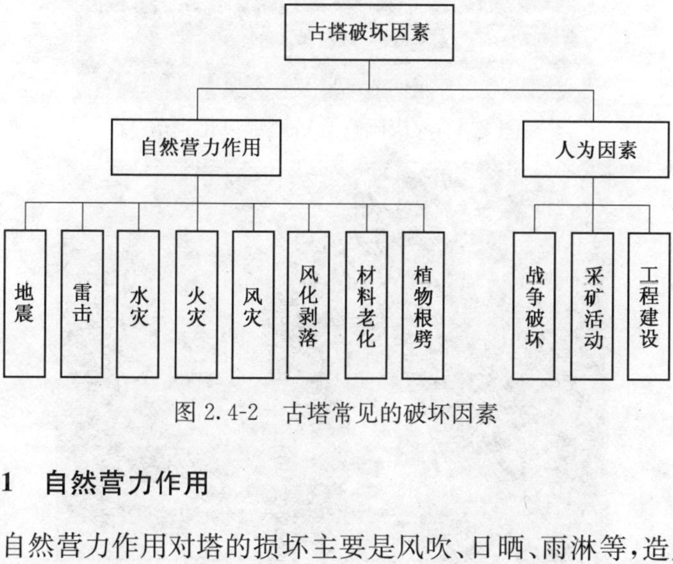

图 2.4-2　古塔常见的破坏因素

2.4.1　自然营力作用

自然营力作用对塔的损坏主要是风吹、日晒、雨淋等，造成塔身建筑材料强度的不均匀衰减。由于塔的北面和南面日照有别，含水程度亦有差异，通常是南面干燥，北面潮湿。另外，大风侵袭也带有一定的方向性，这样日积月累、经年不断，造成塔身四周材料风化不均，即塔的一侧强度高，另一侧强度低，当强度衰减低于材料的允许强度后，风化严重的一面产生屈服破坏，造成塔体倾斜。风化破坏作用往往在塔的下端较为严重。一旦塔身发生倾斜以后，塔体重心偏离底面形心，就会产生一定偏心弯矩，在偏心弯矩的作用下，塔的倾斜程度会越来越大，如果不采取加固或纠倾措施，最终难逃倒塌之厄运。见图 2.4-3、图 2.4-4。

图 2.4-3　庆阳肖金塔底部风化剥落

图 2.4-4　休宁县富琅塔底部风化情况

有些古塔破坏非单一因素所为，而是多方面因素综合作用的结果。如四川省都江堰奎光塔位于泯江边上，早期为石塔，明末一场百年不遇的洪水将石塔冲毁，清道光十二年(公元1832年)重建。重建的塔为17层密檐式砖塔，高52.67 m，雄伟壮观。在随后一百多年内，川西发生十余起大地震，塔底东侧砖体被压碎，西侧砖体被拉开，古塔产生倾斜。此后，在风力及偏心荷载作用下、随着材料强度的逐渐衰减，倾斜逐渐加剧，濒临倒塌的危险。

还有些古塔，由于大风或鸟儿将植物的种子带上塔顶，使塔顶上生长了树木和杂草。如甘肃平凉崆峒山顶的凌空塔，塔上生长了两棵树龄愈百年的老松树，松树枝繁叶茂，四季常青，塔中有松，松下有塔，构成了“古塔托松”的奇特美景，见图2.4-5、图2.4-6。

图2.4-5 崆峒山凌空塔顶上的树木

图2.4-6 休宁县翼峰塔树木缠身

但人们在观赏美景的同时，却忽视了另一面，树大根深，植物的根系深入砖缝，逐渐向下延伸，并不断发展壮大，对塔起到了一定的劈裂作用；加之雨水沿根系和裂缝下渗，加剧了塔身内部的风化解体。

四川都江堰奎光塔纠倾加固前，塔顶上的大树根深叶茂，杂草从生，植物根系将砖拱得松动，遭遇大风大雨，砖块时有掉落，砸伤行人。见图 2.4-7。

图 2.4-7　都江堰奎光塔顶上的大小树木多达 70 余棵

2.4.2　人为因素破坏

在人为因素中，战争破坏力最为严重，古代因战争毁坏的古塔不胜枚举。在宣和年间，明教方腊之乱，六和塔惨遭焚毁，宋高宗诏命智昙禅师重建。明嘉靖年间倭寇侵犯杭州，怀疑雷锋塔中有伏兵，遂即纵火焚烧塔，仅存赭色塔身。八国联军进入北京以后，大肆破坏，被誉为通州八景之一的燃灯古塔身上仍留下侵略者的铁证。近代军阀混战中，山西应县木塔遭到炮轰，虽幸免倒塌之难，但至今弹孔清晰可见，为木塔的扭曲变形埋下隐患。抗日战争时期，日本军队炮击江西省九江锁江楼塔，致使塔身因一侧缺损产生倾斜变形。

图 2.4-8　遭受日军炮击后的镇海塔

镇海塔，旧名占鳌塔。在浙江海宁县盐官镇东南海塘边，正处在观钱江潮胜地。明万历四十年为了镇压海潮而建。塔身七层六面，高 50 m。砖身木楼，飞檐垂铃，围廊翼栏，并且石磴通塔顶。登塔远眺，沧溟在目。每逢潮夕之时，洪涛险浪，奔来眼底，犹如千军万马，甚为壮观。抗战八年却难逃厄运，日本侵略军在金山嘴登陆后，沿海向南进犯，1937 年和 1938 年，镇海塔两次遭到日舰炮火轰击，一次就发炮弹 130 余枚，塔东北半边弹痕累累，其中五、六层尤为严重，塔里步阶外露，塔身严重向西南倾斜，见图 2.4-8。中弹倾斜的古塔顽强挺立着，无声的控诉永远凝固在天地间。此后，塔又屡遭强台风袭击，塔身倾斜日甚。

人类不当的工程活动对古塔的损害亦是瞩目惊心的，特别是近十几年来，随着经济建设速度的加快，铁路、公路、水电站、矿山等大规模工程建设风起云涌，还有房地产开发随意切坡建房，山地公园绿化灌溉等对边坡的扰动等，产生大量地质灾害，包括古塔在内的古建筑物破坏案例不胜枚举。如兰州白塔寺由于植被绿化，引水灌溉诱发山体滑坡，致使建于明景泰年间的白塔倾斜加剧，濒临倒塌，最后不得不纠倾加固。南京方山定林寺塔因在山北修筑公路，筑路切坡产生新的临空面，影响了山体稳定，使堆积层向北缓慢滑移，造成塔身倾斜速度加快。

山西省介休市的虹霁寺位于银锭山上，建于唐贞观十三年，现为市级文物保护单位，寺内矗立着一座千年古塔——虹霁塔，见图

2.4-9。在几里之遥，人们就可看见矗立在银锭山巅的古塔，雄伟的古塔与山前流过的汾河相晖映，美景同延安宝塔山非常相似。庙会期间，寺院香火旺盛，游人如织。

图 2.4-9　越界采煤造成虹霁塔倾斜

银锭山下有着丰富的煤炭资源，近年来，在经济利益驱动下，有人在银锭山下越界采煤，虹霁寺的下面几乎被挖空，造成采空塌陷。寺院建筑物产生大面积下沉开裂，原先端庄雄伟的虹霁塔向北东方向倾斜了 5°，春秋楼的一角已垮塌，情势岌岌可危。“这都是采空塌陷造成的，”看护寺院的师傅说，“每到晚上，都能听到底下采煤放炮的声音，感到房子都在震。”政府出于安全不得不关闭了虹霁寺景区，昔日繁华的寺院，如今满目疮痍。中国青年报记者愤慨疾呼：“唐代古塔摇摇欲坠，底下仍在放炮炸煤，山西介休，谁来制止这些敢死队？”

北京房山区谷积山东塔及鞭塔坐落在北京市房山区坨里乡北车营村谷积山内。鞭塔建于辽代（公元 916 年～1125 年），砖结构，平面六角形，七层，高 7 m。东塔又称和尚塔，建于明成化十五年(公元 1479 年),石结构,覆钵式,高 3.2 m。如今的二塔无人管理,并有不同程度的人为毁坏痕迹。见图 2.4-10、图 2.4-11。

图 2.4-10　北京房山区谷积山东塔

图 2.4-11　北京房山区谷积山鞭塔

内蒙古阿拉善左旗南寺双白塔，犹如草原上的俩姊妹婷婷玉立，守望着蓝天白云。2006 年秋季，阴雨连绵，双白塔之一的“菩提塔”在大雨中轰然倒塌，而今双白塔只剩一座孤塔，见图2.4-12。

图 2.4-12　内蒙阿拉善左旗南寺倒塌的“菩提塔”

山西运城安邑塔又名南海塔，始建于唐贞观年间，宋代改建，塔在运城市安邑城内东北方原太平兴国寺内，呈平面八角形，共13 层，原高 89 m，本应为古塔中的“巨人”。经屡次地震，塔顶坠落，塔身裂而复合，合而又裂，高度减少 18 m，现留 11 层，残高71 m。塔身三层至六、七层显著收分，塔内空，小八角室，第一层南面开门，东西北三面均开一小室，仰视似叠涩藻井，但被破坏，仅留痕迹，第二层直至顶层，南北、东西各施圆拱窗，在每层塔的八角上，都悬挂铁制风铃。塔尖上铸有“绛州”二字，塔尖下端原有如盘香的螺旋(可能起避雷作用)，今已不存。2008 年 5 月 12 日，四川汶川地震发生时，古塔摇晃了两分钟左右，致使塔顶上的土砖掉落、塔门堵塞，塔身的裂缝也进一步加大。见图 2.4-13。

上海的护珠塔，建于北宋元未二年(公元 1097 年)，位于淞江天马山中峰之右。砖木结构，七层八面，残高 19 m。护珠塔被建在一个山坡上，东南土深一点，西北土浅一点，它的基础是一边硬一边软，这是塔倾斜的最主要原因。另外，乾隆五十三年护珠塔经历了一场火灾，塔顶全部烧毁，木结构荡然无存，进一步加剧了塔身的倾斜。现在护珠塔的倾斜角度已经接近 7°。后有人在砖缝中发现宋代元丰钱币，遂拆砖觅宝，使底层西北角砖身渐被拆毁，形成一个约 2 m 直径的大窟窿，以毛石垫补，因此塔身倾斜日趋严重。见图 2.4-14。

图 2.4-13　运城安邑千年古塔

图 2.4-14　上海的护珠塔

2.5　四川汶川、青海玉树大地震造成古塔的破坏情况

2008 年 5 月 12 日，四川汶川发生里氏 8.0 级特大地震，不仅造成巨大经济损失和人员伤亡，亦给人类文化遗产造成了前所未有的损失。据调查，震区两处世界文化遗产（四川青城山与都江堰、重庆大足石刻）、1 处列入世界遗产预备名单（丹巴藏羌碉楼与村寨）、169 处全国重点文物保护单位、250 处省级重点文物保护单

位和78所博物馆都遭受重大损害，其中馆藏文物共2 766件(套)破损。地震造成四川、陕西及甘肃三省震区众多古建筑物倒塌、倾斜、开裂，所造成的经济损失难以用金钱估量。

祸不单行，2010年4月14日，青海藏族玉树州发生里氏7.1级强烈地震，2 698人遇难，90%的建筑被毁。文物损失更加严重，具有700多年历史的古寺——禅古寺几乎成为废墟，几十座佛塔在大震中倒塌。

2.5.1　四川安县文星塔

文星塔(阁)位于安县东21.5 km处县城花荄镇下场口成青公路右侧。始建于清道光十年(公元1830年)，完成于光绪四年(公元1878年)，共13层，历时53年竣工。阁身全用土砖砌成，高28 m，整个阁身设计精巧，造型美观，在风格上寓秀丽于端庄，揉朴实于雄健，为安县有名的塔式建筑，四川省重点文物保护单位。文星塔在汶川地震中完全倒塌，见图2.5-1。

图2.5-1　四川安县文星塔地震前后对比

2.5.2　陕西岐山太平塔

太平塔在陕西岐山县初级中学(太平寺旧址)内，系陕西省重点文物保护单位，此塔为楼阁式砖塔，平面呈八角形，八层，通高28.2 m。自第二层起，每层都隐出假窗及栏杆，每层檐下均饰以五铺作出双抄的斗栱。除第二层饰有平座外，以上各层均饰假平座。由于整个塔身斗栱繁密，显得特别秀丽。据塔旁石碑记载：太平寺“建自唐元和七年，至宋元祐三年建塔，名曰太平塔。”见图2.5-2。据专家鉴定，此塔是关中地区尚不多见的标准宋塔。建筑工艺高，抗震性能强，九百年来，屡经地震，而此塔至今作为岐邑之表望，游客之所观瞻而巍然耸立。唯近年塔身稍倾，塔刹稍有剥蚀。经过整修后，完好如初。汶川地震造成太平塔倾斜并开裂，见图2.5-3。

图2.5-2　地震前的太平塔

图2.5-3　地震后太平塔倾斜

2.5.3　四川广元来雁塔

来雁塔坐落在广元城南3 km的印台上，新修环城路从山下经过，嘉陵江绕山而流，横跨嘉陵江的公路大桥将来雁塔与广元火车站紧紧相连。来雁塔的大门朝向城内凤凰山，与凤凰楼遥相呼应，新楼与旧塔，各显风姿，同为广元城增色添彩。

来雁塔共十三层，高 36 m，平面呈八卦形，每层八角，每角挂铜铃，最上层铸通巅宝顶，见图 2.5-4。建成之初终日铃声叮当，金光闪烁，甚为壮观。进入塔门，沿旋梯而上，可通塔顶，是登高观景的好地方。可惜前些年，由于雷击，使塔身倾斜，主管部门不再让游人登塔。

据来雁塔周围留存的石碑记载，此塔始建于清代同治十一年（公元 1872 年），由当时的广元县知县姚叔文募捐兴建，因资金不足而中途停工。后继任广元县知县张丙募捐四年，继续修建，至光绪六年（公元 1880 年）终于建成，距今有 130 多年。此塔 1985 年被列为县级重点文物保护单位。汶川地震造成来雁塔五层以上全部倒塌。见图 2.5-4。

图 2.5-4　来雁塔地震前后对比照片

2.5.4　四川盐亭笔塔

笔塔，在盐亭旧城西门外一埠之丘的宝台观，即今中共盐亭县委机关内。建于清光绪十四年（公元 1888 年），为重檐歇山式楼阁塔，七层六面，高 30 m。因其高标夺目的形体像一管指向蓝天的巨笔，故得此名。塔基周长 36.8 m，用巨石砌成三级台阶。塔身用青砖和精工烧成的筒瓦以及预制饰件砌成。其造型矫健，檐牙飞翘，气势升腾，工艺异常精湛。汶川地震后大部分垮塌，仅余 9 m，见图 2.5-5。

图 2.5-5　盐亭笔塔地震前后对比照片

2.5.5　四川德阳龙护舍利塔

龙护舍利塔又名孝泉舍利塔，位于四川省德阳市孝泉镇三孝园内，始建于汉代，隋大业初仅存塔基，元顺帝至正二年（公元 1342 年），安西府人赵文德发愿修塔，修至七层终止，其弟赵文礼续修六层，于至正十三年（公元 1353 年）告竣。明正德十三年（公元 1518 年）僧宝印改置琉璃宝顶，故又称"龙护舍利琉璃宝塔"，该塔建于两层台座之上，为密檐式四方砖塔，外形十三层，高 37 m，塔檐四角挂有铜铃，塔内有盘旋阶梯可登至 11 层，清乾隆、嘉庆、民国年间均作过大型维修，塔前存有清代建成的藏经楼一幢。汶川地震致使德阳龙护舍利塔塔身倾斜，塔身外墙粉饰脱落。见图 2.5-6。

图 2.5-6　德阳龙护舍利塔地震后严重倾斜

2.5.6　四川岳池白塔

岳池白塔，又名文明塔，位于县城南郊灵溪河与岳池水汇合处。于清朝嘉庆二十五年(公元1820年)开始修建，历时6年，至道光五年(公元1825年)竣工。塔高约30 m，共九层，形制呈密檐式六棱锥体。“白塔钟晓”是岳池当年一道著名风景，清风送晨钟，旷响十余里。汶川地震导致岳池白塔塔身倾斜，一至五层塔檐断裂、垮塌，见图2.5-7。

图 2.5-7　四川岳池白塔震后倾斜

2.5.7 青海玉树地震造成寺庙破坏

2010 年 4 月 14 日，位于三江源头的青海玉树州发生了里氏 7.8 级强烈地震。造成大量民居、寺庙和古塔产生破坏。

位于玉树机场附近 214 国道旁的禅古寺，历史悠久、香火旺盛。据传公元十二世纪，初创时建于玉树地区的一“吉然圣地”。这里迄今还有“吉然红塔”遗址和“吉然自显白塔”等文物古迹。后因教派之争而渐趋衰微。十四世纪末在七世噶玛巴秋扎嘉措的关照下恢复了禅古寺，寺内建有大经堂、佛塔、僧舍、佛殿和讲经院等。

禅古寺因修建和管护文成公主庙而享有声誉，该寺位于结古镇南 4 km 处的禅古村，距文成公主庙 16 km，始建于公元十二世纪，海拔 3 700 m，分上下两寺，相距约 70 m，初有下寺，后建上寺，尊下寺为母寺。“禅古”直译为“花石头”，得名于下寺附近一块花色磐石。禅古寺属藏传佛教噶举派寺院，修持本派“大手印法”。

禅古寺距今有 700 多年的历史，是藏传佛教的四个分支之一白教在玉树最大的寺庙，地震前约有 260 位僧人。“4·14”玉树地震，给三江源名寺——禅古寺造成毁灭性破坏，寺里的僧人有 24 人遇难，经书、唐卡等文物损失颇多。该寺主要有两个主体建筑，现在有一个建筑已经全部垮塌，蓝黄相间的屋顶直接扣在一片废墟上，另一个建筑塌了半边，绛红色的经堂现在还依稀可辨，这是青山环抱中，最显眼的一座“半拉子”建筑。左右两侧活佛与僧人的住所已全部夷为平地。僧人们关闭的小院子也只剩下白色的砖墙。禅古寺里佛塔的破坏情况更是罕见，约有十余座佛塔被震塌。

禅古寺依山而建，错落有致。山脚下为川流不息的巴塘河和机场高速公路，山坡上有排列有序的佛塔、历代高僧的墓塔林以及古香古色的建筑群。在禅古寺下寺，进寺路口左侧，原有九座佛塔呈一字形排列，像是列队欢迎远道而来的游客。地震后，六座佛塔倒塌，成为废墟，仅剩三座塔残缺不全，见图 2.5-8。在上寺，也有一排塔林，由十座佛塔和一座镏金观音菩萨像组成，从机场公路望去蔚为壮观。如今佛塔基座全部震裂垮塌，塔身摇摇欲坠，依山而建的墓塔也裂缝满布。图 2.5-9 为上寺震损的佛塔。

图 2.5-8　禅古寺下寺毁损的佛塔林

图 2.5-9　禅古寺上寺毁损的佛塔林

禅古寺的古塔及古建筑物为什么会产生如此大的损害？经过震后考察发现，这些佛塔基座皆用当地山坡上的块石干砌而成，块石之间几乎没有黏结，经不起地震波的摇晃。具有明显对比性的是，在距上、下寺毁损塔林中间约 50 m 的地方，还有一座佛塔，当然不能算古塔，其基座由混凝土浇筑而成，由于基础牢靠，同处一地、同样经历玉树地震却安然无恙，不仅未倒，而且也无裂缝产生。见图 2.5-10。

图 2.5-10　地震中安然无恙的佛塔

由上可知，地震给古建筑物特别是古塔这类高耸建筑物造成的损害是巨大的，同时也是无法抗拒的，人类目前还无法做到准确预报和控制地震。在人类与地震的博奕中，现代的钢筋混凝土结构尚未幸免于难，何况抗震性能更加脆弱的古塔？

值得欣慰的是，笔者 2001 年主持纠倾加固的 53 m 高的都江堰奎光塔，在大地震中屹然挺立，经受住了 10 度地震烈度的考验。地震后笔者赴现场实地考察发现，曾对第一至六层作了抗震加固的塔身安然无恙，未作抗震加固的七层以上塔体产生了一些裂缝，但奎光塔在强震之下未发生倒塌和倾斜，真正做到了“大震不倒”。

无独有偶，在禅古寺同样经历强烈地震，有一座佛塔却安然无恙，见图 2.5-10。笔者经过考察发现，这座塔建在远离陡坡的宽阔平台上，塔基础为混凝土整体基础。这些案例给予我们很多启示：对倾斜的古塔要及时进行纠倾扶正；对处在高烈度地震区的古塔要预先进行抗震加固；塔的地基和基础整体性越好，抗震性能就越好。

表 2.5-1 为汶川地震损毁的古塔一览表。

表 2.5-1　汶川大地震损毁的古塔汇总

序号	塔名	始建(建成)年代	类型	破坏情况
1	四川安县文星塔	清光绪四年 (公元 1878 年)建成	十三层四面， 高 28 m	全部倒塌
2	四川广元来雁塔	光绪六年 (公元 1880 年)建成	十三层八面， 高 36 m	五层以上全部倒塌
3	四川盐亭笔塔	清光绪十四年 (公元 1888 年)建成	七层六面， 高 31 m	大部分垮塔，仅剩 9 m
4	四川绵竹回漾塔	清同治四年 (公元 1865 年)建	十三层六面， 高 27 m	顶部倒塌
5	四川邛崃回澜塔	明万历四十四年 (公元 1616 年)建	十三层六面， 高 75.48 m	宝顶倾斜，第四层 塔体开裂
6	四川德阳龙 护舍利塔	元至正十三年 (公元 1353 年)建成	十三层四面密檐 式砖塔，高 37 m	塔身倾斜，外墙 粉饰脱落
7	四川岳池白塔	道光五年 (公元 1825 年)建成	九层六面，密檐式 砖塔，高 30 m	倾斜，第一至五层塔 檐断裂，垮塌
8	四川蓬溪鹫 峰寺塔	南宋嘉泰四年 (公元 1204 年)建	十三层四面， 高 32 m	倾斜、开裂
9	四川南部县 神坝砖塔	1864 年兴建	七层六面， 高 14 m	塔基沉陷、倾斜
10	四川中江北塔	宋代古塔	十三层四面	十层以上全部垮塌， 塔身开裂
11	四川广安白塔	南宋淳熙至嘉定 (公元 1174 年)建	九层四面， 高 36.7 m	墙体开裂、倾斜

续上表

序号	塔名	始建(建成)年代	类型	破坏情况
12	四川峨眉山圣积寺铜塔	明万历十三年(公元1585年)建	十三层八面,楼阁式铜塔,高5.8 m	塔刹震落
13	四川简阳圣德寺塔	南宋宁宗庆元三年(公元1197年)建	十三层四面密檐式砖塔,高37.9 m	第十二至十三塔檐坍塌,十三层开裂
14	四川邛崃石塔寺石塔	南宋乾道五年(公元1169年)	十三层四面密檐式塔,高17.8 m	塔顶开裂
15	四川威远白塔	嘉庆丁卯年仲秋(公元1807年8月)建	七层六面密檐式砖塔,高16 m	塔身倾斜,基础沉降,栏杆毁损
16	四川阆中市保宁镇玉台山石塔	唐初七世纪初叶建	五层四方形塔,高8.25 m	塔身变形,塔刹震落
17	四川苍溪崇霞迴澜塔	明天启六年(公元1626年)建	九层六面楼阁式砖塔,高25 m	八层至九层垮塌
18	汶川县漩口镇迴澜塔	清道光二十四年(公元1844年)建	九层六面体砖塔,高21 m	倒塌
19	崇州街子镇字库塔	清道光年间建	五层六面体砖塔,高15 m	顶部倒塌
20	重庆黔江文峰塔	清道光二十九年(公元1849年)建	五层,石结构阁楼式,高15.5 m	第五层塔身及塔刹全部垮塌
21	四川阆中古城明代白塔	明万历四十四年(公元1616年)建	十二层六面,高32 m	拦腰震断,第六层以上垮塌
22	陕西岐山太平塔	唐元和七年至宋元佑三年	八层楼阁式砖塔,高28.2 m	倾斜、一层开裂
23	四川都江堰奎光塔	清道光十一年(公元1831年)建	十七层六面,高52.9 m	第七层以上开裂
24	山西运城安邑古塔	唐贞观年初建	十三层六面,残余高71 m	顶砖掉落、门堵,原有裂缝扩大
25	西安大雁塔	唐贞观二十二年	七层四面,高64 m	券门拱顶开裂,塔内脱落,倾斜加剧
26	甘肃陇南徽县栗川砖塔	宋代	九层八面楼阁式砖塔,高30 m	倾斜,一层塔体开裂
27	甘肃庆阳肖金塔	北宋徽宗政和八年(公元1118年)建	七层八面,高30.18 m	倾斜加剧,塔身开裂
28	宁夏银川市海宝塔	大厦国王于公元407～427年建	九层十一级砖砌方塔,高53.9 m	第四至九层四面拱门开裂

第3章　古塔纠倾加固的工作程序及要点

随着国民经济的发展和科技进步，建筑物加固纠倾扶正技术，已逐渐成为一门专业性很强的综合实用技术，对恢复缺陷建筑物的使用功能，拯救危险建筑物，特别是保护那些具有历史意义的特殊建筑物和文物古迹起着极为重要的作用。

古塔纠倾加固，系指古塔由于地基、基础或其他外界因素造成古塔倾斜超过规定限度，严重影响其正常使用时所采取的纠倾扶正措施。造成古塔倾斜及毁损的原因有地震、洪水、滑坡、泥石流、加载、卸载、侧向应力松弛或古塔自身的差异风化、人为破坏等。

古塔纠倾加固是一项细微而繁琐的工作，一定要按程序进行，一步一个脚印，一环紧扣一环，只有把每一步的工作扎扎实实的做好了，纠倾加固工作才能顺利进行，最终达到理想的结果。

3.1　古塔病害勘察

古塔病害勘察与现代钢筋混凝土建筑物不同，古塔作为珍贵文物，除具有建筑物属性外，还具有文物属性，在加固纠倾过程中不能有丝毫的损坏。古塔结构大都由砖、木、石、土等材料组成，砌体间胶结强度差，风化破碎严重，所以加固纠倾前要特别详细做好现场调查测绘工作。通过现场调查测绘，查明古塔变形现状，为分析造成倾斜的原因，进行稳定性评判而收集第一手资料。

由于古塔建成年代久远，地基基础状况均无现存的资料可考，塔体结构形式、变形迹象、倾斜方向、倾斜度均需通过科学的测绘予以确定。环境条件、变形历史、自然和人为因素的影响等，均需通过详细的调查、访问予以弄清。只有充分掌握了这些第一手资料，才有条件来分析造成古塔倾斜的主要原因，并根据其严重程度对古塔的稳定性进行科学的评判，为古塔纠倾加固方案提出科学依据。这项工作是古塔纠倾加固工作的基础，一定要予以充分的重视。

3.1.1　地基基础调查

地基基础调查，一般通过勘探方式进行，查清地基土的地层岩性、含水情况、地下水位等。特别要注意查清是否存在软弱地层、洞穴及密实度差异等情况，也就是说是否存在差异沉降的条件，必要时进行承载力试验。

通过挖探了解基础情况，包括基础类型、材质、埋深（不同部位的标高）、变形迹象等。

勘探孔的布置，一般大致沿倾斜方向布置勘探断面，设钻探孔和挖探坑各两个，钻孔深度为基础宽度的 2 倍，挖探坑的大小为 0.8 m×1.0 m，深度以探清基础埋深即可。见图 3.1-1。

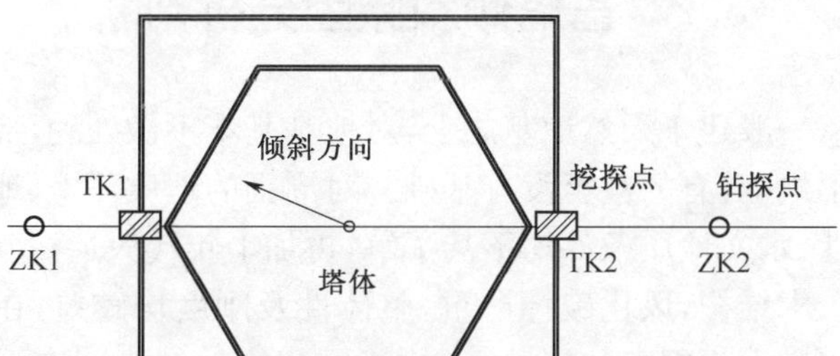

图 3.1-1　勘探孔的布置图

3.1.2　塔身调查及测绘

塔身调查及测绘包括塔体高度，结构倾斜方向、倾斜度、变形迹象（包括裂缝、风化剥蚀情况、破损程度等）。对于木结构的古塔，要特别注意柱、梁各个节点的变形测绘。古塔的倾斜，必然会造成古塔的变形，变形迹象就是造成倾斜的历史遗存，是分析倾斜原因的有力证据，必须详细、认真地进行描述。

3.1.3 场地环境条件的调查

场地环境条件调查包括场地的地形地貌，临近建筑物的分布情况，当地的气候条件(降雨量、风速、地震、洪水)，因人为因素对塔身造成破坏和影响塔身变形的历史等，应对其进行详细的调查和访问。如果古塔处于山上陡坡地带，则必须调查斜坡场地本身的稳定性，是否有滑坡，边坡坍塌的问题存在；如果在江边，是否有河岸冲刷的影响；如果在采矿区，是否有采空区的地基塌陷问题；如果在市区居民区，是否存在地下管线的渗水问题，周围是否有高层建筑存在深基坑开挖，是否存在地下防空洞，是否有抽取地下水的情况；古塔周边是否存在水池、水井等，都需进行详细的调查。总之只要可能对古塔倾斜造成影响的一切迹象都应该进行详细的调查。

3.2 古塔倾斜原因分析判断

古塔一般建于天然地基之上，对地基基本不做处理，部份基础工程也不规范，有的甚至没有基础。对周围的地质环境、地基土的地层岩性、水文地质条件均不甚了解，再加上年代久远，多属砖、砖石、砖木、木结构，风化破坏严重，整体性及刚度均较差，在长期的气候环境和人为因素的影响下，均不同程度地产生了变形。据不完全统计，我国现存各类古塔一万余座，多数存在着倾斜失稳现象，部分还因抢修不及时而倒塌，如法门寺塔、雷锋塔等。

对古塔倾斜原因的分析判断，是古塔纠倾加固方案选择的最重要依据，只有找准了造成倾斜的真正原因，才能使纠倾加固方案具有针对性。只有消除了倾斜原因，才能保证纠倾后古塔的长期稳定。所以说对古塔倾斜原因的分析判断，是古塔纠倾加固极其重要的一个组成部分，必须引起高度的重视。

3.2.1 古塔倾斜原因的分析判断

古塔倾斜原因的分析判断，其实质是古塔倾斜变形过程的分析，由于这个过程是在一定历史时期内发生的，现代的人们无法亲身体验，只能根据遗留下来的变形迹象、现存的地基基础状况和有记载的历史事件、地质灾害等因素加以综合分析判断，所以它是一个极其复杂的分析判断过程。

古塔倾斜的原因应该说是多种多样的，地基不均匀沉降、古塔所处场地斜坡不稳定、偏心荷载、自然营力作用，人为破坏等都可以使古塔倾斜。对一个具体对象而言，就需要对具体的情况进行具体分析。一般情况下首先要看造成这种倾斜的条件是否存在，如古塔处于平坦场地，场地周围一定范围之内不存在切坡产生的临空面就不存在场地斜坡不稳定的问题。如果地基土层均一，基础完整无损，标高一致，则不存在不均匀沉降的问题等等，逐一排除，从整体到局部，从地基到塔体，从内因到外因，逐一进行分析比对，并进行必要的检算和反演计算，找出“病根”的确切位置。对于指导纠倾加固而言，找到“病根”，也就是找到造成古塔倾斜最直接原因或主要原因的重中之重。在进行倾斜原因分析判断时，一定要主次分明。造成古塔初始倾斜的原因，往往是单一的，这就是所谓的“病根”，促使倾斜逐渐加剧则多数是多因素影响的结果。倾斜以后偏心荷载的存在，就会使倾斜率不断增大，而且不会自行消失，像这种原因，就不是造成倾斜的真正原因，除非该塔在修建时就已经倾斜。所以纠倾完成以后，仍不能保证塔体长期稳定的外在因素，就是造成塔体倾斜的“病根”。

3.2.2 古塔倾斜原因分类

古塔倾斜原因尽管多种多样，但也并不是无规律可循，为了使古塔倾斜原因分析规范化和实施纠倾加固工程个性化，根据实践经验总结可将古塔倾斜原因归纳为以下几类：

1. 坡体不稳定型

当古塔处于坡体之上，由于坡体本身不稳定使古塔倾斜的，就属于此种类型，见图 3.2-1。坡体不稳定的原因很多，如滑坡、边坡坍塌、切坡使应力松弛（包括河岸冲刷）等，都可以使斜坡失稳。古塔随着斜坡的变形而变形，其倾斜方向一般与坡体变形方向相同，而且古塔倾斜变形动态与坡体变形动态相一致，见图 3.2-1。兰州白塔倾斜的主要原因就是因为白塔处在斜坡上，塔院存在二个滑坡，以后殿南侧东西一线为界，以北为北滑坡，以南为南滑坡，白塔就座落在南滑坡的斜坡上，随着南滑坡的向南向下蠕动而倾斜，倾斜方向为 SW6.7°，斜坡松弛，差异增湿及地震影响更加剧了白塔的倾斜。南京方山定林寺塔，由于山北修筑公路切坡产生新的临空面，影响了坡体的稳定性，使堆积层向北缘慢行，造成塔身倾斜速度加快。延安宝塔、九江锁江楼塔均属于此种类型。这种类型的倾斜，问题出在坡体，所以纠倾以前一定要查清坡体失稳的性质和病害类型，加固坡体，使坡体处于稳定状态，古塔纠倾完成后才能保持稳定。

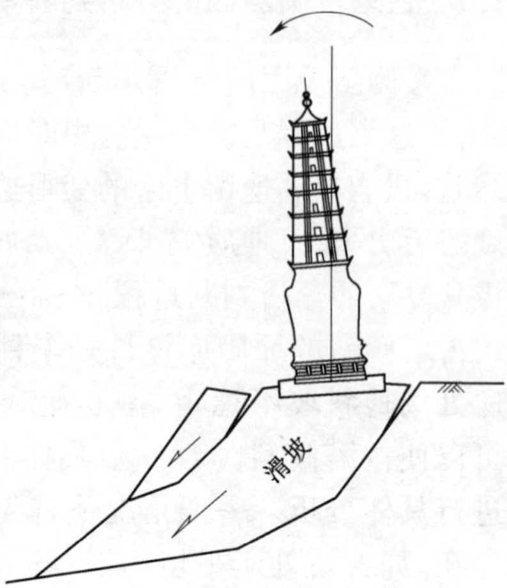

图 3.2-1　坡体不稳定型示意图

2. 地基不均匀沉降型

这种倾斜原因是由于地基土的不均匀性造成的。如地基土薄厚分布不均，一侧薄，一侧厚；地基土的岩性不一样，一侧硬，一侧软；或是一侧含水量大，一侧含水量小；局部有洞穴或采空；侧向抽降水等等。特别是软土、湿陷性黄土地区土层对含水量的影响特别敏感。多数古塔的倾斜就属于此类，见图 3.2-2。

兰州烈士陵园纪念塔塔基平台座落于一“斗箕状”沟槽洼地

上，建塔时回填沟槽，沟槽走向大约为 NE25°，距塔中心南侧约 15 m 处，为 NE80°左右的陡坎平台向北蠕动挤压。由于植树浇水，顶板效应使水文地质条件发生了变化，地下水极易在此汇集，回填土较原状土含水量高，最高 17.8%，加之塔基土系Ⅳ级自重湿陷高压缩性黄土，容易因含水量不均一产生不均匀的压缩变形，进而导致纪念塔倾斜。

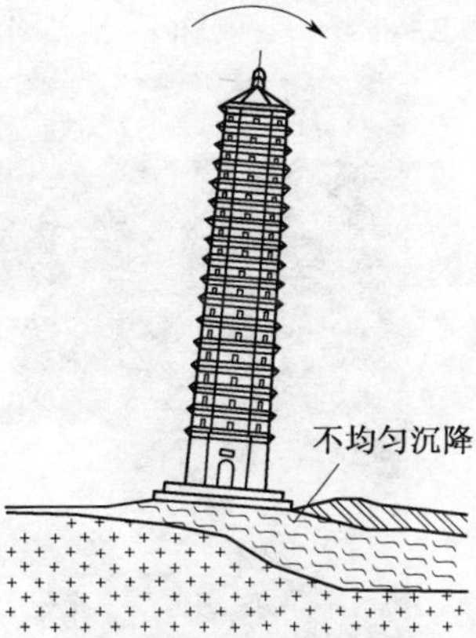

图 3.2-2　地基不均匀沉降型示意图

苏州虎丘塔地基中有一层薄厚不均的粉质黏土，造成古塔产生不均匀沉降而倾斜。

陕西眉县的净光寺塔，地基原先的强度可以承受塔体的重量，文革期间在塔的附近修建公共厕所，污水渗漏引发地基土体不均匀沉降，造成古塔倾斜。

著名的意大利比萨斜塔，基础位于粉砂之上，粉砂薄厚不等，其下是厚达 30 m 的饱和黏土，在重荷作用下，土体发生蠕变，以致在建造之初就发生倾斜。

总之，这一类古塔的倾斜，问题出在地基上，故在古塔纠倾前后，应预先进行地基加固，增强软弱地层的承载力和强度。

3. 基础不均匀压缩型

塔身的重量先是传至基础上，再由基础传至地基上。基础也是受力体，有的塔基础在地面以上，有的埋入地面以下，有的一半在地上，一半在地下，受周边环境的影响、砌体材料风化程度的差异或是地震力的作用，古塔基础也会产生不均匀压缩变形，从而使塔身产生倾斜。特别一提是，一旦塔体产生倾斜，基础受力失去均衡，必然一侧受力小、一侧受力大，更加剧了不均匀压缩变形，形成恶性循环。中国北方以及藏区的古塔，塔基座（基础）大都由砖或块石堆砌而成，整体性差，难以抵御地震荷载。图 3.2-3 为青海玉树地震区一座喇嘛塔基础不均匀破坏情况。

图 3.2-3　塔基础不均匀压缩实例

4. 塔身不均匀破坏型

古塔本体在外力(如地震、洪水、雷击、炮击等)作用下,或塔身在差异风化条件下使古塔本体产生不均匀破坏而倾斜,见图 3.2-4。此类倾斜一般发生在年代久远,风化破坏严重的古塔中四川省都江堰奎光塔就是一个典型的实例,通过调查分析奎光塔有较完整的条石基础,条石基础之下为卵石土垫层(一层卵石,一层土交替分层填筑)垫层以下为天然沙卵石层。奎光塔地基承载力是足够的,地基未发现不均匀沉降的迹象,基础虽有不均匀压缩,但值很小。经过详细的勘察分析,认为造成奎光塔倾斜的主要原因是地震力作用下,塔体东侧被压裂(酥),西侧塔体拉裂造成塔体不均匀破坏而向东倾斜,此后倾斜程度的继续发展除地震力的影响以外,还与风荷载产生的附加力、砖体本身的强度衰减、偏心荷载的逐渐加剧有关。此种类型倾斜的古塔还有应县木塔等。

属于此种倾斜原因的古塔纠倾,首先必须对塔体本身进行有针对性的加固,增强塔体的强度和整体刚度、提高抗震能力等。

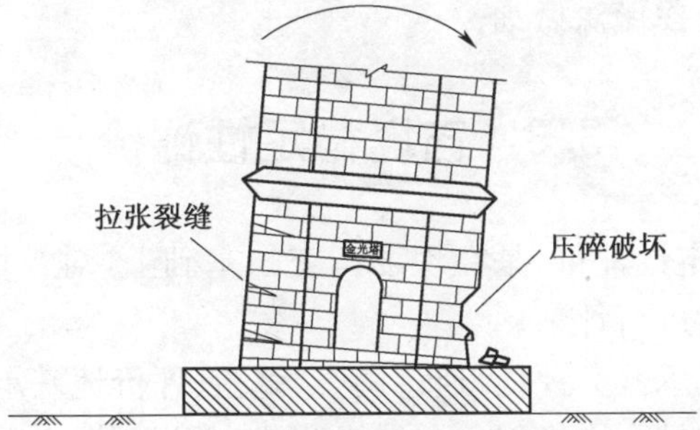

图 3.2-4　塔身不均匀破坏型示意图

5. 组合型

此种类型不是单因素原因，而是二种或二种以上的因素共同作用的结果，这种类型的破坏原因在实际中普遍存在，似乎单一因素，很难促使塔体倾斜，见图 3.2-5。在这种情况下也应该在众多原因中尽可能根据其影响程度，分清主次，一一对症施治。

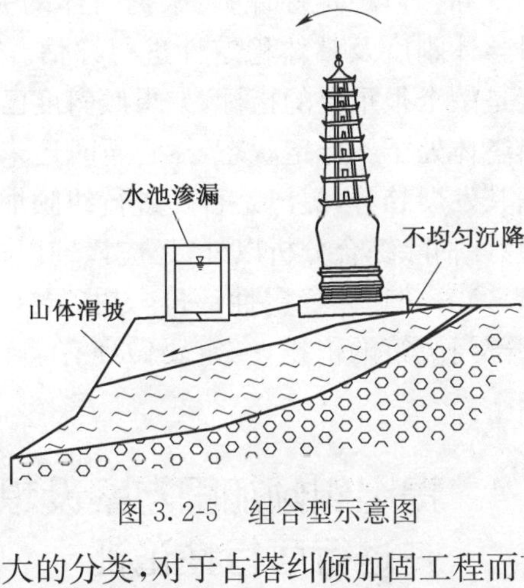

图 3.2-5　组合型示意图

以上只是大的分类，对于古塔纠倾加固工程而言这还不够，还需要进一步查明直接原因，如斜坡不稳定型，造成斜坡不稳定的原因很多，如滑坡、坍塌、切坡造成应力松弛等。各种不同的原因其加固措施是不一样的，只有找准直接原因才有可能对症施治。同样，塔体不均匀破坏，是因外力的作用所致，还是因差异风化所致，其加固措施也大不相同，设计依据也不一样，故倾斜原因分析必须深入透彻、工作做深做细。

3.3 古塔稳定性评价

古塔稳定性评价，是在现场调查的基础上，对古塔现存强度、刚度、稳定性进行评估。

(1)地基承载力评估：通过调查、试验、评价地基承载力能否满足要求，特别是古塔倾斜后在偏心荷载作用下，提出是否需要进行地基基础加固的建议等。

(2)古塔材料的抗压强度评估：塔身材料经过长期的风化剥蚀，破坏严重，裂缝满布，在偏心荷载作用下，特别在外力的作用下(如地震、飓风等)是否能满足强度要求，提出是否需要进行塔身加固建议等。

(3)塔身刚度和整体稳定性评估：根据塔体的完整性、破坏程度、倾斜度等对整体刚度及整体稳定性进行评估。对于整体稳定性而言，倾斜度是一个很重要的指标，如果倾斜度已超过规范规定值时，则可判断塔体处于不稳定状态，尽管暂时还未达到规范规定值，也应该根据其发展趋势，提出是否要进行纠倾加固的建议等。

进行稳定性评估除综合分析以外，还应该辅以数值计算、力学检算(如地震检算)等。整体稳定性评价，是指导工程设计的重要依据，也是管理部门决策的依据，一定要做到有理有据，最终提交工程勘察报告。

3.4 提出纠倾加固方案设想，并进行可行性论证

根据工程勘察报告提出的有关结论，特别是倾斜原因，有针对性地提出纠倾加固方案设想。有针对性就是根据古塔的实际，特别是根据地基基础情况选择纠倾方案，如迫降、顶升、或迫降顶升组合。纠倾部位的选择，要根据实际地基土的情况而定。加固方

法(包括塔身加固,地基基础加固,消除倾斜原因的加固,以及根据纠倾方法所需的临时加固等)均需根据必要性和可行性予以确认。

纠倾加固方案的提出,必须经过科学的论证和比选,找出安全、可靠、可行、经济合理、具有科学性和创造性的方案,提供主管部门组织专家论证。

对于方案所涉及的关键技术应有解决办法和措施,对于可能存在的问题应有予案,最终形成方案的可行性论证报告,经审查通过以后作为施工图设计的依据。

3.5 施工图设计

施工图设计,依据评审通过的纠倾加固方案进行,主要内容有:

3.5.1 加固工程设计

加固工程与古塔倾斜原因有很大的关系,不同的倾斜原因,有不同的加固重点。

(1)塔身加固设计:如果是塔身不均匀破坏型,则主要为塔身进行结构加固、地震加固、塔身修缮等工作。

(2)地基基础加固设计:如果是地基基础不均匀压缩、沉降型,则加固设计的主要内容为地基补强加固,基础加固,或基础托换。

(3)场地加固设计:如果是斜坡不稳定型则主要内容为斜坡加固。如滑坡治理,边坡支挡工程,河岸防护工程,洞穴填埋等。

(4)纠倾工程所需的临时加固工程设计:围箍、支撑、托换等临时加固工程应尽可能与永久工程兼顾起来,以便减少投资。

凡方案所涉及的加固工程,均需进行详细的施工图设计,且应符合有关规范要求。

3.5.2 纠倾工程设计

纠倾工程设计,根据审查通过的纠倾方案进行,不同的纠倾方案，有不同的设计内容，现就普遍使用的水平掏土迫降纠倾法为主来加以说明其设计要点。

1. 水平掏土迫降法设计要点

(1)纠倾部位的确定：采用水平掏土纠倾，首先要确定掏土的部位，一般而言选择在基础以下的地基土中，深度不宜过大。当地基土为非均质土(如卵石层)，则也可考虑进行塔身掏砖纠倾。主要问题是要考虑施工方便性。

(2)掏土孔的布置：掏土孔的布置方向可以有二种选择，一是平行于倾斜方向布置、一是垂直于倾斜方向布置，可根据施工条件选择(参见第四章浅层水平掏土法)。掏土孔的孔位与孔径设计，需根据地基土的承载能力与荷重情况所需造就的应力图形而定，即造就的应力图形应成线性，从而使迫降过程平稳，塔体不产生附加应力(参见第四章不同情况下的应力图形)。

(3)迫降人为控制措施设计：如定位桩、定位墩、锚杆静压桩、千斤顶控制等设计，确保施工的安全。

2. 顶升法纠倾设计要点

(1)顶升梁、钢筏等托换工程的设计：一定要满足在顶升力作用下的刚度要求，变形不能过大，否则会造成塔体的二次破坏。千斤顶反力支座的设计可结合地基基础加固进行。

(2)顶升千斤顶的设计配置：需根据塔体自重选择千斤顶的数量、额定顶升力、平面布置等，千斤顶使用安全系数可取1.5～2.0。

(3)迫降顶升组合协调纠倾法设计要点

迫降顶升组合协调纠倾，关键在于协调，首先必须确定是以迫降为主还是以顶升为主，一般讲在无特殊要求的情况下以迫降为主是合适的，确定好迫降与顶升的比例关系以后，就可根据这一比例关系来设计掏土孔，计算出所造就的应力图形。然后根据变位协调原理设计顶升力的大小。实践经验证明，迫降顶升组合协调纠倾法，对于古塔纠倾而言，由于基础面积小，结构松散，在对基础托换加固后，选用此法是一种科学的组合，与其他几种纠倾法相比优点很多，在条件允许时尽可能采用此方法。

3.5.3 监测系统设计

严密、可靠、快速的监测系统和信息反馈系统，是古塔纠倾的重要保证，也是贯彻信息化施工的重要组成部分。

观测的内容主要包括沉降观测、倾斜观测、塔身同步变位观测、应力监测等方面。主要的作用是了解在纠倾过程中沉降是否成线性变化，回倾与沉降是否同步，塔身有无附加应力出现，沉降速度是否合适，是否存在方向偏差等，根据这些反馈的信息，随时调整纠倾参数。

监测系统和信息反馈系统的设计，主要是测试仪器的配置，设置位置和数量的选择，监测时间的安排，信息反馈系统的形成等，具体内容可参照第五章古塔纠倾加固中的监测与控制技术。

3.5.4 安全防护系统的设计

安全防护系统的设计是施工图设计的一个重要的组成部分，纠倾工程，特别是古塔纠倾工程，安全是放在第一位的。尽管在纠倾方案的选择时，就充分考虑了安全问题，但在实施过程中，还应考虑安全防患硬件设计，如缆拉防护、定位墩防护、千斤顶防护等技术措施并制定特殊情况下的应急予案，确保工程的绝对安全。

3.5.5 工程预算

施工图设计完成以后，将工程量、工程材料统计计算，并做出工程预算，编写设计说明书和施工注意事项，并报请主管部门审查，审查通过以后按施工图设计组织施工。

由于古塔纠倾加固工程属特种工程，施工难度较大、风险高，一定要由具有文物加固资质的单位承担施工任务。另外在施工图设计时，由于设计者认识上的局限，不可能做到完全符合实际，还需通过信息化施工来加以弥补，进行设计变更。故局部方案调整是不可避免的，也应该是允许的。

3.6 纠倾加固工程施工

纠倾加固工程施工与其他工程施工一样，首先应根据设计图纸的要求，进行施工组织设计，将机具、材料、人员准备好。针对古塔纠倾加固工程施工而言，应特别做好以下几点工作：

1. 科学安排好施工顺序

根据古塔纠倾加固工程的特殊性，其施工顺序一般为先加固、后纠倾。即先塔身后地基基础，先场地后主体，最后进行复旧处理。但对于那些倾斜严重且倾斜程度还在急剧发展的古塔而言，事先抢救性工作还是必要的，如先止倾，或纠倾一部分再进行加固。对于那些不会造成倾斜恶化的工作，可以同时进行，以节省时间。采用掏土迫降纠倾法的工程，地基加固(注浆加固)应放在纠倾完成以后进行。凡在古塔周围进行基坑开挖、基础托换、掏土纠倾孔施工，在沉降量大一侧的施工须加快速度。

2. 施工方法和施工工艺的选择，应符合古塔修缮的特殊要求

古塔属于不可移动文物，对它进行修缮、保养，必须遵守不改变文物原状的原则，因此在选择施工方法和施工工艺时，应尽量避免对文物原貌的破坏。加固工艺要做到隐蔽，场地环境和谐。对纠倾临时拆下的构件要编号保存，等纠倾完成以后进行复原。

3. 施工过程中如发现塔藏文物遗存，须立即通知文物主管部门进行清理，并听候其安排处理。

4. 施工进度安排要循序渐进，不能单纯追求进度。

5. 一定要确保工程施工安全，加强施工过程中的监测，随时反馈各种变形信息，进行信息化施工。

3.7 古塔纠倾

一切准备工作就绪以后，就要进行纠倾施工。纠倾施工随纠倾方法的不同，施工方法也有一定的差异，为方便叙述，以迫降、顶

升组合协调纠倾法为例，说明其施工要点和纠倾程序。

3.7.1 纠倾前的技术准备工作

1. 所有量测设备的安装、调试、标定。量测设备包括千斤顶压力传感器、位移计、手动位移计、倾斜盘、钢筋计、控制变形测量仪等；

2. 设计各种测试数据的采集（包括集中采集、人工采集）、汇总、整理、分析方法、程序和图表；

3. 制定安全控制系统的设计及操作程序；

4. 掏土程序设计，并制定稳定标准；

5. 进行钢筏刚度试验，并确定有关参数；

6. 建立数据采集分析中心；

7. 成立纠倾指挥部。

3.7.2 掏　土

根据掏土设计放置的孔位进行钻孔，钻孔采用干钻冲击方式钻进，以避免循环水渗入地基。由于土体的强度与试验值有一定的差异，故掏土钻孔采用分期分批逐渐加密的方决进行。在掏土过程中要严格监视塔体的变形，当千斤顶的受力状态开始有规律的增加时（千斤顶初始不受力），则证明掏土使迫降区边缘部位的应力已超过土体的抗压强度，此时仍可继续掏土。当千斤顶储力达到设计值时，停止掏土，开始纠倾（参见“第 4.3.5 节“迫降顶升组合协调纠倾法”）。

3.7.3 纠　倾

纠倾是采用无外荷加载方式进行，即把储存在千斤顶上的力，逐级加到钢筏上去以促进土体的渐近破坏过程，此时应特别注意钢筏的线性变位问题。当顶升区产生张开时，顶升区应施加顶升力，以抵消新产生的倾复力矩，保持钢筏的线性变位，促进塔体回复，如此往复进行，直至千斤顶储力完全消除后开始进行第二轮掏土。根据位移轨迹图反馈的信息，重新调整各种纠倾参数，特别要注意调整纠倾方向所存在的偏差。纠倾施工是一项极为细致的工作，不要急于求成。

纠倾达到预定目标以后，应在定位墩上打入钢楔进行锁定，并向掏孔区四周填塞干硬性混凝土，塔底进行压力灌浆，抽掉千斤顶，浇筑混凝土。

对于一般掏土迫降纠倾而言，须根据地基土的具体情况预留一定的沉降量，避免纠倾过度。

3.8 古塔纠倾量与纠倾合格标准

1. 古塔纠倾量的确定

古塔纠倾量是指将倾斜塔体扶正至塔体重心与底面形心重合所需的抬升量或迫降量，它的大小与塔体的倾斜率有关。

$$\text{古塔倾斜率}=\frac{S_H}{H_g}\times 1\ 000\ ‰ \quad \text{（用千分率表示）} \tag{3.1}$$

式中 H_g——古塔自地面算起的高度；当古塔中心轴基本成直线时可取塔尖，当古塔中心轴不成直线时，可取重心高度，见图 3.8-1；

S_H——古塔中心轴与 H_g 相应高度处的水平偏移值。

倾斜方向为最大水平偏移值所指的方向。S_H、H_g 均可通过测量求得。

古塔纠倾量可根据倾斜率按比例关系求得，即：

$$\Delta S=\frac{S_H}{H_g}\times b' \tag{3.2}$$

式中 ΔS——古塔理想纠倾量（沉降量、抬升量）(mm)；

b'——古塔倾斜方向上的基础宽度在水平方向的投影(mm)。

由于采用的纠倾方法各不相同，有的方法如无控制措施的迫降纠倾需预留一部分沉降量 a，故真正实施的纠倾量比 $\Delta S'$ 小 a。同理采用抬升法纠倾时，实际纠倾量比 ΔS 大 a。即：

$$\Delta S' = \Delta S \pm a \tag{3.3}$$

2. 纠倾合格标准

我国建筑物纠倾工作始于20世纪80年代后期，纠倾合格与否，常以合同形式与业主商议确定，并无统一的标准。1991年中国老教授协会房屋增层改造技术研究委员会成立，推动了我国房屋增层、纠倾、加固、改造工程技术的发展。1997年我国颁布《铁路房屋增层纠倾技术规范》(TB 10114—97)，在该规范中规定了房屋的允许倾斜值。国家行业标准《既有建筑物地基基础加固技术规范》(JGJ 123—2000)，也于2000年6月1日起施行。国家标准化协会主持编制的《建筑物移位纠倾增层改造技术规范》(标准号 CECS 225:2007)已于2008年5月1日颁布实行，纠倾合格标准已有章可循。

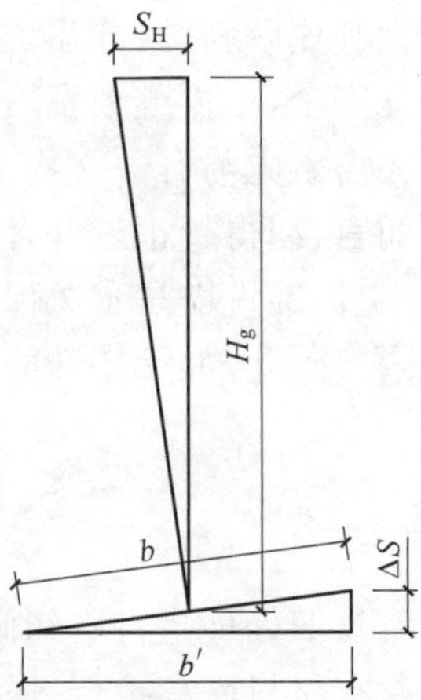

图 3.8-1　古塔纠倾量示意图

《建筑物移位纠倾增层改造技术规范》规定建筑物纠倾合格标准见表3-1。

表 3-1　纠倾合格标准

建筑类型	建筑高度 H_g(m)	纠倾合格标准 S_H
建筑物	$H_g \leqslant 24$	$S_H \leqslant 0.0045H_g$
	$24 \leqslant H_g \leqslant 60$	$S_H \leqslant 0.0035H_g$
	$60 \leqslant H_g \leqslant 100$	$S_H \leqslant 0.0025H_g$
	$100 \leqslant H_g \leqslant 150$	$S_H \leqslant 0.002H_g$
构筑物	$H_g \leqslant 20$	$S_H \leqslant 0.0055H_g$
	$20 \leqslant H_g \leqslant 50$	$S_H \leqslant 0.004H_g$
	$50 \leqslant H_g \leqslant 100$	$S_H \leqslant 0.003H_g$
	$100 \leqslant H_g \leqslant 150$	$S_H \leqslant 0.0025H_g$

注：1. H_g 为自室外地面算起的建筑物高，S_H 为建筑物纠倾后水平偏移控制值；

2. 对建成时间较长，上部结构出现破损(或弯曲)等病害，或较大回倾量将对上部结构产生不利影响时，纠倾合格标准可在表列的基础上增加 $0.001H_g$。

3. 对纠倾合格标准有专门要求的工程，尚应满足相关规定。

由于古塔的特殊性，为了尽可能保留原有历史遗存和风格，如意大利比萨斜塔、苏州虎丘塔等，就不能按合格标准来要求，只要保证安全，不再继续发展即可。所以一般说来，要达到什么纠倾程度还需事先与有关文物主管部门协商确定。从古塔自身的长期稳定而言，纠得越正越好，因为偏心矩的存在，始终有继续倾斜的危险，更何况古塔是永久保存的文物，不像一般建筑物有一定的使用年限。因此，如无特殊原因，至少应满足规范要求。

3.9 复旧处理

复旧处理是古塔纠倾的特殊要求，以达到修旧如旧的目的，如用原有材料恢复护台、塔身加固部位仿古砖块贴面或作旧处理、恢复原有周边环境等等。但近年来，文物界对复旧处理也有不同的声音，有的认为应留下加固的痕迹，保留真实历史（有的认为应在保留真实历史的前提下，留下加固的痕迹），这个观点也不是没有道理，既然是文物，要达到长期保存的目的，就不得不进行修复，在无法采用原材料的情况下，肯定要采用某些现代科技和先进材料，这也是以后的历史遗存，应该显现于世人面前，无需进行复旧处理，只要保持原貌就行了。

以上古塔纠倾加固的工作程序和要点，是针对比较复杂的工程而言，在实际工作中可根据不同的情况予以简化，以缩短工期。

第4章 古塔纠倾加固方法

古塔最主要的特点是底面积小、高度大、截面对称、宽高比一般在1∶5以上，由于重心高、稳定性差，古塔稍有倾斜，就会产生较大的偏心荷载，使倾斜不断地发展。鉴于这个特点，一般建筑物的纠倾方法不一定完全适合于古塔。由于古塔属历史遗存，具有丰富的历史文化内涵，古塔纠倾的最大风险是造成第二次破坏，甚至倒塌，这是文物加固修缮所不允许的，也是古塔纠倾的高风险性所在，故在方案选择上一定要求有较好的可控性。加固方法需符合文物修缮的特殊要求。

4.1 纠倾工程与加固工程

纠倾工程是指将已经倾斜的建筑物扶正所采取的技术手段，而加固工程则是为了消除倾斜原因，增加建筑物的强度和刚度，保持其完整性，保证经扶正以后建筑物的长期稳定而采取的工程措施。因此，可以说加固工程是纠倾工程的前提条件，也是纠倾工程的主要保证。为保证纠倾方案的顺利实施，在进行配套设计时，必须强调纠倾工程与加固工程的统一性，也就是说加固工程除满足消除造成倾斜的原因以外，还应该考虑纠倾过程中的特殊要求。同样纠倾工程除满足纠倾要求外，应尽可能考虑纠倾完成以后成为加固工程的一部分，这样即可节省投资、减少浪费，又可以缩短工期，做到纠倾加固的合理配置。另外，根据文物加固的特点，必须尽可能做到“修旧如旧”，不改变古塔的原貌，保留原文物的所有历史信息，不留痕迹或尽可能少留痕迹，因此要求所有纠倾加固工程为隐蔽工程。有些加固工程，如边坡加固，虽不影响文物主体，但会影响文物周边的环境，因此在加固工程时应尽可能考虑风景区的环境协调、统一。

加固工程视古塔倾斜原因、古塔的强度刚度以及纠倾工程的特殊要求确定。可包括斜坡加固、地基加固、基础加固和古塔自身的加固和修缮等。如兰州白塔山白塔纠倾，考虑到白塔倾斜的主要原因为斜坡蠕动变形（南滑坡的滑动）和黄土地基的不均匀沉降，故首先采用抗滑桩和边坡锚杆框架护坡予以整治，稳定其斜坡（共设计抗滑桩 6 根，锚索立柱 30 根）。为防止地表水入浸使斜坡发生滑动破坏，在塔院设置地表排水系统，并进行了地基加固处理。见图 4.1-1。

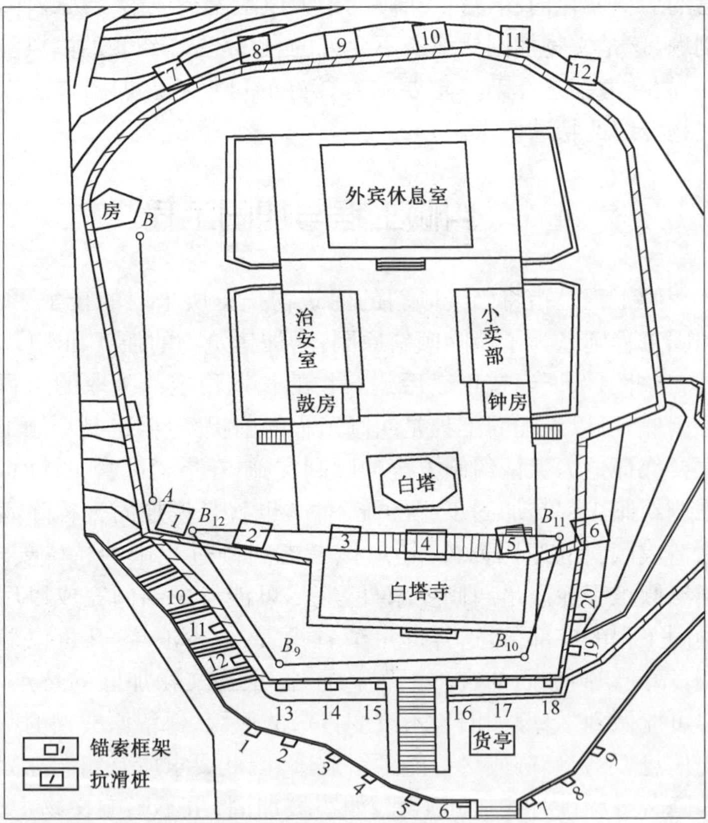

图 4.1-1　白塔寺病害治理平面布置图

都江堰奎光塔的倾斜原因，主要是在地震力作用下，塔身遭受不均匀破坏，因此加固工程主要是强化塔身的刚度和强度，保证塔身在 7 度烈度地震条件下的稳定，采取的主要措施是第一至六层塔身以钢带围箍加固，纵向用高强度钢筋连接，塔身裂缝灌注环氧树脂补强，以增加塔身砖砌体的抗压强度和抗弯能力，见图 4.1-2。考虑到塔的原基础宽度较小，卵石土垫层的整体性较差以及纠倾工作的需要，进行了基础围箍和钢筏托换，见图 4.1-3。

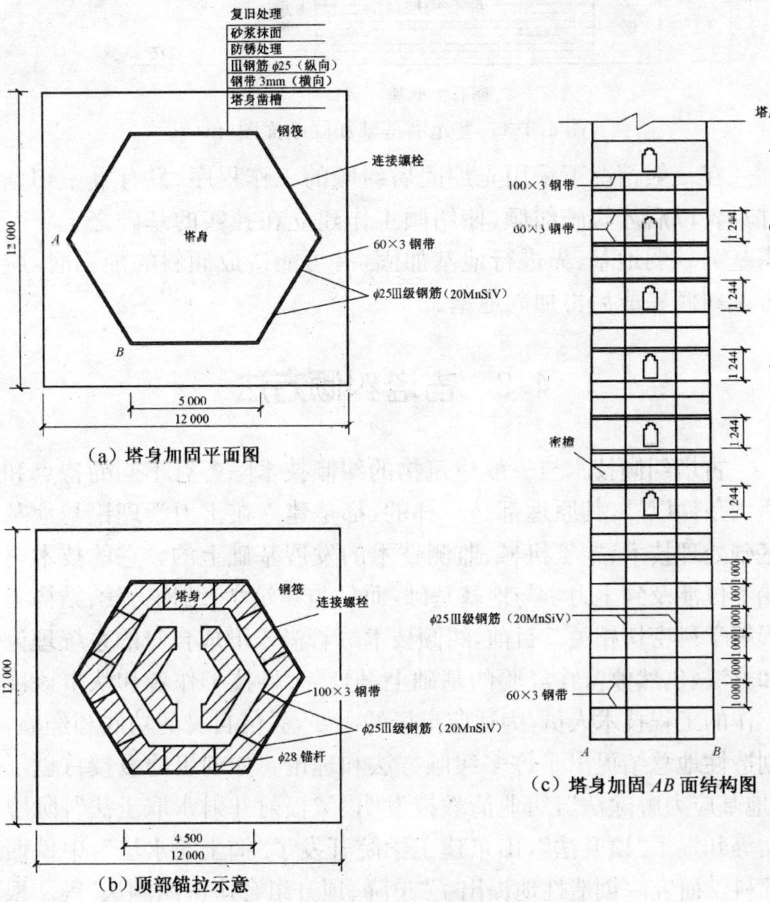

（a）塔身加固平面图

（b）顶部锚拉示意

（c）塔身加固 *AB* 面结构图

图 4.1-2　奎光塔塔身加固设计图(mm)

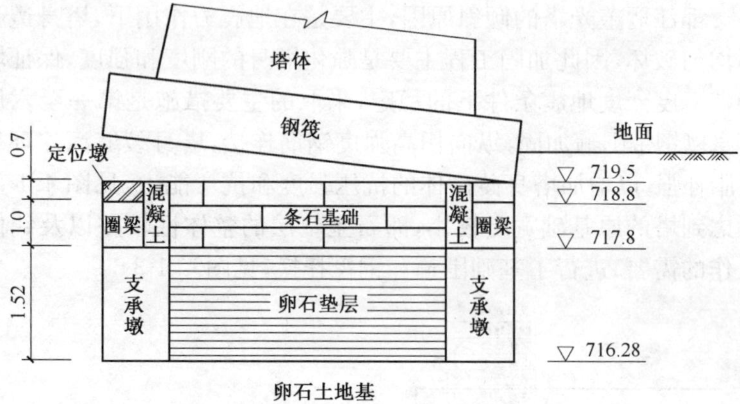

图 4.1-3　奎光塔基础加固断面图(m)

在一般情况下采用先加固后纠倾的工作程序,只有等一切条件具备以后才实施纠倾,使纠倾工作建立在扎实的基础之上。若塔基为软弱地基,先进行地基加固,有可能造成倾斜的加剧时,应考虑纠倾完成后再加固地基。

4.2　古塔纠倾方法

古塔纠倾技术与一般建筑物的纠倾技术除各有不同的特点和适用条件以外,其原理都是一样的,都是建立在土力学理论与地基基础处理技术、施工机械、监测技术的发展基础上的。它的技术内涵不仅涉及到土力学与地基基础,而且与建筑学、结构力学、结构工程等学科密切相关。目前,纠倾技术尽管尚未形成自身的系统理论和方法,仍然停留在经验的基础上,但广大科技工作者和从事该项工作的工程技术人员,为适应市场的需要,凭借自身的功底和经验,创造性地总结提出了许多纠倾方法和理论。如刘祖德教授首创了“地基应力解除法”,唐业清教授发明了“辐射井射水取土法”,阮慰文等开发了“顶升法”,山东建工学院开发了“掏土灌水法”,中铁西北科学研究院创造性地提出了“迫降、顶升组合协调纠倾法”等。根据其原理,古塔纠倾方法可规纳为三大类:迫降法、顶升法、迫降顶升组合法。各种方法自身还可以实施不同的综合。纠倾方法尚存较大的发展和创新空间，随着工程实践的增多，会更加丰富多彩。

4.2.1 迫降法

在少沉侧通过各种技术手段使地基土产生破坏变形（沉降）而达到纠倾目的的一种纠倾方法，见图 4.2-1。

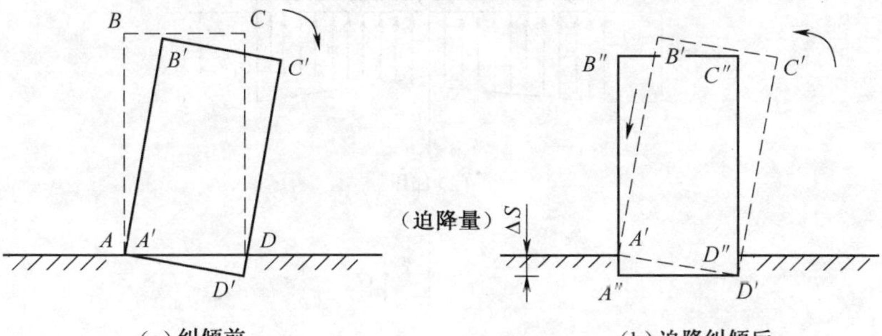

图 4.2-1　迫降法纠倾示意图

采用什么样的技术手段才能使少沉侧的地基土产生沉降呢？不防先分析一下古塔倾斜后地基土的受力状态，见图 4.2-2。由于偏心荷载的影响，多沉侧的应力 σ_1 大于少沉侧的应力 σ_2。要使少沉侧的地基土产生沉降变形只有两种途径：一是减少少沉测的承压面积，造就一种大的 σ_2 应力图形（地基承载力保持不变）；二是降低少沉侧地基承载力（应力图形不变）。

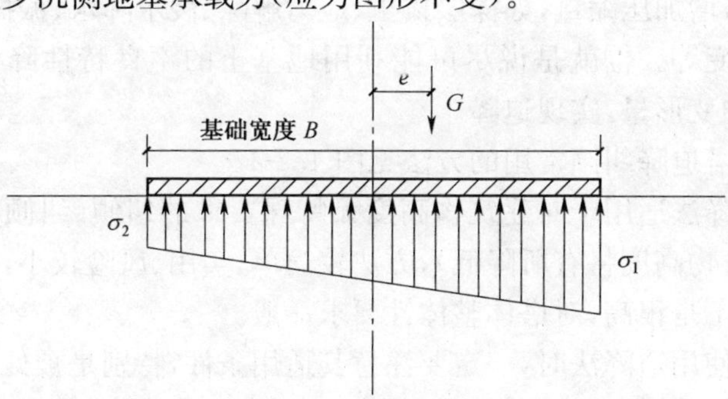

图 4.2-2　倾斜情况下的应力示意图

(1)在不改变地基土承载力的情况下，可通过对少沉侧加载或减少少沉侧地基土的承压面积(浅层掏土)，造就一个新的应力图形实施迫降，见图 4.2-3。

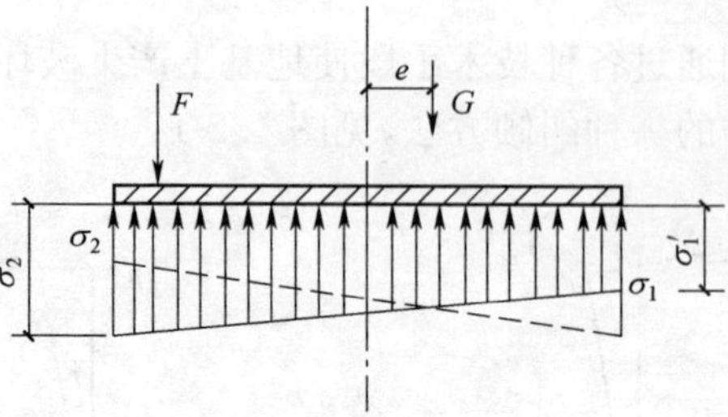

(a)加压

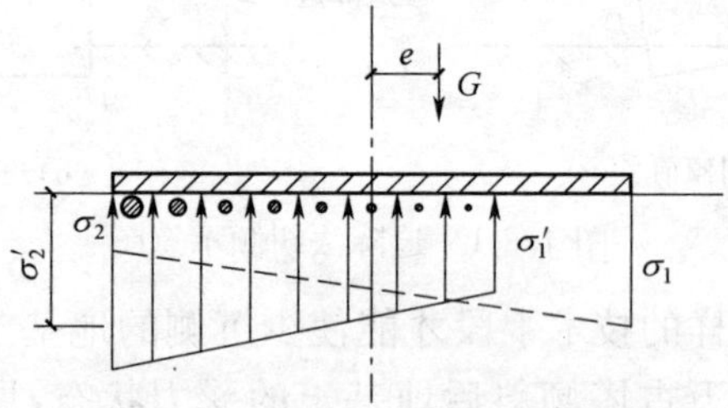

(b)浅层掏土

图 4.2-3　通过加压或浅层掏土所造就的应力图形

(2)在不改变应力图形的情况下，则只能降低地基土的承载力和强度，增加压缩量，如深层掏土、应力解除、浸水降水、振捣液化、射水触变等。也就是说尽可能利用地基土的不良特性降低承载力，增加变形量，实现迫降。

古塔迫降纠倾常用的方法见图 4.2-4。

迫降法适用于对建筑物高度无特殊要求的纠倾(纠倾完成以后，建筑物高度将有所降低)，方法较简单、实用、风险较小，但一般可控性不是很高，对塔体整体性要求一般。

在使用迫降法时，一定要注意其适用条件，特别是被处理土层的物理力学性质，不得盲目行事。

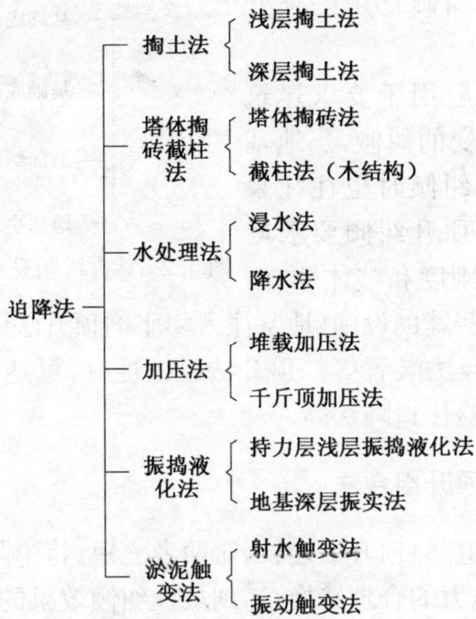

图 4.2-4　古塔迫降纠倾常用方法

4.2.2　顶 升 法

此法是在多沉侧采用各种技术手段使其升高以达到纠倾目的的一种纠倾方法。该方法也可以分为二种类型：一是不改变地基土的性质，使用外力手段使古塔多沉侧产生向上位移；二是在地基土中注入膨胀剂使古塔多沉侧抬升，见图 4.2-5。

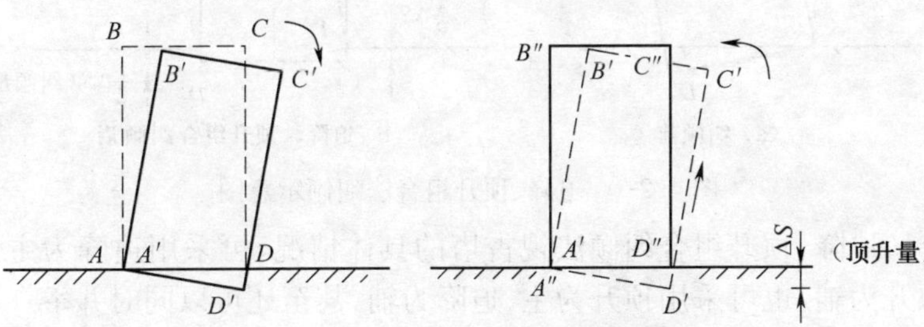

（a）纠倾前　　（b）顶升纠倾后

图 4.2-5　顶升法纠倾示意图

古塔抬升纠倾常用的顶升法见图 4.2-6。

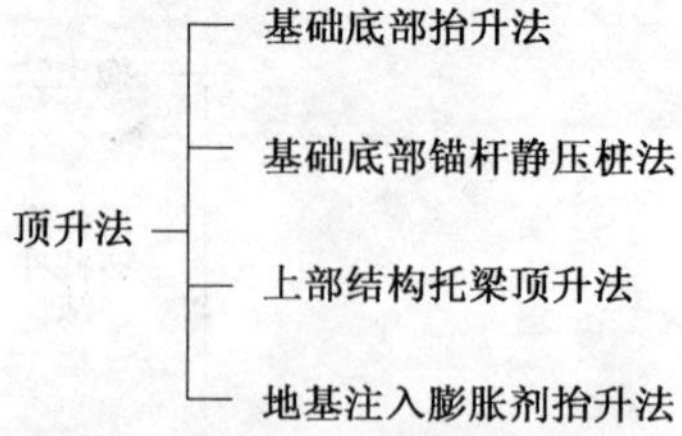

图 4.2-6　古塔抬升纠倾常用顶升法

顶升法一般用于要求建筑物高度保持不变的纠倾，当地基土不适于迫降纠倾时也往往采用顶升纠倾。顶升纠倾要求塔身具有足够的刚度和整体性，而且还需增加一些辅助设施(地基注入膨胀剂顶升法除外)，如托梁、托盘、千斤顶、反力装置等。顶升法可控性好，可达较高的纠倾精度，但成本、风险比迫降法高。

4.2.3　迫降、顶升组合法

该法是取迫降、顶升法之长，避两者之短，将迫降、顶升有机地结合起来，实施力的合理转换，达到最佳纠倾效果的一种复式纠倾方法。这种方法是同时在沉降少的一方实施迫降，沉降多的一方实施顶升，从而使纠倾量减少，见图 4.2-7。

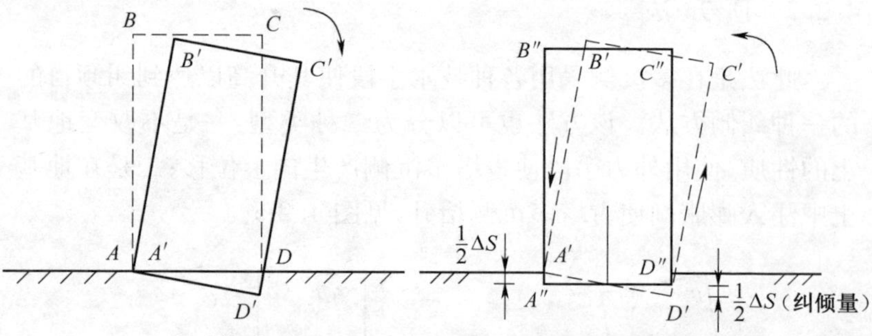

(a) 纠倾前　　(b) 迫降、顶升组合纠倾后

图 4.2-7　迫降、顶升组合法纠倾示意图

迫降、顶升组合纠倾法视古塔的具体情况，可采用迫降为主、顶升为辅，也可采用顶升为主、迫降为辅，甚至还可以同时并举。

目前采用的迫降、顶升组合纠倾方法见图 4.2-8。

迫降、顶升组合纠倾法，对古塔结构而言是一种较为科学的纠

迫降、顶升组合纠倾法
- 掏土、千斤顶顶升组合协调纠倾法
- 横向加载牵引纠倾法
- 掏土－锚杆静压桩组合纠倾法

图 4.2-8　迫降、顶升组合纠倾法

倾方法，它可以实施力的合理转换，调整迫降和顶升量，节省时间，特别是可控性好，纠倾精度高，实用性强。该法不同于两种以上纠倾方法的综合。

4.3　古塔常用纠倾方法的技术特点

4.3.1　掏土纠倾法

通过地基掏土扶正倾斜的建筑物是古塔纠倾最常用的一种方法，也是用得最普遍的一种方法。掏土纠倾法根据不同的掏土模式可以分为很多类。如根据掏土部位的深度，可分为浅层掏土、深层掏土；根据掏土孔的方向可分为水平掏土、斜孔掏土、垂直孔掏土；根据掏土孔的设置部位又可分为基底掏土，基础外侧掏土；根据掏土方式还可以分为人工掏土、钻孔掏土、冲水掏土等等。不管是哪种掏土方法，其原理不外乎二条：一是减少地基土的受压面积，使荷载应力集中压碎剩余土条，获得较大的沉降变形，如浅层水平掏土；其二即应力解除，依靠大型螺旋钻钻入一定深度，分期分批地在钻孔适当深度掏出较弱地基土，并依靠螺旋钻上拔造成孔底真空环境，使地基应力在局部范围内得到解除和转移，促使软土向外排出，增大其沉降量。

现就三种较常见典型掏土纠倾法分述于后。

1. 水平掏土纠倾法

水平掏土法一般适用于浅层掏土，其掏土方式可以是人工掏土，也可以是钻孔取土。其原理是减小地基土的承压面积，使荷载应力向剩余土条上集中，当集中应力超过土条的抗压强度以后，产生破坏变形(压扁),以达到迫降的目的。为了使变形协调,因掏土所造就的应力图形应成线性,边缘应力最大,向多沉侧逐渐减少,当边缘应力 σ_{max} 大于地基土的峰值强度 σ_f 时,则开始产生破坏,降至剩余强度,多余应力向相邻土条转移造成破坏,一直向多沉侧发展,呈渐进破坏模式。掏土孔的布置,如孔径、孔数等均需通过计算确定,并采用跳开掏土逐渐加密法进行施工。

水平掏土法一般适用于地基土为黏性土、黄土、淤泥质土、黏土、砂性土或填土等较均匀的土层。岩石风化层、软岩、砖砌体在特殊情况下也可以采用。水平掏土法一般可分为二种掏土型式,一种是垂直于倾斜方向掏土,另一种是平行于倾斜方向掏土。二种掏土方法,主要以地形条件确定选取,以利于施工场地的安排。垂直于倾斜方向掏土,掏土孔的设置采用不同孔径和相同间距,或相同孔径不同间距,主要以造就线性应力图形为目的。平行于倾斜方向掏土,可采用相同孔径不同深度,或不同孔径相同深度掏土。各种掏土方式见图 4.3-1。

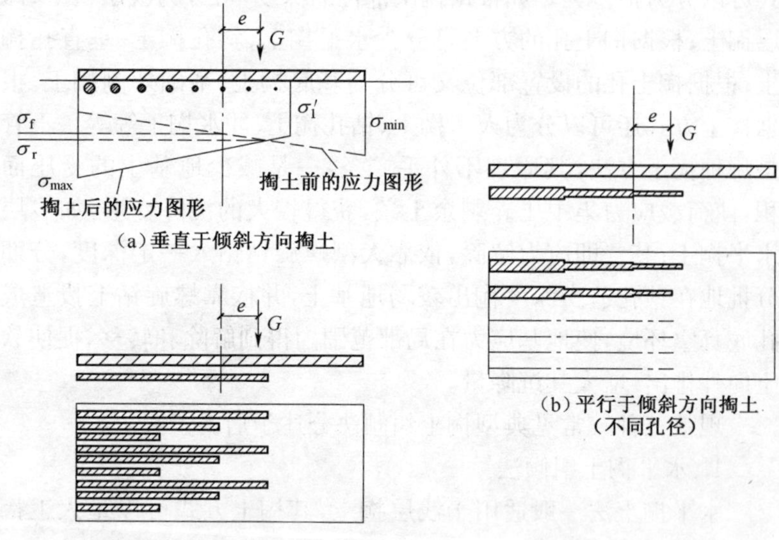

(a)垂直于倾斜方向掏土

(b)平行于倾斜方向掏土(不同孔径)

(c)平行于倾斜方向掏土(相同孔径)

图 4.3-1 浅层水平掏土法

当地基土为软弱土层或掏土深度较深时，可采用唐业清教授提出的辐射井射水取土法，见图 4.3-2。即利用高压水枪伸入基础下 0.5 m 进行冲水，使土体变成泥浆排出，形成空洞，附近的土体在自重压力作用下，挤入空洞，达到使建筑物下沉的目的。辐射井射水纠倾法，适用于天然地基的所有土层。辐射井可采用圆形混凝土或砖砌体护壁，井的内径不小于 0.8 m，混凝土井壁强度不低于 C15，砖砌井壁强度等级不低于 MU7.5，水泥砂浆强度不小于 M5。辐射井布设在古塔少沉一侧，其深度应根据基础埋深，地基土的分布情况而定。

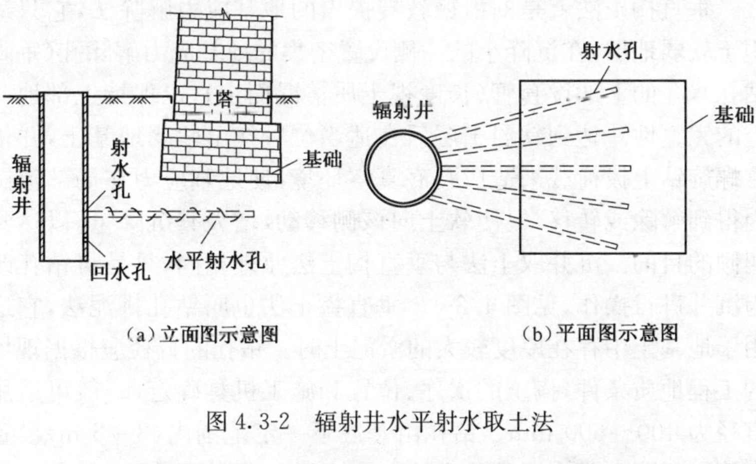

(a)立面图示意图　　(b)平面图示意图

图 4.3-2　辐射井水平射水取土法

辐射井应在井壁上设置射水孔和回水孔，射水孔孔径一般为 12 cm，回水孔孔径一般为 6 cm，并交错布置。沉井须封底，底面标高应低于射水孔 1.0～1.2 m。高压射水泵工作压力及流量宜根据需要冲孔的土层情况现场试验确定。

2. 斜孔掏土法

该法是在古塔沉降小的一侧挖槽，按一定的角度打斜孔，深入到基础以下至基础宽度的一半或 1/3 处，造成一定的空间，在古塔自重作用下压密，以达到纠倾的目的，见图 4.3-3。意大利比萨斜塔就是采用斜孔掏土法纠倾的。

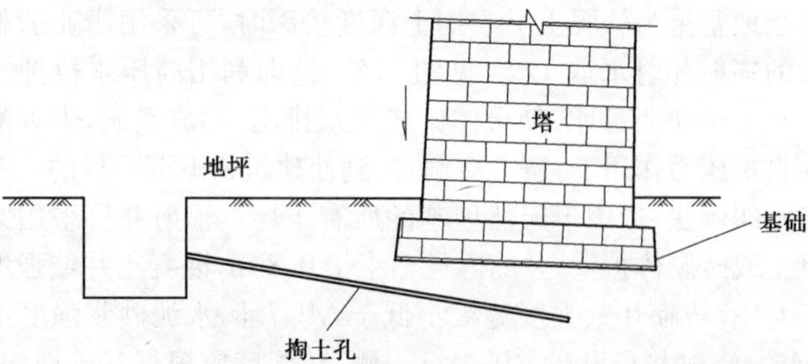

图 4.3-3　倾斜钻孔掏土纠倾法

3. 垂直掏土法(地基应力解除法)

垂直掏土法就是刘祖德教授提出的地基应力解除法,它只适用于软弱地层,在沉降小的一侧设置密集的地基应力解除孔(垂直钻孔),孔的上部设套管(长度视土质情况而定),以保持上部地基土的完整性。达到软弱土层后在适当位置掏出软弱地基土,并依靠螺旋钻上拔荷载来造成孔底真空环境,使地基应力在局部范围内得到解除或转移,促使软土向该侧移动,增大其沉降量,以达到纠倾的目的。沉井取土法与垂直掏土法原理相同,只是将钻孔改为沉井进行操作,见图 4.3-4。垂直掏土法也叫钻孔排泥法,它适用于地基土中存在厚度较大的淤泥土时。钻孔的直径应根据现场的工程地质条件,掏土的次序、位置和施工机具确定,一般可适用直径为 400～600 mm。钻孔由基底下一定范围内(3～5 m)设置套管以保证上部土层的稳定性。实施此方法的原则是:“掏深不掏浅、掏软不掏硬、掏外不掏里”。

4.3.2　降水和浸水纠倾法

1. 降水纠倾法

降水纠倾是通过降低古塔少沉侧的地下水位,增加土体的有效应力,使地基土固结沉降,而达到纠倾的目的。应用时,地基土的渗透系数必须达到要求,而且应考虑对周围建筑物的影响,见图 4.3-5。

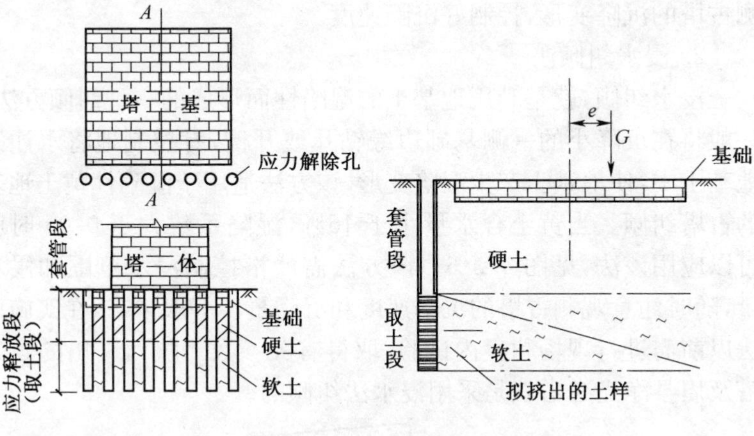

(a)垂直掏土法钻孔平、立面布置示意图　　(b) A—A剖面图

图 4.3-4　垂直掏土法(应力解除法)示意图

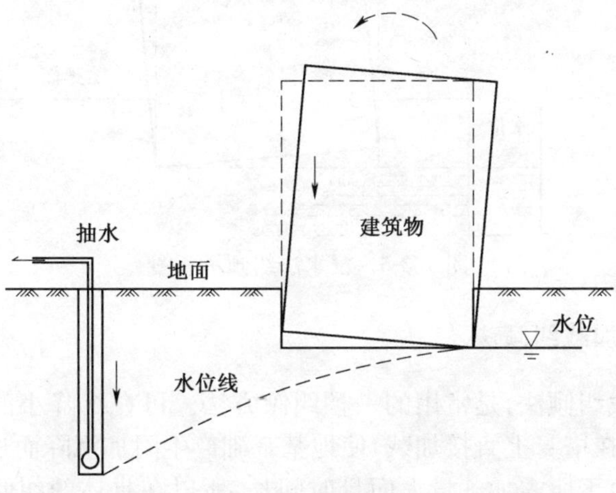

图 4.3-5　降水纠倾法示意图

使用该方法前必须对地基土的种类、含水层厚度、渗透系数、地下水位等进行了解。一般情况下，只有在含水层厚度大于 5 m，渗透系数 K' 大于 1.0 m/d 的土层才适用于此法。降水井的深度、数量、间距、离古塔的距离，均需通过计算确定，降水过程中随时观

测古塔的沉降变形，控制好沉降速度。

2. 浸水纠倾法

浸水纠倾，就是利用地基土的湿陷性而形成的一种纠倾方法。一般将在沉降小的一侧基础边缘钻孔或开槽，有控制地将水注入地基土中，使地基土产生湿陷变形，该方法适用于湿陷性黄土地基的古塔纠倾。当黄土含水量小于15%，湿陷系数大于0.05时就可以应用该法，见图4.3-6。该方法需严格控制浸水范围和浸水量，随时注意观测古塔的沉降速度和沉降量。一般说来，在实施该法以前需进行现场和室内试验，取得有关参数。陕西铜川的延昌塔及眉县净光寺塔就是采用浸水法纠倾的。

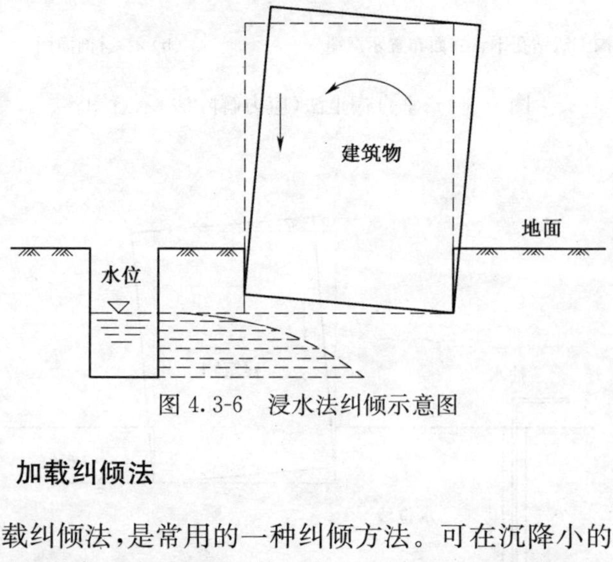

图4.3-6　浸水法纠倾示意图

4.3.3　加载纠倾法

加载纠倾法，是常用的一种纠倾方法。可在沉降小的一侧堆载，也可在塔身上直接加载，使地基基础产生附加沉降而达到纠倾目的。由于所需加载量大而且时间长，所以在具体的纠倾过程中往往作为一种辅助方法。加载法可分为重物堆载和千斤顶加载，千斤顶加载又可分为垂直加载和横向加载等等，见图4.3-7。

4.3.4　顶升纠倾法

顶升纠倾是借助千斤顶将古塔多沉侧顶起而达到纠倾目的的

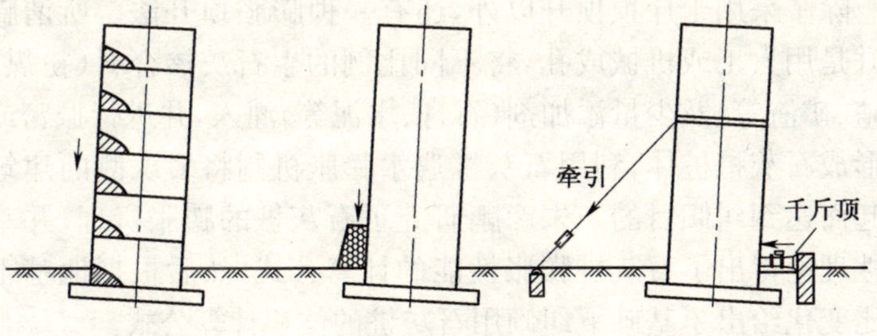

图 4.3-7　加载法纠倾示意图

一种方法。顶升纠倾无论在理论上还是实践中均可认为是一种理想的纠倾方法。它有利于人为控制，速度快，但需对古塔基础做一些技术处理，如设置千斤顶支座、顶升圈梁、托梁、托盘等。常用的顶升法有框架顶升、圈梁或托梁顶升、静压桩顶升等。顶升纠倾设计的关键在于托换体系的设计、顶升荷载和顶升点的确定，保证在顶升过程中古塔的安全，见图 4.3-8 及图 4.3-9。由于顶升法需克服上部荷载作用，实施时往往困难较大，托换装置需要具有足够的强度和刚度，故一般情况下只是与迫降法组合应用。

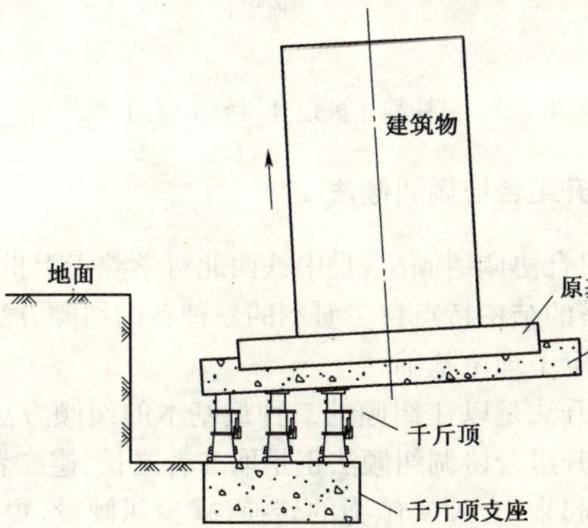

图 4.3-8　托换顶升纠倾示意图

除了采用千斤顶顶升以外，还有一种膨胀顶升法。所谓膨胀顶升是用人工或机械成孔，将不同比例的生石灰掺合料（粉煤灰、炉碴、矿渣等）及少量添加剂（石膏、水泥等）灌入，并进行振密或夯实形成石灰桩桩体，利用石灰桩遇水膨胀机制将多沉侧的建筑物顶起而达到纠倾目的。朱彦鹏研究了石灰桩的膨胀机理，并基于弹性理论得出了石灰桩膨胀性能的计算公式，然后根据地基土孔隙比变化给出了基础下纠倾用石灰桩的体积计算公式。

以上所述的古塔纠倾方法，根据不同的环境条件可以单独使用，也可以综合使用。

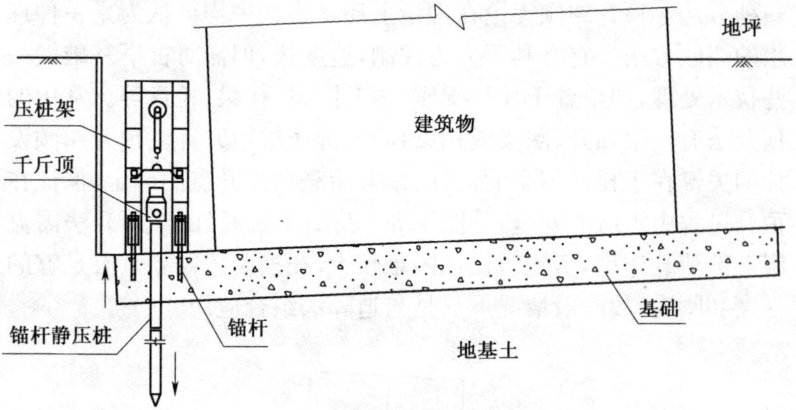

图 4.3-9　锚杆静压桩顶升纠倾示意图

4.3.5　追降、顶升组合协调纠倾法

追降、顶升组合协调纠倾法，是中铁西北科学院于上世纪末本世纪初，根据古塔的结构特点自主研制的一种新的纠倾方法，它为可控精确纠倾奠定了理论基础。

追降法和顶升法是以往纠倾的二种最基本的纠倾方法，各有利弊，而追降、顶升组合协调纠倾法正是取二者之长、避二者之短，把二者组合协调起来，合理实施力的转换，减少纠倾量，提高工作效率的一种复式纠倾方法。在追降端以掏土为主，无外荷加载为辅，促进土条的渐进破坏，使掏土追降过程平稳可控。无外荷加载，巧妙地利用了力的转换，克服了外荷加载的困难。顶升端的顶升，顺应了张拉区的张开趋势，消除了因张拉区形成产生的弯矩，而且保证了钢筏的线性变位协调，促使旋转中心向塔体形心移动。

1. 不同情况下塔底应力分析

(1)塔体在正位情况下的应力

正位时，假定塔底应力呈均匀分布，各处应力相等，见图 4.3-10。

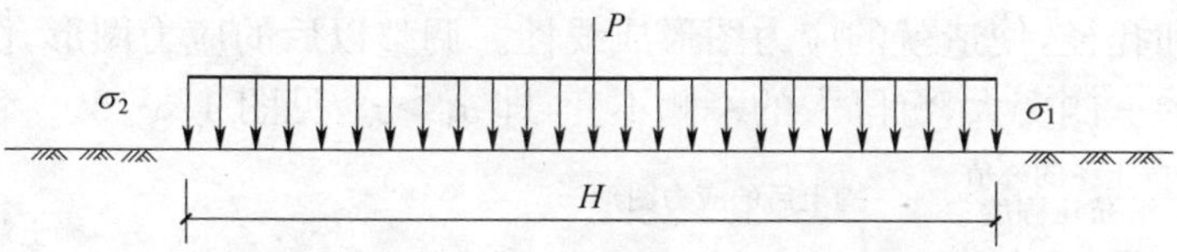

图 4.3-10　正位时塔基应力分布图

$$\sigma_1=\sigma_2=\frac{P}{S} \tag{4.1}$$

式中　σ_1、σ_2——塔底两侧边缘地基应力(kPa)；

P——塔体重量(kN)；

H——塔底实际宽度(m)；

S——塔底基础面积(m^2)。

(2)塔体在倾斜情况下的应力分布

倾斜情况下，塔体重心产生偏心，塔基沉降大的一侧应力大，沉降小的一侧应力小，即 $\sigma_1>\sigma_2$，见图 4.3-11。

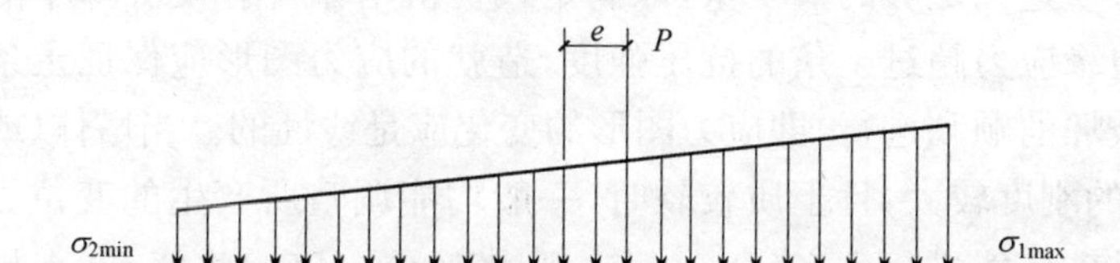

图 4.3-11　塔体倾斜情况下塔基应力分布图形

$$\sigma_{\substack{1max\\2min}}=\frac{P}{S}\pm\frac{M_p}{W}\quad(\text{kPa}) \tag{4.2}$$

$$M_p = e \times P \quad (kN \cdot m) \qquad (4.3)$$

式中 W——基础底面抵抗矩(m^3)；

e——倾斜古塔的偏心距(m)。

(3) 塔底掏土或塔体掏砖(以下同)追降纠倾需要造就的应力图形

通过塔底掏土,减少承压面积(荷重不变的情况下)以增加追降方单位面积上的应力,来达到纠倾目的。但需计算掏土孔的间距和孔径,使造就的应力图形成线性。调整以后的应力图形,沉降小的一侧变大,沉降大的一侧不变,即 $\sigma_4 > \sigma_3$,见图 4.3-12。

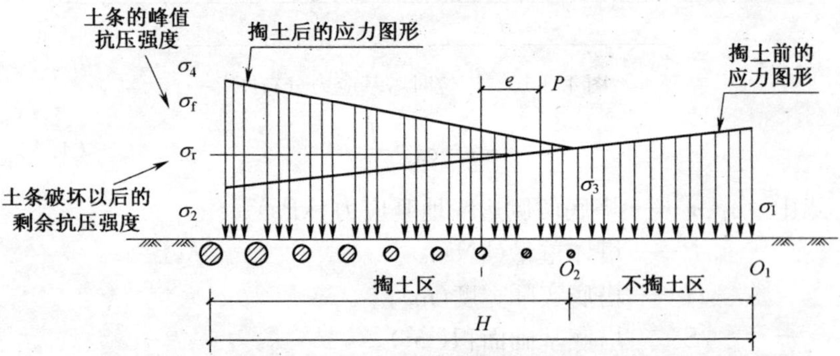

图 4.3-12 掏土造就的应力分布图形

在沉降小的一侧钻孔掏土,使塔体利用自重压碎土条而沉落,则必须达到足够的掏土量,以满足线性沉落条件。使沉降小的一侧边缘应力超过土条的抗压强度,造就的应力图形应保证土条渐进破坏的顺利进行,即应力图形的变化应是线性的。当塔体(或基础)的刚度较大,且土质较软时,一般均能调整所产生的变位。当渐进破坏能进行到底(至 O_1 点),则塔底(或基础)将绕 O_1 点旋转产生线性沉落。如果渐进破坏在中途停止至 O_2 点,则要看 O_2 点能否产生旋转条件,即追降方造就的应力图形与剩余强度差所产生的回复力矩能否克服抬升方因抬升而产生的反向力矩,如果能则追降方产生沉落,抬升方抬升,仍保持线性。如果不能则塔体不可能产生变位。若塔体的刚度不够,则有可能在 O_2 点产生绕曲,使塔体产生附加应力而变形。

(4)采用顶升法的受力分析

顶升的原理很简单,即在沉降多(多沉侧)的一侧加一个顶升力,使塔体上抬,以达到纠倾目的,见图 4.3-13。

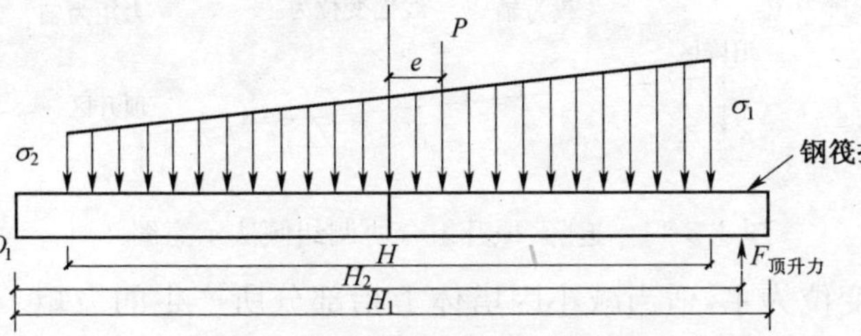

图 4.3-13 顶升法应力分布示意图

在进行顶升之前,往往需要进行基础托换,以增加塔体的刚度,保证塔体变位过程的同步且不产生附加应力。

顶升前 $\sigma_1 > \sigma_2$,顶升完成后,塔体回复正位,塔基应力 $\sigma_1 = \sigma_2$。

理论上讲以 O_1 点为旋转中心,在钢筏顶升侧施加一个顶升力 F,将钢筏上抬,根据力矩平衡原理可求得 F_{min} 值。

$$F_{min} = P \cdot \left(\frac{H_1}{2} + l\right) / H_2 \tag{4.4}$$

式中 H_1——钢筏宽度(m);

H_2——顶升点至旋转中心 O_1 的距离(m);

F_{min}——最小顶升力(kN)。

2. 迫降、顶升组合协调纠倾法的作用机理

迫降、顶升组合协调纠倾法是集迫降、顶升两类纠倾法之长,弃两类纠倾法之弊,将二种纠倾法的优点组合为一体的复合纠倾方法,见图 4.3-14,其作用原理如下:

(1)迫降、顶升组合协调机制

迫降、顶升同时并举实施纠倾的主要关键是变形"协调",必须保证钢筏在纠倾过程中呈线性旋转。一般情况下掏土迫降方长度约占总长度的 2/3~3/4,并辅以无外荷加载。顶升方的长度约占总长度的 1/4~1/3。顶升力一定要因势利导,其大小以保证钢筏

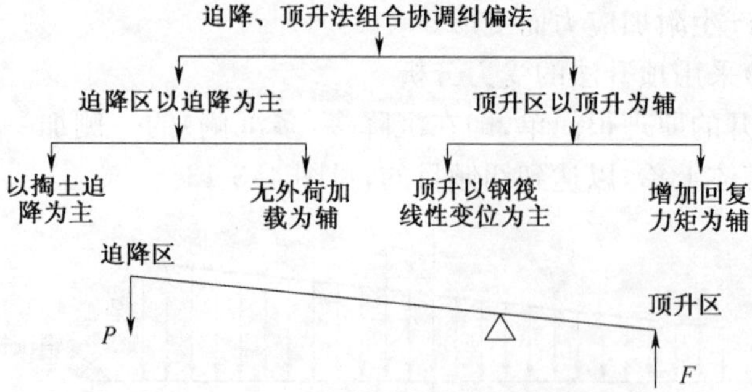

图 4.3-14　追降、顶升组合协调纠倾法示意图

的线性变位为主，适当减小因塔体上抬部分所产生的力矩。保证“协调”的主要技术关键是上顶力的确定。

(2)千斤顶储力、掏土不破坏机制(土体达到抗压强度后，不让其产生破坏变形)

对顶升侧用千斤顶支顶，不让其继续产生倾斜。追降侧掏土所造就的应力图形见图 4.3-12，应成线性。由于土条的抗压强度难于用试验方法确定，只能采取逐渐逼近法进行试掏。即先初步确定掏土孔间距，进行试掏，由于削弱了受力面积，孔间土条的应力将增大，当土条应力达到其抗压强度时则产生破坏，塌孔沉落。若土条不破坏，说明孔距大，削弱面积不够。此时应在两孔之间内插掏土孔，直至两孔间的土条破坏为止。在掏孔的同时，用千斤顶控制钢筏的变位，开始千斤顶不受力，当千斤顶开始受力时，则表明土条边缘应力已达到峰值强度，据此可反算出土条的实际抗压强度，以此值指导掏土。随着掏土量的增加，应力逐渐增大，但由于千斤顶的控制，钢筏不能产生大的沉降变形，多余应力将转移到千斤顶上，直至千斤顶的储力达到设计值为止，停止掏土。储力大小应根据钢筏的刚度和满足渐进破坏要求而定。掏土不破坏机制的采用，使纠倾方向和速度的可控成为可能。

(3)无外荷加载机制

古塔追降纠倾法，为了减少掏土量，往往辅以加载，它可以减少掏土量，而且使纠倾过程人为可控。以往加载系采用外荷如直接加载法、反力梁加载法等，均需要具备一定的条件，特别是加载量要求过大时，会增加很多困难。无外荷加载，则是通过力的转换，将自重作为荷载，起到与外荷加载相同的作用。其具体实施方法是通过加密掏土或掏悬臂把多余的自重力储存在千斤顶上，根据纠倾的需要，实施分级卸载，再把自重力还原给土条，使土条破坏而沉降。在迫降区沉降过程中，顶升侧必然会抬升而逐渐脱离地基，产生一个反弯矩，使塔体产生附加应力，此时应逐渐增加顶升侧的顶升力，来平衡这个反弯矩，保证变位协调。从整体平衡来考虑，随着顶升力的增加势必增加了回复力矩，迫降侧千斤顶储存的力也会增加，可重复选用加载迫降，这就是力的互相转换所带来的优越性，见图 4.3-15。

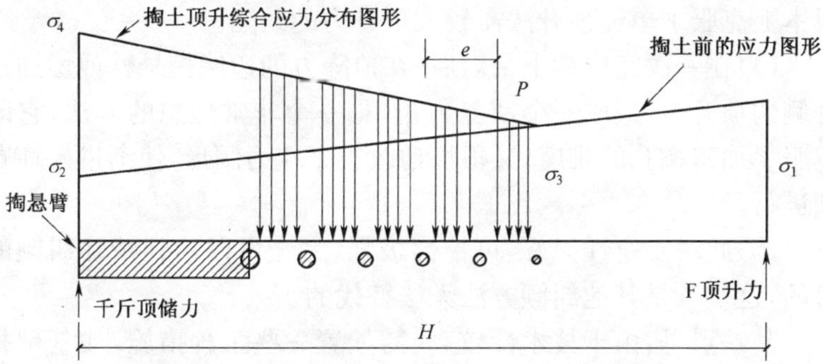

图 4.3-15　迫降、顶升力的相互转换示意图

(4)土条渐进破坏机制

由于掏土所形成的应力图形是线性的，当沉降方边缘应力达到土条的抗压强度后首先达到破坏而降至剩余强度，多余的应力将向相邻土条转移，致使第二块土条达到破坏，如此向后发展，像多米诺骨牌一样。要使渐进破坏顺利进行下去，所造就的应力图形要合适，一般说来，最大、最小应力差不能太大，以 20%左右为宜。过大会使渐进破坏中途停止，过小易产生破坏速度过快而“突沉”。这时可用千斤顶卸荷、加载来实施调控。

3. 迫降顶升组合协调纠倾法的优缺点

优点有以下几方面：

(1)把迫降法与顶升法科学地结合起来,使其作用互补,变位协调,提高了纠倾精度。

(2)利用千斤顶储力,实现了力的科学转换,减少了掏土的次数,达到了无外荷加载的目的,使整个纠倾过程置于严密的可控状态,可以根据反馈的测量信息,随时调整纠倾速度和方向,克服了自重迫降纠倾的随意性问题。

(3)顶升适应了迫降纠倾的总趋势,在一般情况下,迫降法纠倾在少沉侧沉降的同时,多沉侧总会产生不同程度的抬升(即张拉区),如果在多沉侧加上一个顶升力,既平衡了塔体新增的力矩、增加了回复力矩,又加大了抬升量(减少了迫降量,纠倾量为迫降量与抬升量之和),使工作效率大大提高,很好地保证了线性变位,从根本上克服了单纯顶升法需较大顶升力的缺陷。

(4)在一次完成掏土量以后,在迫降方的边缘掏悬臂或增加顶升侧的顶升力,造成一个回复力矩,是一个非常理想的方法,它既克服了加密掏孔的难度,又很快地改善了应力图形,使渐进破坏顺利进行。

(5)此法安全性很好,可控性极强,完全可以达到精确纠倾的目的,这一点是其他纠倾方法无法替代的。

其缺点是:由于技术性较高,需配置一些工程措施,如基础托换(最好是采用钢筏承托)、油压千斤顶设备、数据采集设备等。技术要求难一些,成本相应地要高一些。

4. 关于"突沉"的理论分析及防止方法

所谓"突沉"是指在掏土过程中由于掏土量过大,使部分土条应力超过土条的峰值强度突然产生变形而降至剩余强度,致使沉降速度过快的一种变形现象。"突沉"对纠倾建筑物,特别是古塔的影响很大,因此应尽量避免。

"突沉"一般发生在无控制条件的掏土自重纠倾情况下,那怕是多数土条已达到峰值强度,但仍不会产生破坏变形,只有当压力足以使塔体整体变位时,渐进破坏才开始发展,此时是否产生"突沉",完全取决于渐进破坏发展的速度,影响渐进破坏发展速度的一个主要因素是土条的峰值强度和剩余强度的差值。对于脆性材料而言，其峰值强度与剩余强度的差值较大，这样就有较大的应力转移，使渐进破坏加速而“突沉”，相反，塑性材料，可以产生较大的塑性变形，峰值强度和剩余强度的差值较小，故产生“突沉”的情况较少，见图 4.3-16。

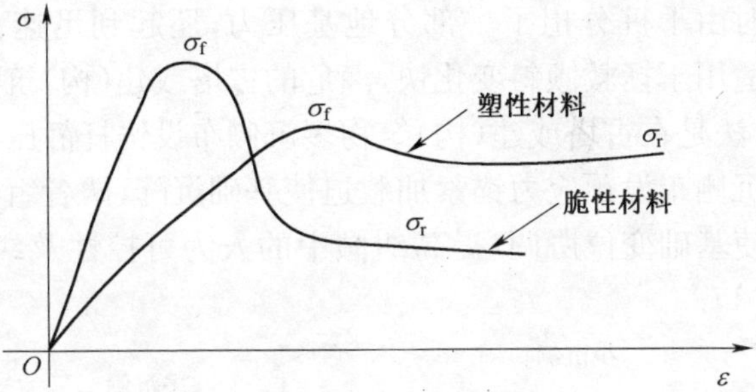

图 4.3 16　材料的应力-应变曲线示意图

防止“突沉”的方法有：加强控制，用千斤顶把托换基础上多余的应力暂时储存起来，储力大小应有一定的限度，而且要预留储力空间，然后分级卸载释放，让储力慢慢加到土条上去，控制渐进破坏的速度，就可避免“突沉”的发生，这就是前面所说的千斤顶储力，实现力的转换，进行无外荷加载。严格禁止均匀掏土，避免所有土条同时达到破坏。基底最大最小应力差应有一个合理的比例，既要使土条的渐进破坏能够顺利进行，又要防止同时破坏。

在防治措施方面除采用千斤顶控制以外，还可以设置定位墩，在定位墩上垫钢板，预留一定的下沉空间，防止变位过大，定位墩一般情况下备而不用。

4.3.6　锚索与锚杆静压桩组合互动协调纠倾法

锚杆静压桩纠倾法属于抬升法的一种，它利用古塔或建（构）筑物自重为反力，在倾斜古塔或建（构）筑物多沉侧的基础上埋设锚杆，并与压桩架连接，然后借助压桩架，利用千斤顶将预制桩通过基础中开凿好的孔洞逐节压入地基内。压桩的同时，基础通过锚杆向上抬升，压桩力和抬升力是一对作用力与反作用力，当压桩力达到设计荷载时，采用型钢将预制桩临时锁定，然后同时对多个桩体采用多台千斤顶进行二次压桩，通过控制不同位置桩体的压桩力达到抬升纠倾的目的。该方法显著特点是：在古塔或建(构)筑物多沉侧压桩，既加固了多沉侧地基，又抬升了基础，起到纠倾作用，同时由于桩分担了一部分地基压力，还起到迅速止倾的作用，特别适用于拯救倾斜变化快，濒危的古塔或建(构)筑物。

该方法是在古塔或建(构)筑物多沉侧布设锚杆静压桩抬升基础，在少沉侧布设预应力锚索加载迫使基础沉降，两者组合实现两侧互动，使基础变位协调，提高纠倾中的人为可控性及纠倾效率，见图 4.3-17。

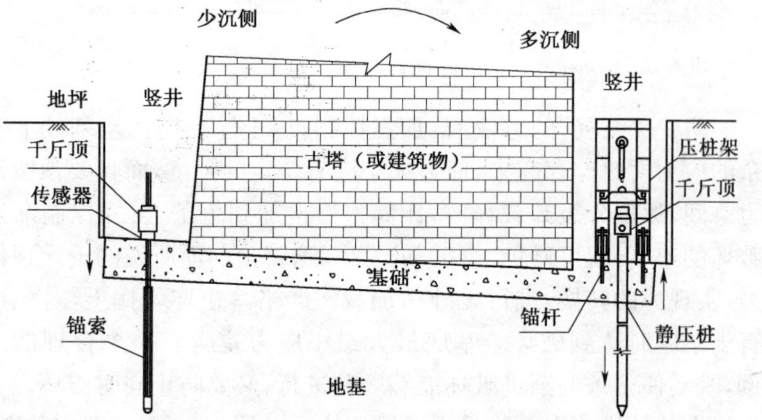

图 4.3-17　锚索加压与锚杆静压桩组合互动协调纠倾法原理示意图

主要技术步骤如下：

(1)在古塔基础周围做一钢筋混凝土扩大基础(或置换原基础)形成新的“杯型”基础。

(2)在古塔多沉侧及少沉侧开挖竖井或者沟槽，至基础顶面，为锚杆静压桩和锚索施工提供作业面。

(3)按照锚杆静压桩的设计和施工方法，在倾斜古塔多沉侧基础上开凿锚杆静压桩桩孔，桩孔周边埋设锚杆，立桩架，用千斤顶将预制混凝土锚杆静压桩一节一节压入地基设计深度，当压桩力达到设计荷载时，采用型钢将各桩临时锁定。

(4)在锚杆静压桩施工的同时，在倾斜古塔少沉侧基础上垂直打锚索孔，锚索孔穿过基础深入地基稳定地层中，孔内插入加工好的锚索体，压注水泥砂浆。

(5)当锚索水泥砂浆强度达到设计强度的85%后，在所有锚索的外锚头处基础上安装压力传感器和液压千斤顶。

(6)利用液压千斤顶对布设在古塔少沉侧的各预应力锚索同时进行分级张拉，促使该侧基础下沉。与此同时，对布设在古塔多沉侧的各锚杆静压桩进行二次压桩，抬升该侧基础，两者协调互动，共同作用，直至达到纠倾目的。

(7)纠倾完成后，对布设在多沉侧的锚杆静压桩进行封桩，起到加固该侧地基的作用，对布设在少沉侧的锚索施加预应力锁定建(构)筑物基础，以防“复倾”，最后将竖井或沟槽回填，恢复原地坪。

上述锚杆静压桩和预应力锚索加压协调纠倾时，信息反馈是关键，要根据基础的变位曲线是否呈线性变化，及时调整锚杆静压桩的抬升力和锚索的压力，力争做到古塔两边基础变位线性、协调、平稳。

本方法将预应力锚索加载迫降与锚杆静压桩抬升有机地结合在一起，对建(构)筑物少沉侧进行迫降，多沉侧进行抬升，类似于“翘翘板”两侧互动，变形和受力协调，形成一个与古塔倾斜力矩相反的力偶矩，达到对古塔纠倾的目的。该种组合纠倾方法实施过程中，通过不断调控倾斜古塔每一部位的锚杆静压桩和预应力锚索的加载力大小，容易实现古塔回倾过程中的线性变位、安全可控，使倾斜古塔在回倾过程中整体受力更为科学合理，避免在一侧施力时应力集中，损伤基础。另外，该种组合纠倾方法为迫降与抬升同时协调进行，大大提高了纠倾效率，对古塔的高程改变极小。在达到预定纠倾目标后，通过对锚索施加预应力锁定基础和对锚杆静压桩在不卸荷的条件下进行封桩，又可起到加固地基与防止“复倾”的作用。由于锚杆静压桩具有快速止倾和加固软弱地基的功能，故本方法特别适合于那些倾斜发展快、重量较轻、倾斜量较小、地基为高压缩性土以及对高程控制较严格的古塔或倾斜建（构）筑物。

4.3.7 锚索加压与掏土综合纠倾法

基底掏土纠倾法属于迫降法中的一种，是建（构）筑物纠倾工程中最基本的纠倾方法。它是在建（构）筑物少沉侧的基础下进行掏挖，取出适量地基土，削减基底的受力面积，在上部结构荷载的作用下，该侧地基应力增大，引起地基新的沉降，从而有效调整基础的沉降差，以达到纠倾扶正建（构）筑物的目的。但该方法尚未形成系统的理论计算体系，加之地基土的不均匀性和复杂性，该类纠倾方法掏土量难以精准掌握，不是掏土过量，就是掏土不足，往往是“掏着看”，存在可控性差和纠倾精度低等缺陷。

预应力锚索作为一种锚固技术，已广泛应用于水电、公路、铁路、矿山、市政等各类岩土边坡加固领域，取得了显著的经济效益和社会效益，已成为岩土工程加固的主要手段。其原理是：通过钻孔穿过软弱岩层或滑动面，使锚固段进入稳定岩层一定深度以提供锚固力，其次在外锚头处设置反力系统，然后对锚索施加预应力张拉、锁定，从而达到加固不稳定岩体的目的，加力装置是通过电动油泵液压系统及油压表实现的，可控性好。

本方法将预应力锚索加载控制与水平钻孔掏土迫降有机组合在一起，应用在古塔或建（构）筑物纠倾领域，其目的在于提供一种能够提高古塔或建（构）筑物纠倾效率、人为可控性和纠倾精确性的组合纠倾法，可有效避免古塔及建（构）筑物纠倾中突沉和纠倾后复倾现象的发生，见图 4.3-18。

该方法实施步骤如下：

（1）在古塔基础周围做一钢筋混凝土扩大基础（或置换原基础）形成新的“杯型”基础。

（2）在倾斜古塔少沉侧旁开挖截面为矩型的竖井，竖井平面位置须与基础外挑部分搭接一定宽度，竖井深度至基础下 2.0 m，形

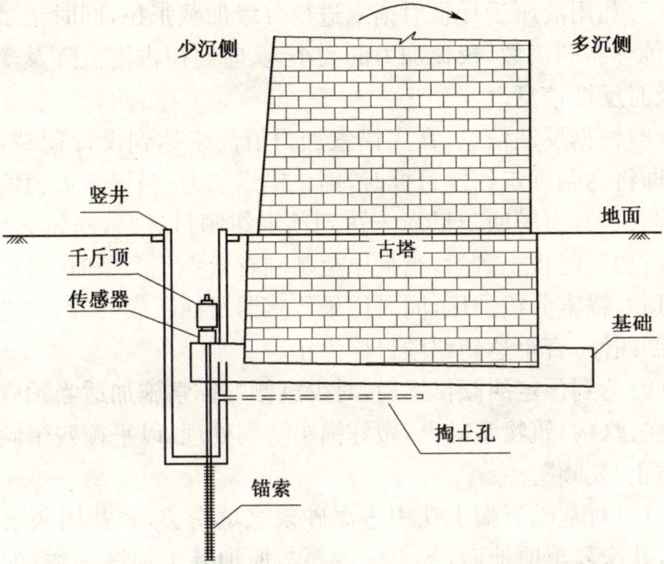

图 4.3-18　锚索加压与基底掏土综合纠倾法原理示意图

成可供基底掏土的作业面。

(3)根据地基承载力及应力控制计算掏土量，进而设计掏土孔长度、孔径、间距和方向，在竖井中向基础下水平掏土，掏土应分井、分批、隔孔进行。

若地基为软土或黄土，采用高压水枪射水掏土；若地基为泥岩、砂岩或硬质土，采用钻机钻孔掏土。

(4)根据古塔的倾斜力矩、基础和地基土强度等计算锚索布设数量和单根锚索受力并进行锚索设计，按照锚索的设计孔径和长度，在古塔少沉侧基础外延部分垂直钻孔，钻孔穿过基础，深入地基稳定地层中。

(5)在钻孔内插入加工好并中置注浆管的锚索体，锚索体位置在孔内居中，然后通过注浆管向孔内压注水泥砂浆，直至孔口溢浆为止。

(6)待水泥砂浆达到设计强度后，在古塔基础上锚索外锚头处装配压力传感器、液压千斤顶及加力装置。

(7)利用液压千斤顶对锚索进行分级加载张拉，同时记录油压表及传感器的读数，校核加力的大小，实时监控古塔沉降及变位情况，及时反馈信息。

(8)根据反馈信息，在当锚索加力值尚未达到设计荷载，古塔回归即将达到预定纠倾目标时，停止锚索加力；当锚索加力值达到设计荷载后，古塔回归量尚未达到预定纠倾目标时，对锚索卸载，继续增加基底掏土数量，当掏土至基础有微小下沉量时，再次利用千斤顶对锚索分级加压，同时记录传感器及油压表的读数，进行微调控制纠倾，直至达到纠倾目标为止。

(9)达到预定纠倾目标后，对少沉侧的锚索施加适当预应力并锁定在建(构)筑物基础上，做好锚头防腐处理，以平衡残余倾复力矩，防止"复倾"。

(10)对基础下掏土孔用水泥砂浆充填密实，竖井用灰土进行夯填，并恢复至原地面，灰土强度要与原地基土强度一致，配比应由现场试配后确定。

此方法将预应力锚索技术引入到古塔及建(构)筑物纠倾控制领域中，并与基底水平钻孔掏土纠倾法有机结合，通过掏土减少地基承载面积，锚索加压增大基底附加应力的双重效应，促使地基局部沉降，达到纠倾的目的。加力系统由液压千斤顶、电动油泵及锚索共同组成，测力系统由传感器及油压表组成并相互校验，加力时锚索受拉，基础受压，地基应力增大，进而加速少沉侧地基沉降变形，消除基础差异沉降。锚索加力越大，基础下沉越大，故通过控制加力的大小可控制古塔回倾的速率。通过调整古塔周边不同竖井内锚索的受力，便能控制古塔的回倾方向。该方法最大的优点是可控性好、精确度高、安全稳妥，因为施力大小通过油压表、压力传感器精确显示；加载与卸荷通过电动油泵旋钮精准控制，若与电脑联机则可控性更高，倘若千斤顶加力过大，基础下沉幅度亦大，则锚索张力随之自动减小，进而降低了基础受力，减缓了基础的沉降速率，这种"自动刹车"功能以及油压表和传感器的双重校核机制，极大地提高了纠倾过程中的安全可靠性、降低了风险。此外，锚索加压纠倾装置占用空间小、加载吨位大、操作简单易行，与单纯掏土迫降纠倾法相比，可减少掏土工作量，节省纠倾时间，提高纠倾效率。特别是纠倾完成后，给锚索施加适当预应力并锁定在基础上，有提高古塔的稳定性并防止复倾等诸多优点。

本方法的技术特点是：将锚索加压控制技术成功引入到古塔及建(构)筑物纠倾加固领域，并与掏土迫降纠倾法有机结合形成一种新的组合纠倾法。在古塔少沉侧通过掏土削弱地基受力面积，当掏土至地基土达到临界破坏状态或有少量下沉趋势时，采用锚索控制技术加压促沉，通过调整不同部位锚索受力的大小，控制古塔回倾速率和回倾方向。与掏土迫降法相比，该方法不仅提高了纠倾效率，而且避免了掏土的盲目性和突沉效应，降低了纠倾风险，极大提高了纠倾的可控性、精确性和安全性。锚索在纠倾过程中，起到加力和调控作用；在纠倾完成后，锚索并不浪费，锚固体系又成为古塔防复倾加固的关键措施。

4.4 纠倾施工及施工工艺流程

4.4.1 纠倾前的技术准备工作(以迫降、顶升组合协调纠倾法为例)

(1)所有测量设备的安装、调试、标定。量测设备包括千斤顶的压力传感器、电子位移计、手动位移计、倾斜盘、钢筋计、控制变形测量仪器等。

(2)设置各种测试数据的采集(包括集中采集、人工采集)、汇总、整理、分析方法、程序和图表。

(3)判定安全控制系统的设计及操作程序是否合理。

(4)进行地基土(砖砌体)抗压强度试验，并在此基础上进行掏土设计，并进行应力计算。

(5)进行托换梁或钢筏刚度的现场试验，并确定有关参数。

(6)建立数据采集分析中心等。

4.4.2 掏　土

根据掏土设计放置的孔位进行钻孔,钻孔采用干钻冲击方式钻进,以免循环水进入地基,由于土条强度与试验数值有较大的差异,因此掏土孔采用分期分批逐渐加密的方法进行,后期还可以采用掏悬臂的方法。在掏土过程中要严密监视塔体的变形,特别是千斤顶受力变化(千斤顶开始不受力),当千斤顶的受力状态开始有规律性的增加时,则证明迫降侧边缘部位的应力已超过土条的抗压强度,此时仍可继续掏土,当千斤顶储力达到设计值时,停止掏土,开始纠倾。这样可以大大减少掏土的次数。如果千斤顶选择合适,储存的力量较大,一次掏土就可以完成纠倾。

4.4.3 纠　倾

纠倾采用无外荷加载方式进行,即把储存在千斤顶上的力,逐级卸载加到土条上去,促进土条的渐进破坏过程,此时应特别注意托梁或钢筏的线性变位问题。当顶升侧产生张开时,应开始施加上顶力,以抵消顶升梁所产生的弯矩,保持托梁的线性变位,促进塔体回复,如此往复进行,直至千斤顶储力完全释放为止。如果塔体尚未纠倾到位,此时可增加顶升侧的上顶力(在顶升梁刚度允许范围内),或进行第二轮掏土,增加千斤顶的储力。

在纠倾过程中要及时进行数据处理,如绘制实时应力图形、新一轮掏土设计、程序计算及绘制塔体位移轨迹图等(图 4.4-1),它可以及时反映塔体位移的走向、位置、偏差等。根据这些数据的反馈信息,重新调整各种纠倾参数。

4.4.4 锁定(防复倾加固)

当纠倾达到目标后进行锁定,以保证纠倾成果。其方法是在定位墩上调整钢板,打入钢楔,向掏孔侧四周填塞干硬性混凝土,或根据需要在塔底进行压力灌浆,抽掉千斤顶,浇筑混凝土。

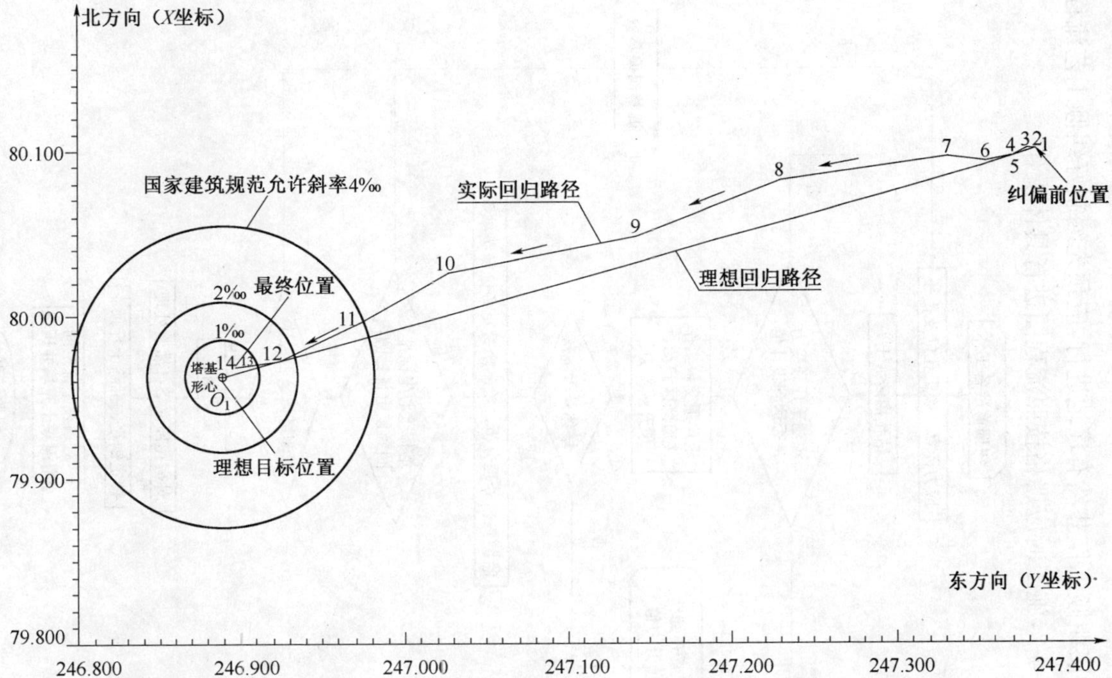

图 4.4-1　古塔塔尖(或重心)回归轨迹图(mm)

4.4.5 纠倾工艺流程

为使纠倾工作井然有序地进行，应预先编制好纠倾工艺流程，见图 4.4-2，施工时应严格按照流程图进行具体操作。

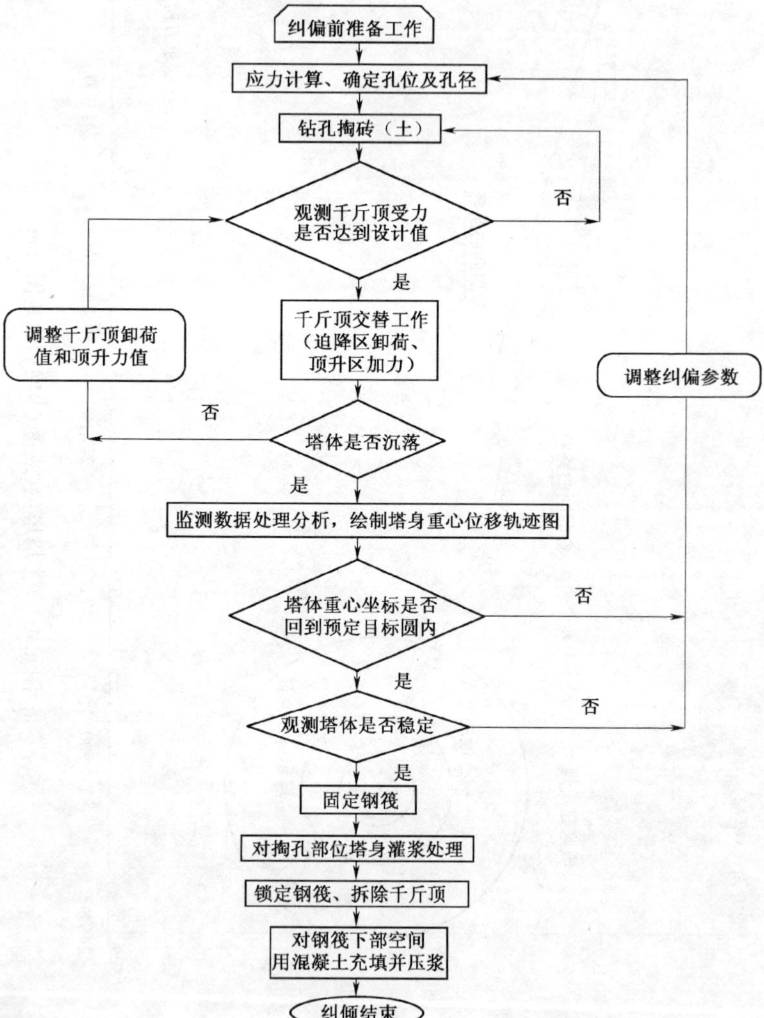

图 4.4-2 纠倾工艺流程

4.4.6 纠倾中应注意的几个问题

(1)纠倾"宁欠不超",切忌矫枉过正。

掏土法纠倾时,孔位的布置一定要遵循由浅到深、由小到大、由稀到密的原则。具体操作要领为:纠倾回倾→沉降稳定→再纠回倾→再降稳定,反复实践、稳步回倾,不要急于求成,才能达到纠倾目的。

(2)加强古塔各种变形观测。

古塔纠倾中的信息反馈十分重要,信息反馈来自于塔身位移监测、沉降观测、倾斜监测等多种监测数据,并及时整理资料绘制图表。最好是两种或两种以上手段同时并用,以便相互比对验证,防止误判。

(3)在采用一种纠倾方法见效不大时,可采用多种纠倾方法相结合。

根据倾斜古塔地基土层特征,可采用两种或多种并用的纠倾方法,即组合纠倾法。如迫降顶升组合法、锚杆静压桩加压重法、掏土加注水法、辐射井法加应力解除法及双灰桩法等等。

(4)必须做好纠倾古塔的防复倾加固处理工作。

致使古塔发生倾斜的原因也可能是多方面的,一些古塔虽然经过纠倾扶正,使其回到规范允许的状态,但有时并未完全消除和改变原来使古塔发生倾斜的因素,如果没有经过防复倾的处理,古塔仍有可能再次发生倾斜。

4.5 古塔纠倾方案的选择原则

纠倾方案包括纠倾部位和方法,两者相辅相成。纠倾部位包括深层、浅层、塔身。方法则有迫降、顶升和迫降顶升组合法等。纠倾方案的选择,是实施纠倾加固工程之前的一个极为重要的步骤,方案选择得当是纠倾工程的重要保证,它关系到纠倾实施的可行性、可靠性、经济性问题。特别是古塔,属于国家的珍贵文物,不能再生，所选择纠倾方案，必须绝对可靠，所以需要认真思考、慎之又慎。其选择原则为以下几点。

4.5.1 因地制宜，一切从实际出发

纠倾方案很多，但一定要根据现场条件加以选择，特别是要针对造成倾斜的原因，如当地的地层岩性情况，建筑物本身的结构、刚度、稳定性等加以比选，论证，找出最优方案。方案本身，并不存在好坏，但都有一定的适用条件，如果不符合适用条件，再好的方案也用不上，如应力解除法，只能在地层中存在软弱土层的场合使用；浸水法只能适用湿陷性土，而且对含水量与湿陷系数都有一定的要求；如果是深基础，水平掏土法就很难实现等。一个好的方案应该能照顾到各个方面。总的来说，基本方案是死的，用时一定要灵活，这里存在着很多创新空间，不变的准则是从实际出发，每个古塔都有自己的特征，方案也不可能一成不变。举例子来说，四川省都江堰奎光塔，为一个十七层密檐式砖塔，塔高 52.67 m，重量约 34 600 kN，条石基础，基础下为卵石土垫层，地基土为砂卵石层，基础和垫层很完整，不存在不均匀沉降的条件和迹象。塔体倾斜是由于地震力作用下一侧压酥，一侧拉裂，产生不均匀破坏而倾斜，问题出在塔身，不在地基基础。对于这样一个具体对象，纠倾方案应该怎么考虑呢？很显然，倾斜原因不在地基基础，如果在地基土实施掏土纠倾，势必破坏地基土的原有平衡，况且地基土为天然砂卵石层，紧密，而且需要在地面以下 3 m 多进行施工，困难很大，其他迫降法均不满足条件。用顶升法，塔体自重太大，易使塔体产生新的破坏。经过认真的论证，决定采用钢筏承托，千斤顶控制，塔身掏砖实施迫降、顶升组合协调纠倾法，经专家评审通过了该方案。该方案首次采用塔身掏砖，新颖实在，其中不少技术为首创。

4.5.2 变形协调，人为可控

无论采用哪种纠倾方案，都必须考虑方案是否采取了必要的

技术措施，保证塔体纠倾过程变位协调，变形速度、方向人为可控。由于古塔多为砖石结构，刚度小，稳定性差且塔身一般都存在严重破损，变形过程中一旦出现应力集中，往往都会给塔身造成新的破坏。人为可控，就是指方案是否具备回复速度、方向、止倾等人为控制措施，这是确保古塔纠倾过程安全必不可少的。古塔是高耸构筑物的一种，它的重心高、底面积小、稳定性差，在地基土中实施纠倾，一旦控制不住，就存在倾倒的危险，而古塔作为文物，又不允许出现意外，这就是古塔纠倾工程高风险性的原因所在。因此古塔纠倾方案是否可取，就要看方案能否保证变位协调、人为可控。

4.5.3 修旧如旧，保持原貌

古塔纠倾加固工程属文物修缮工程，即为保护文物本身所必需的结构加固处理和维修，包括结合结构加固而进行的局部复原工程。根据《文物保护工程管理办法》第一章第三条规定："文物保护工程必须遵守不改变文物原状的原则，全面地保存、延续文物的真实历史信息和价值，按照国际、国内公认的准则，保护文物本体及与之相关的历史、人文和自然环境。"也就是说古塔纠倾加固方案必须遵守《文物保护工程管理办法》的规定，"修旧如旧，不改变原貌"，这是与一般建筑物纠倾所不同的。

4.5.4 经济合理，简单易行

在选择纠倾方案时，一定要认真分析研究各种资料，充分论证，除安全可靠、技术上可行外，还需经济合理、简单易行。这就必须提出二种以上的比选方案，进行比对。可要可不要的工程须坚决剔除，暂时还拿不准的，可根据工程的进展情况分阶段实施，加固工程与纠倾工程兼容减少临时工程，节省不必要的投资。

在纠倾方法选择的同时，还有一个纠倾部位的选择问题，所谓纠倾部位的选择，就是通过哪个部位来实施纠倾。如掏土法是掏浅层土，还是深层土；顶升法是在基础上顶升还是基础下顶升等等。一般来讲，纠倾部位的选择也得根据实际情况而定，包括地基土的地层分布，造成倾斜的主要原因，建筑物本身的结构类型、破坏情况、材质等。目前，古塔纠倾部位有地基（占大多数）和基础以上塔身本体（特殊情况）。基础以上塔身本体掏砖纠倾（砖塔）和截柱、抬柱纠倾（木塔），是近年来新发展起来的一种新的纠倾技术，起到了很好的效果，它解决了不能或不宜在地基土中实施纠倾的难题。

4.6 古塔加固方法

古塔加固的目的前面已经说过不外乎二个方面的内容：一是为了扶正以后的古塔能保持长期稳定，必须消除造成古塔倾斜的原因，这些工程都是永久工程；二是为了保证古塔纠倾过程中的安全和纠倾的需要所采取的临时加固工程。二者必须科学地结合起来，以达到最佳效果。

4.6.1 塔身加固

1. 塔身结构加固

古塔经过长期的环境影响和人为破坏，风化剥蚀严重，裂缝满布，有的甚至整块脱落，其结构整体性遭受严重的损害，材料强度有所降低，为了保证纠倾过程的安全以及长期的稳定，纠倾以前必须对塔身进行结构加固。古塔在正常情况下，主要是受压，如果材料的抗压强度不能满足要求，则会产生压裂，压酥甚至大量掉块的情况，如果塔体倾斜，必然会产生偏心荷载，使压应力加大，当有地震力的作用或风荷载的作用，则会使受压区的压应力更大。加固方法主要是结构补强，常采用的补强措施有：

(1) 钢带围箍，即在荷重较大的塔体中下部位，用切割机在塔身刻槽，将钢带紧箍其中，一般每层采用两道，中间用竖向或斜向钢板连接起来，见图 4.6-1。

塔身开裂破坏，主要是塔身砖砌体的抗压强度不够所致，用钢带围箍，可增加抗压强度和整体性，相当于在塔身外侧增加一个约

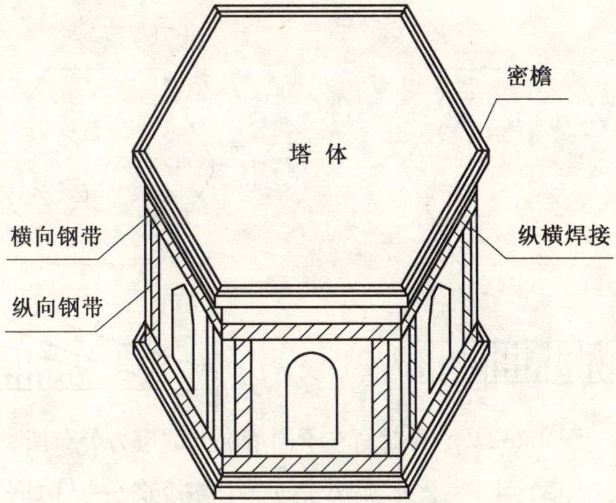

图 4.6-1　钢带围箍示意图

束,变成有侧限抗压受力条件。在钢带外面用砂浆摸平贴仿古砖片贴面,恢复原貌。如果砖砌体破坏严重,还可以增加对拉锚杆。

(2) 竖向钢筋连接。由于塔身细长,在地震力或风荷载作用下,容易产生弯矩,砖砌体一般不能承受弯矩,因为砌体结构只能抗压而不能抗拉,致使塔身一侧受拉而拉裂,一侧受压而压碎,见图 4.6-2。如果用竖向高强度钢筋将塔身各层连接起来,下部固定在塔基上,上部锚固固定,则钢筋能承受因弯矩而产生的拉应力,也可改善受压区的应力,避免塔体破坏。竖向钢筋的设置,需经过地震裂度计算。竖向钢筋一般在塔身各面各设置二组,并顺直通过密檐,与各层钢带围箍焊接,形成一个整体,竖向钢筋的设置也需要在塔身上刻槽,与钢带一样隐蔽。

2. 裂缝灌浆补强

古塔多为砖石砌体材料建成,由于长时间的环境影响,出现各种各样的裂缝是不可避免的,特别是受到某种外力作用(如地震、洪水、飓风等)以后,其裂缝宽度可达数十厘米,甚至整块砌体脱落,大大地影响了塔体的整体刚度和稳定性,故在纠倾前对裂缝进行适当处理是完全必要的。一般处理裂缝的方法有:

(1) 填缝处理:先沿缝开凿(宽 10 mm、深 50 mm 左右),用水

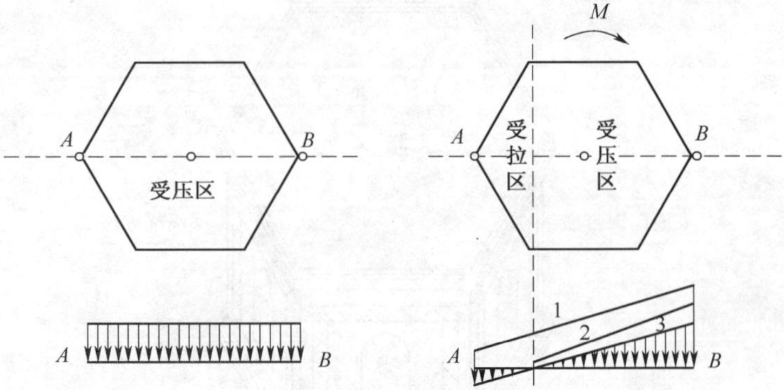

图 4.6-2　塔身截面在不同情况下的应力分布图

冲洗干净、湿润，用 1∶2 水泥砂浆或树脂砂浆分层填嵌密实。

（2）水泥灌浆处理。先清理裂缝，在表面用 1∶2 的水泥砂浆封闭裂缝，形成灌浆通路，先用水冲洗，后由上而下灌入纯水泥浆液。

（3）胶泥嵌补处理：沿裂缝凿槽，用水冲洗，表面刷一层环氧浆液，最后用树脂胶泥沿裂缝嵌补密实。

（4）加筋锚固处理：主要用于结构补强，沿裂缝位置在两侧挖槽，长约 1 m，深 80 mm，两面凿缝应错开，洗净埋入 ϕ60 mm 钢筋，两端弯直角嵌入砖缝，并及时用 M10 水泥砂浆嵌实。每根锚筋的间距，可根据裂缝长度酌情处理，一般为 50～80 cm。

对于超大型裂缝（10 cm）以上，在处理以前可用砖块或混凝土填实。大块脱落的部位，应逐一恢复，特别是密檐悬空部位。

3. 复旧处理

在塔身表面贴仿古砖片（专门烧制）或用原旧色进行处理，特别是要使修复部位达到色调统一。为了反映加固的历史遗存，也可以有意识的保留一些有代表性的加固痕迹如长大裂缝，已修复的脱落块体等。

有关木结构古塔的塔身加固，需根据木塔的结构特点、受力状态、变形特点加以处置，其主要目的也不外乎增加塔体本身的整体刚度。根据木结构的受力特点，梁、柱、榫作为加固的重点是必要的，以保证纠倾过程中的安全和纠倾后的长期稳定。具体加固方法可参见古建修缮方法进行。对于破坏倾斜严重的木结构古塔在纠倾以前采取一些临时加固措施（如钢构件支撑围箍等），也是非常必要的。

4.6.2 地基基础加固

1. 使用条件

前面已经谈到，古塔倾斜的原因很多，其中最常见的是由于地基的不均匀性、承载能力的不均匀性造成的不均匀沉降，因此纠倾完成以后，确保纠倾成果并保证长期稳定的最重要措施，就是进行地基基础加固。如果塔体倾斜是由于塔身不均匀破坏而造成，就无需进行地基基础加固，避免破坏地基土的原有平衡。

2. 地基基础的加固方法

（1）原基础加宽，减小作用在地基土上的接触压力。

加宽基础，增大基础受力面积：此法虽然没有改变地基土的强度和压缩性，但单位面积上的荷载减小了，也就是说地基土中附加应力水平减小，可使原地基满足古塔对地基承载力和变形的要求。

地基加宽应注意新增基础与原基础的连接。古塔基础一般由砖、条石砌成，砌体间黏结性差，加之年久风化不均，往往松散破碎，整体性不强，基础以下有的有垫层，有的没垫层，而直接座在地基土上。根据这种情况，基础加宽多采用混凝土墩或钢筋混凝土连续墙进行包裹围箍原基础的方法。这种方法好处之一是使原有基础有一个侧向约束，增加基础强度和减少侧向变形；其二新基础和原基础形成一个整体，共同受力，提高抗震性能。这种方法施工简单、安全可靠，特别是采用顶升法、迫降顶升组合纠倾法时还可以作为顶升力的反力装置。

2001 年 5 月，笔者对都江堰奎光塔纠倾前，率先对其基础进行了加固。加固方法是：第一步做基础围箍，基础围箍采用化整为零的方式，将其分为 18 个钢筋混凝土支承墩，分批对称跳槽开挖，及时浇灌混凝土回填，最终形成整体，类似于地下连续墙；第二步做基础圈梁，即在基础围箍墩上面做了一道钢筋混凝土圈梁，紧密包裹住基础，加固后基础面积由原来的 64 m^2 扩大至 122 m^2。7 年之后，奎光塔经受住了汶川大地震的考验，其中基础拓宽加固起到关键性作用。见图 4.6-3。

同样，亦可对基础进行加深，虽未改变作用在地基上的接触应力，但由于基础埋深加大，地基土的承载能力有所提高(地层变好或通过深度修正)。尽管理论上能说得过去，但对于古塔纠倾加固而言，实行起来却存在一定的困难。

结合古塔的特点，采用地基加宽的方法是有效可行的。

(2)增加新基础，提高承载力

增设桩基础或墩基础等刚性较好的竖向增强体，形成复合地基来满足古塔对基础承载力和变形要求。常用的有锚杆静压桩、牛腿式桩、墩形桩、挤密桩等加固技术，这些方法施工简单方便，对原有结构的安全影响小，不会产生过大附加沉降。

(3)地基加固

通过地基处理改良地基土体或改良部分地基土体，提高地基土的抗压强度，改善压缩性以满足古塔对地基承载力和变形的要求，常用的方法有碎石桩、石灰桩、旋喷桩、压力注浆及化学注浆加固等。但注浆加固方法附加沉降大，使用时需特别注意。由于古塔纠倾往往采用在地基土中掏土迫降纠倾，地基加固宜在纠倾前进行，如在纠倾后加固，附加沉降往往会影响纠倾效果。

(4)特殊加固

若塔下或塔周地基土中局部存在洞穴、采空塌陷，或因修建地铁、过街隧道等时需特殊加固。根据洞穴大小、深度、相对位置等不同情况，采用特殊设计予以处理。如采用局部充填、支承桩、基础托换梁等方法处置。

3. 坡体加固

古塔大都建在高耸的山顶，因场地坡体不稳定造成倾斜的古塔，纠倾前必须进行工程地质勘察，查清坡体失稳的主、次原因，根据主要原因有的放矢地进行坡体加固设计。如兰州白塔的倾斜缘

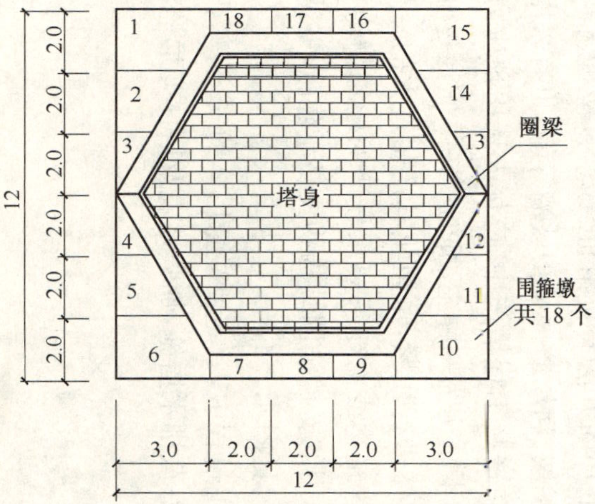

（a）奎光塔基础扩大平面示意图

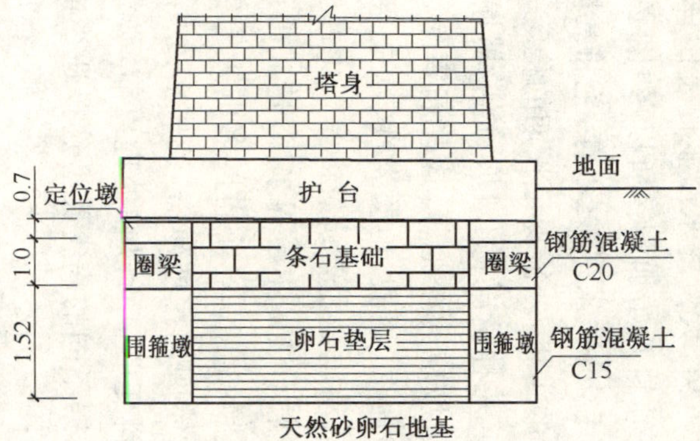

（b）奎光塔基础扩大端面示意图

围箍墩施工顺序：5→14→1–10→6–15→3–12→18–9→16–7→2–11→4–13→8–17

图 4.6-3　奎光塔基础加固平、断面图(m)

于海原大地震，但地震之后白塔稳定了七十余年再无发展恶化。之后，人们在白塔周围绿化植树，大量浇水灌溉促发山体滑坡，随着滑坡的变形，其上的白塔倾斜开始加剧。所以，纠塔必先治坡，坡体与塔的关系犹如“皮与毛”的关系，皮之不存，毛将焉附？只有边坡稳定了，纠倾完成以后的古塔，才能保证长期的稳定。

坡体不稳定一般有以下几种情况：如滑坡、边坡坍塌、采空塌陷、河岸冲刷、筑路切坡使边坡应力松弛等，这些病害除了当地的不良地质条件是内因外（如地形、地貌、地层岩性、水文条件、环境条件等），人们不当的工程活动也是主要诱发因素。山西介休虹霁塔位于银锭山上，由于近年来不法矿主越界采煤，造成山顶寺院大面积采空塔陷，使千年古塔倾斜了 5°。举世闻名的延安宝塔位于宝塔山顶，因修路切坡及山体四周挖坡建房，造成多处山体滑坡，致使这座唐代古塔产生倾斜变形。所以在处理以前，必须对这些情况有足够的认识，然后根据不同的病害类型选择适当的加固措施予以处置。

坡体病害常用的加固方法有抗滑桩、锚索抗滑桩、锚索框架、锚索地梁、挡土墙、护坡、河岸防冲蚀护坡墙等等，也有采用上述两种方法组合使用。在这些工程措施中，应优先选用预应力锚索结构物，因为预应力锚索结构为一种主动防护体系，它通过施加预应力，主动对不稳定坡体进行压紧，可阻止其产生过大的变形，对保护其上的古塔及古建筑物或对变形要求较严的构筑物均有好处。若在风景名胜区，选用的支挡锚固结构物要易于隐蔽，并尽量与当地景观环境相协调。见图 4.6-4。

在坡体加固施工过程中，一定要注意塔体的安全，禁止放炮震动、禁止大开挖，做好截排水措施，加强地表及塔体变形监测。

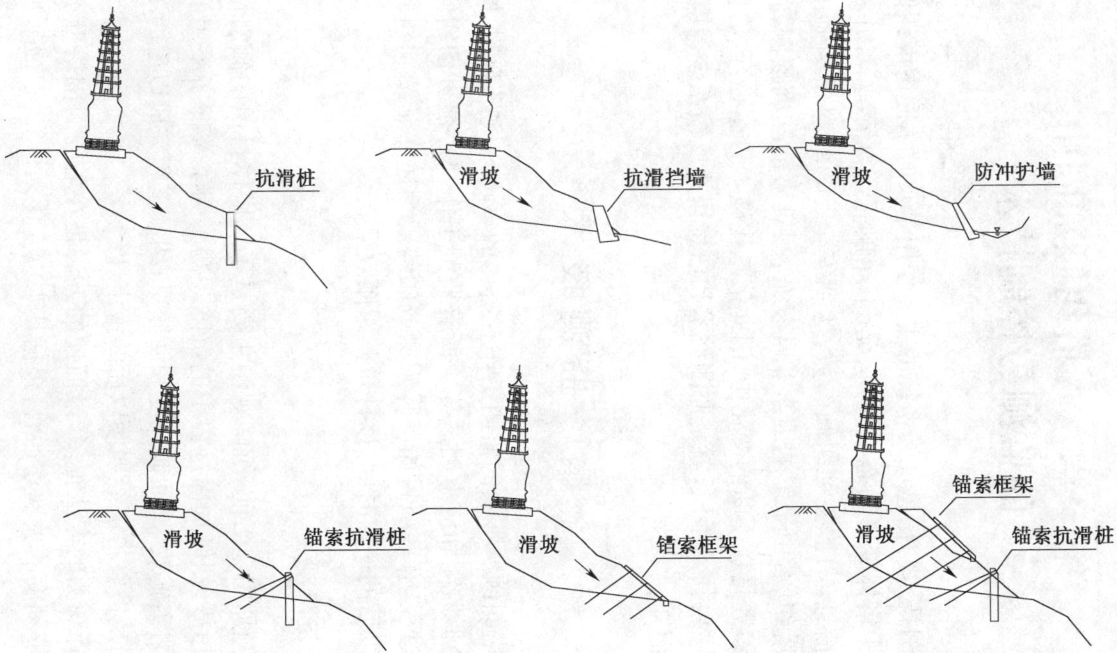

图 4.6-4　坡体加固工程示意图

第5章　古塔纠倾加固中的监测与控制技术

监测技术与信息反馈系统的主要作用是及时掌握古塔纠倾加固过程中塔体变形动态、变位状况、千斤顶的受力情况等，并根据反馈的信息，调整各种纠倾参数，达到安全、平稳、科学纠倾的目的。古塔纠倾，由于影响因素非常复杂，很难事前准确预测，特别是某些参数是在不断的变化中，因此信息化施工势在必行，信息化施工的主要技术手段，就是监测技术和信息快速反馈系统，其重要性可想而知。

5.1　监测技术

古塔纠倾所涉及的监测工作有塔体的不均匀沉降观测、倾斜观测、变形监测和应力测试等。所有监测工作都必须贯彻纠倾加固的全过程，有些项目如沉降观测或倾斜观测还需延续到纠倾加固完成以后的一定时间，以评价其纠倾效果。

5.1.1　沉降观测

纠倾加固施工前，沉降观测主要是了解塔体目前的倾斜情况和变化趋势；纠倾加固过程中的沉降观测是为了掌握所采用的纠倾方法的实施效果、回倾速度和回倾量；纠倾工程完成以后的沉降观测，则是检验古塔经纠倾以后的稳定性。

沉降观测的方法很多，最简便的方法是在塔的周围塔壁上设置若干带刻度的玻璃连通管，根据其水位变化来计算沉降量，见图5.1-1。

这种方法在施工现场经常采用，成本低，简单易行，其精度一

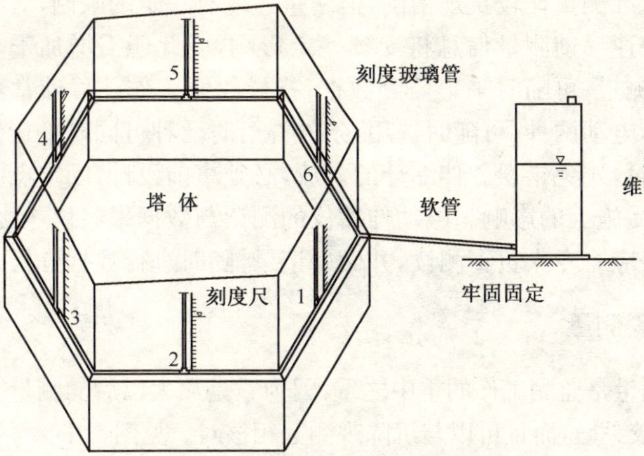

图 5.1-1　采用连通管测沉降值示意图

般可达到±1 mm。

沉降观测比较正规科学的方法，那就应该是水平测量了。进行水平测量，首先必须在塔体下部设置固定的水准观测点（沉降观测点），在相对稳定的场地引入临时水准基点（工作基点），形成沉降观测控制网，由于古塔相对比较集中，且监测点不多，故可采用闭合水准路线布设，见图 5.1-2。

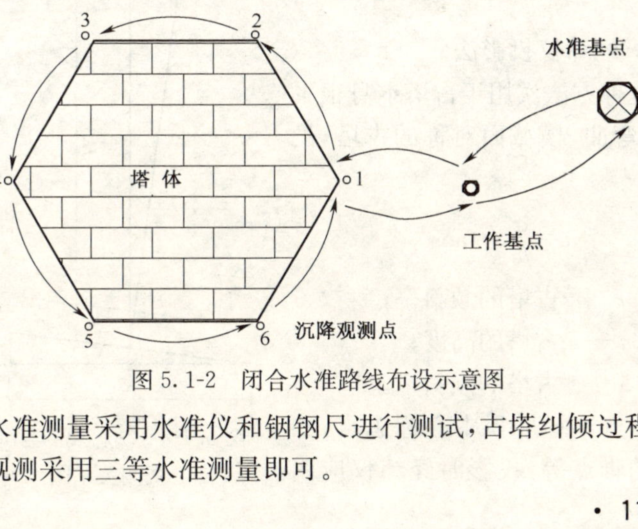

图 5.1-2　闭合水准路线布设示意图

水准测量采用水准仪和铟钢尺进行测试，古塔纠倾过程中的沉降观测采用三等水准测量即可。

虽然水准测量比较正规精确，但测量速度有一定的限制，对纠倾过程中快速反馈测量信息将受到一定影响，因此还需增加千分表，伸缩计测量，可随时采集监测数据，指导纠倾工作。目前常用的有手动和电动两种，可随时选用，条件许可时两种可同时平行使用，互相核对，避免错误。伸缩计的安放，必须事前设计，固定点应牢靠，不能受施工的影响。电动伸缩仪的测读与数据采集仪连接，手动千分表应有专人负责测读，并做好记录，随时进行数据分析。

5.1.2 倾斜测量

倾斜测量是监测工作的重中之重，因为它是放大以后的测量数据，反映比较灵敏，而且可以与沉降观测互相核对。见图 5.1-3。

$$H_g : b' = S_H : \Delta S \tag{5.1}$$

$$S_H = \frac{H_g}{b'} \Delta S \tag{5.2}$$

一般情况下 $H_g \geqslant 5b'$，故 $S_H \geqslant 5\Delta S$。如果塔体本身存在弯曲，则这种关系不存在。

倾斜测量是直接测定古塔倾斜度的一种方法。一般常用的方法有：

1. 经纬仪投影法

这种方法实用于古塔本身很平直，无弯曲，横截面对称的古塔，见图 5.1-4。

$$i = \frac{a}{h} = \tan\alpha$$

式中 i——古塔的倾斜率；

h——古塔的高度；

a——古塔的倾斜量。

A 点选择塔顶中心标志点，如刹杆的脚点等，投影时经纬仪应固

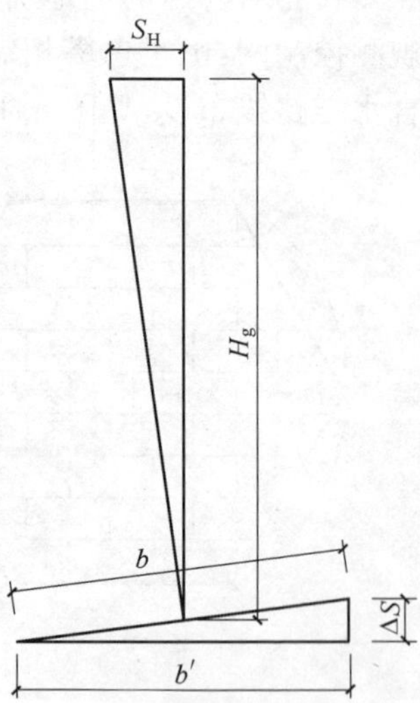

图 5.1-3 倾斜观测与沉降观测关系图

定在测点上，严格对中、整平，用左盘、右盘位置分别往下投影，取其中点得到 B' 点，量取 B' 点与塔底中线的偏离值即为 a_1 值，此时所测得的偏离值，并不是真正的偏离值，只是在一个方向上的分量，要想得到真正的偏离量和倾斜方向，则需将经纬仪移到与原观测方向成一个角度（最好是 90°）的方向上，采用相同方法求得 a_2 值。然后用矢量相加的方法求得古塔真正的偏离值，也就是最大的偏离值和倾斜方向，如图 5.1-5。如果 a_1 和 a_2 两个方向的夹角为 90°时，则 $a=\sqrt{a_1^2+a_2^2}$，倾斜方向为 BB'。

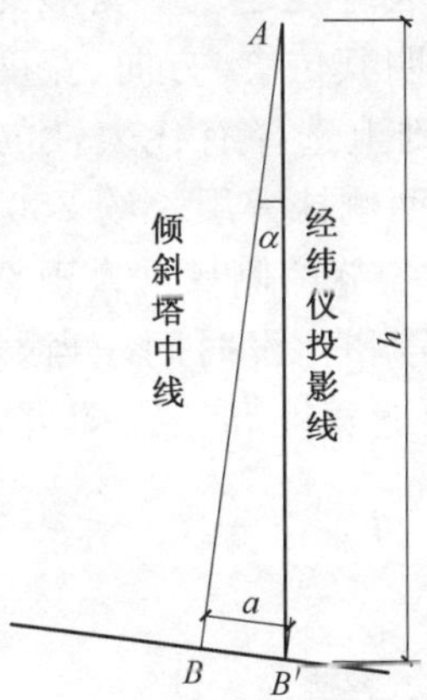

图 5.1-4　经纬仪投影法倾斜测量示意图

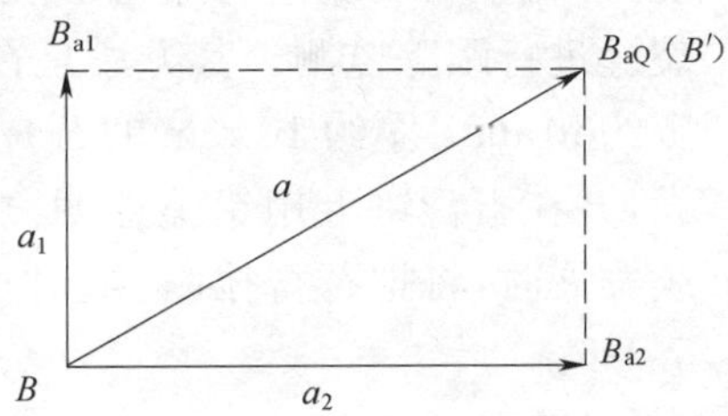

图 5.1-5　真正偏离值的矢量合成图

2. 三角网测量

三角网测量应满足《国家三角测量规范》、《国家中短程光电测距规范》、《国家建筑变形测量规范》等有关规范的要求，建立城建坐标系、高程系统等，监测网按四等测边网精度要求作业。

监测点的布置，一般在塔顶、塔体重心处、塔体底部设置，每次测量以确定各点坐标、高程为主要目标，计算出各高程断面形心坐标，与底面形心坐标进行对比，确定其倾斜值和倾斜方向。

三角网测量适合各种塔形和各部分塔体的倾斜测量（不顺直塔体），而且适合于纠倾过程的跟踪监测，将反馈的测量数据绘制在回归轨迹图上，随时调整纠倾参数(包括回归量和方向)。

倾斜观测，在纠倾完成以后，至少应延长半年，以评定纠倾效果。

5.1.3　变形监测

变形测量，是指古塔本身的破坏变形，如开裂裂缝监测、弯曲变形监测等。

古塔本体由于受环境的影响，特别是在纠倾过程中，在局部附加应力作用下，会产生拉、剪破坏。裂缝是建筑物变形的重要标志，必须进行全面的调查和测绘，标明其位置、方向、宽度和长度，并对主要裂缝进行编号。在此基础上选择有代表性的主要裂缝进行跟踪监测。其方法是在裂缝两侧抹一层长约 250 mm、宽约50 mm、厚约 10 mm 的石膏，跨越裂缝两侧且垂直于裂缝布设，并在石膏饼上用铅笔注明测点编号和初设时间。当裂缝继续发展时，将把石膏拉断，随时量取裂缝宽度和错距即可，见图 5.1-6。

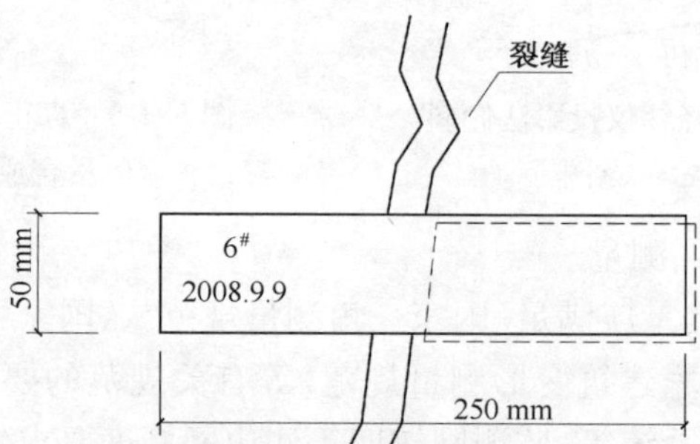

图 5.1-6　石膏标志裂缝观测图

裂缝监测也可采用薄铁片式钢尺按图 5.1-7 的方式安装在裂缝处，此方法的最大优点是可测试裂缝宽度的变化情况。

裂缝监测时，其宽度和错距应精确至 0.1 mm，每次监测应量

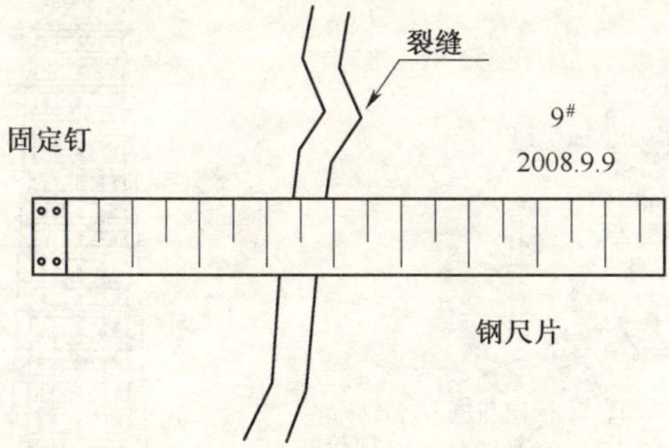

图 5.1-7　钢尺片测定裂缝宽度图

出裂缝的位置、形态和尺寸，注明日期，必要时附照片资料。

古塔的弯曲量，可由观测不同高度处的倾斜换算求得，也可在古塔不同层次安设倾斜盘，监测其不同层次的倾斜值求得。

5.1.4　应力和载荷测试

古塔除木塔以外，一般无需进行应力测试，如有特殊需要，可埋植钢筋计等进行应力测试。

在古塔顶升纠倾，顶升、迫降组合纠倾过程中，千斤顶的受力状态是一个非常重要的参数，必须跟踪进行监测。其方法是在千斤顶上配置压力传感器（油压千斤顶除外），并与数据采集系统相连，随时掌握其动态。

在古塔纠倾加固中，往往出于安全保护和监测的目的，在塔身一定高度设置多道缆拉绳与地锚相连，见图 5.1-8、图 5.1-9。在缆拉绳靠近地面处设置紧缩器和钢筋计，紧缩器用于对钢绳施加一定拉力，钢筋计用于测读缆拉绳的拉力。当塔在回倾变位过程中，回倾方向的应力必然减少，相反一侧的应力必然增大，这样通过测试缆拉绳的受力，就可判断塔身的回倾方向和速度。特别注意的是，在监测过程中，要严格控制好缆拉绳的受力，受力过大要及时卸荷。

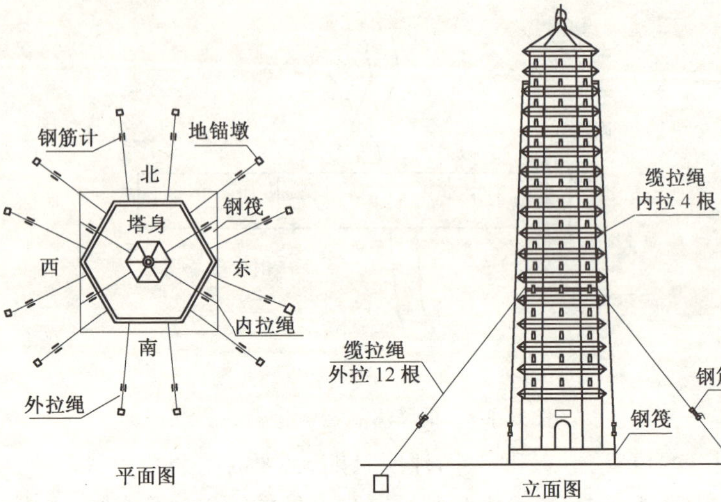

图 5.1-8　在缆绳上安装钢筋计监测塔体的变位

图 5.1-9　缆拉绳上的钢筋计

5.2 数据采集与信息反馈系统

古塔纠倾过程中各种监测手段需要跟踪进行并随时采集所监测到的各种数据，及时回馈到指挥中心，因此快速的数据采集系统和信息反馈系统是必不可少的。由于测点多、项目繁杂，需进行分类管理。对于那些操作程序比较复杂、可进行定点定时监测的项目，如倾斜测量、沉降观测、裂缝监测等，可按时完成监测任务，及时交付指挥中心，存入计算机系统，进行分析处理。千斤顶受力状态，变形监测系统等跟踪监测系统，可直接与快速、多点数据采集仪相连，随时显示各种测试数据，经计算分析处理，提出纠倾参数的修正意见。

5.3 控制技术

古塔纠倾工程是一项技术难度高、风险系数大的系统工程，如果纠倾控制措施选用不当，可能会引起古塔受力不均，导致上部结构损伤甚至破坏，一旦纠倾失败将造成巨大的不可挽回的经济损失。因而，控制技术对纠倾工程而言是重中之重，它直接决定着纠倾的成败，而控制措施的选择、加强、抑制和终止等又必须依赖于详尽准确的信息反馈，因此完备可靠的控制系统是纠倾工程中的一个重要组成部分。

5.3.1 线性变位控制

建筑物纠倾工程中，一个重要的原则就是“线性变位”，特别是古塔纠倾工程。如果在纠倾过程中，不能保证古塔线性变位，必然引起上部结构内部出现应力集中，一旦超出结构材料所能承受的限度，即会造成古塔的开裂、破坏等次生灾害的发生，这违背了纠倾工程的初衷，是绝对不允许的。

在纠倾工程中，无论是掏土纠倾还是加载纠倾，人为造就的应力图形都应该是线性的。通常可以采用两种方法来实现，一是通过控制不同区域的掏土量，即根据地基应力等值线对掏土区进行区划，再根据不同区域上需要调整的沉降差来控制单位面积上的掏土量，从而实现不同区域的附加应力呈线性变化；二是通过加(卸)载控制，即依照古塔不同位置纠倾量的大小，按比例进行加(卸)载，并应根据实际操作中古塔的变位大小及时调整加(卸)载量，从而实现人为造就的应力图形呈线性状态。

5.3.2 掏土量控制

单位面积上的掏土量控制，即通过掏土孔洞的大小或间距来调整地基土体内部的应力分布，使整个掏土区形成的重分布应力呈线性变化，以保证其压缩变形量呈线性发展。在实际工程中，由于成孔设备的限制，掏土孔洞的直径一般是不易改变的，因而在孔径大小一定的前提下，可以根据需要调整差异沉降量，通过控制掏土面积来分区进行布孔，亦即通过对孔间距的控制，实现古塔基础的回倾过程呈线性变位。

首先依照地基应力等值线确定出掏土区，并根据各个区域的应力大小或需要调整的沉降量大小对掏土区进行划分，再由上述掏土孔间距控制方法即可以确定出各个区域的掏土孔洞间距。掏土应造就的应力图形(图 5.3-1)与掏土前的地基应力分布图(图 5.3-2)基本成对称关系。

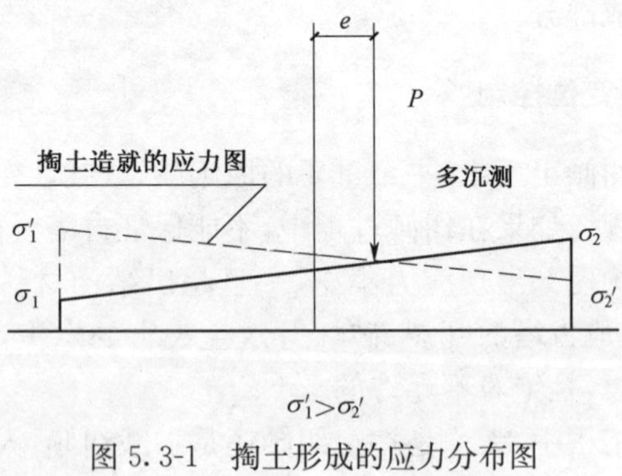

图 5.3-1　掏土形成的应力分布图

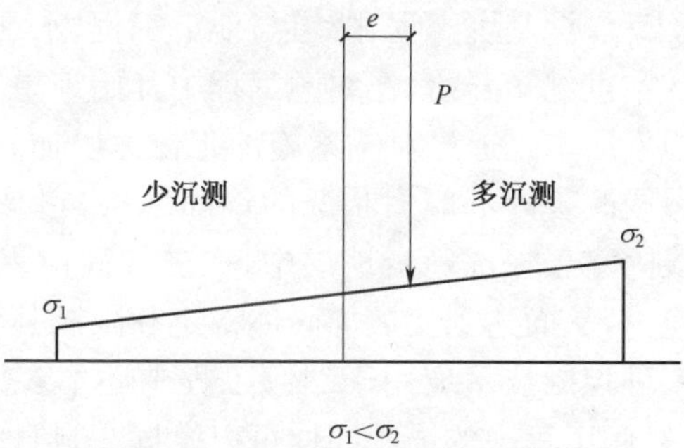

图 5.3-2 掏土前地基应力分布图

5.3.3 加(卸)载量控制

高层古塔纠倾工程中,加(卸)载控制的实现可以采用三种方法:一是堆载,即在古塔沉降少的部位加荷,如铅块、混凝土块、沙袋等;二是千斤顶卸载,即在基础下面开挖的坑槽内布置千斤顶作为临时支承,在地基压缩变形的过程中,可以通过调整千斤顶的支承力大小对基础的线性变位进行微调,同时千斤顶还可以对基础下沉的速率进行调节;三是锚索加压,通过垂直锚索对古塔回归非线性部位施加压力,加快其沉降速率;由于堆载需要占用较大场地和空间,而且堆载的荷重一般只能达到几十吨,十分有限。相对来说锚索加压则更为方便、灵活,不但占用场地空间小、而且单根锚索的压力即能达到近百吨,并且可以通过传感器及时测出其压力的大小,从而根据需要进行随意调节,可控性好,其缺点是应力过于集中,要求古塔基础具有足够的强度和刚度。

预应力锚索在纠倾中的应用还比较少,但已有成功的先例,效果十分显著,而且易于人为控制,加(卸)载灵活自如。下面就预应力锚索的作用原理及设计方法作一简述。

1. 预应力锚索的作用原理

锚索技术源于国外,它是锚杆技术发展的产物。从 20 世纪 40 年代末至 70 年代初,锚索加固技术得到了迅速发展,其作用机理、设计方法和有关规范逐步出现并得到完善,之后广泛应用于边坡工程、高坝工程、深基坑工程、隧道与地下工程、水利水电工程等工程之中。从本世纪初开始，在纠倾工程中开始零星使用。

预应力锚索原本是通过对锚索施加张拉力以加固岩土体使其达到稳定状态或改善内部应力状况的锚固结构，它是通过钻孔及注浆将钢绞线固定于深部稳定地层中，在被加固体表面对钢绞线张拉产生预应力，从而达到使被加固体稳定和限制其变形的目的。但锚索作为一种控制技术应用于纠倾工程中还不多见，然而经过实践证明，在纠倾工程中的锚索同样可以发挥其自身的优势，且效果显著。纠倾工程应用的锚索，其制作、安装、注浆等工艺与边坡锚固略有区别。首先，钻孔工艺有所不同，纠倾工程中使用的锚索一般为竖直钻孔，为满足锚固段和较长沉渣段的要求，钻孔必须有一定的深度，而此时一旦有地下水进入孔中，形成泥浆粘满孔壁，锚索注浆后其锚固段提供的抗拔力将无法保证，因而在钻孔时要采取一定的防水措施；其次，纠倾工程中使用锚索时，其锚头部位的反力装置最好做成梁式或板式结构，以扩大受力面积，减小对基础的集中应力。

预应力锚索用于纠倾工程主要有两个作用：①加载，以锚索锚固段提供的抗拔力作为反力，通过千斤顶对锚索进行张拉、锁定，即完成了对基础的一次加载，随着地基的压缩变形，基础发生沉降，锚索的预应力逐渐释放，达到设计荷载后，即可进行第二次加载，如此往复，直至达到纠倾目标为止。②纠倾完成后，锚索与基础连为一体，增强了基础的稳定性；同时在迫降区，预应力锚索可以对基础施加一定的竖直向下的约束力，进行永久锁定，在短期内可起到平衡剩余倾覆力矩的作用，达到防复倾加固的目的。

除以上两个作用外，在纠倾工程中，还可以使用预应力锚索来控制古塔的回倾速率，与千斤顶控制有异曲同工之妙，但作用机理却大不相同。锚索是以其锚固段的抗拔力作为反力，通过在锚头部位施加预应力，迫使古塔回倾，根据回倾速率的大小及时调整所施加的预应力的大小，从而达到控制古塔“线性、平稳、安全”回倾的目的。并且锚索的承载能力由几十千牛到几万千牛，可以灵活选择。

预应力锚索控制技术最大的特点是能够充分利用岩土体自身强度和自承能力，通过锚头部位的特殊装置可以自由调整预应力的大小，而且它具有自调功能，在施加预应力之后，随着古塔的回倾锚索收缩回弹，预应力自动减小。同时锚索控制技术还具有施工进度快、工艺灵巧、安全可靠、占用空间小、节省工程材料等优势。预应力锚索控制技术用于纠倾工程时，为确保其安全可靠，锚固段宜置于深部稳定岩层内，锚固段若置于土层中，则需进行拉拔试验并进行个别设计。

2. 预应力锚索的设计

(1)锚索根数确定

根据每孔锚索的设计拉力 P_t 和所选用的钢绞线强度 P_u，可以确定每孔锚索钢绞线的根数 n，

$$n=\frac{F_{s1}\times P_t}{P_u} \tag{5.3}$$

式中 F_{s1}——安全系数，取1.7～2.0，在高腐蚀地层中及永久性工程取大值；在临时性工程中可以适当取较小值。

(2)锚索锚固体设计计算

锚索锚固体设计主要是确定锚索锚固段长度、孔径、锚固类型。锚固体的承载能力由三部分强度控制，即锚固体与孔壁的抗剪强度、钢绞线束与水泥砂浆的黏结强度以及钢绞线强度，取以上三者中最小值。由于篇幅有限，这里只简要介绍拉力型锚索的设计计算方法。

一般而言，根据锚索的设计拉力与锚固体的抗拔力间的平衡来确定锚固段长度，具体分以下两种情况：

①根据水泥砂浆与锚索钢绞线之间的黏结强度来确定锚固段的长度 L_{sa}：

$$L_{sa}=\frac{F_{s2}\times P_t}{n\pi d_s\tau_u} \tag{5.4}$$

②按锚固体与孔壁的抗剪强度来确定锚固段长度 L_a：

$$L_a = \frac{F_{s2} \times P_t}{\pi d_h \tau} \tag{5.5}$$

式中 F_{s2}——安全系数，临时性工程取 1.5～2.0；永久性工程取 2.5～3.0；根据地质条件、锚固材料、施工方法、浆液饱和程度等适当取值；

d_s——张拉钢材外表直径（束筋外表直径）(m)；

d_h——锚固体（即钻孔）直径(m)；

τ_u——锚索张拉钢材与水泥（砂）浆的极限黏结应力，按水泥砂浆标准抗压强度 f_{ck} 的 10%取值(kPa)；

τ——锚索孔壁对水泥（砂）浆的极限剪应力(kPa)。

实际中，锚索的锚固段长度宜采用 L_{sa}、L_a 中的大值。

对通常采用的注浆拉力型锚索，锚索的锚固段长度一般在 4～10 m间选取，且要求锚固段必须位于良好的地层之中，最好能够深入到地基土下卧层或基岩中。当锚固段计算长度超过 10 m 时，通常采用加大孔径、减小锚索间距或增加锚索孔数等措施来调整。

5.3.4 纠倾速率控制

高层古塔纠倾，由于自重大、重心高，因而风险很大。无论是加载纠倾还是掏土纠倾，伴随着地基附加应力的增大，地基土的压缩变形也逐渐展开。如果速度过慢，影响纠倾效率，拖长工期，会耗费更多的人力、物力、财力，增加成本；如果速度过快，有可能引起基础变位的不协调，产生应力集中，甚至导致上部结构的损伤、开裂、破坏，俗称"闪腰"，而且在达到纠倾目标后，由于"延迟效应"的存在，地基变形仍在持续，很难得到有效控制；因而必须对纠倾速率加以控制，即不能过慢，更不能过快，力求使古塔"平稳、线性、安全"的回倾。

古塔两侧的沉降差是控制回倾效率的重要指标，其中，迫降一侧的沉降 s_1 具有迫使古塔回倾的作用，而另一侧的沉降 s_0 则有抵消回倾的不利作用，将使回倾的效率降低。因此必须采取有效措施来尽可能减少不利沉降，如缩小掏土孔的深度、止倾桩加固等。倾斜古塔回倾的速率取决于另一侧不动时，迫降侧的沉降速率。古塔回倾的快慢可以通过两个指标来衡量，一是沉降速率 v，即每天的平均回倾量，通过式(5.6)计算；二是回倾的效率 η，即迫降侧与另一侧的沉降差除以迫降侧的沉降量，通过式(5.7)计算。

$$v=\frac{s_1-s_0}{\Delta t} \tag{5.6}$$

$$\eta=\frac{s_1-s_0}{s_1} \tag{5.7}$$

式中　s_1——迫降侧的沉降量；

s_0——另一侧的沉降量。

沉降速率的大小应根据古塔的结构、高度、地基条件等确定，一般将迫降侧的最大沉降速率控制在 2～5 mm/d 的范围内，应使古塔的回倾比较平缓，不致因回倾过快引起对古塔结构的损伤。在开始阶段，应使古塔缓慢起步，回倾速率尽量放低，随着纠倾措施的加强，逐步提高到这个控制指标，然后通过控制掏土量或加(卸)载来进行微调。根据回倾的平均速率可以预测达到纠倾目标所需要的时间，也可以根据古塔实际条件及工期的要求，在允许范围内对回倾速率的大小进行适当调整。

整个纠倾过程中，沉降速率的变化趋势应见图 5.3-3。

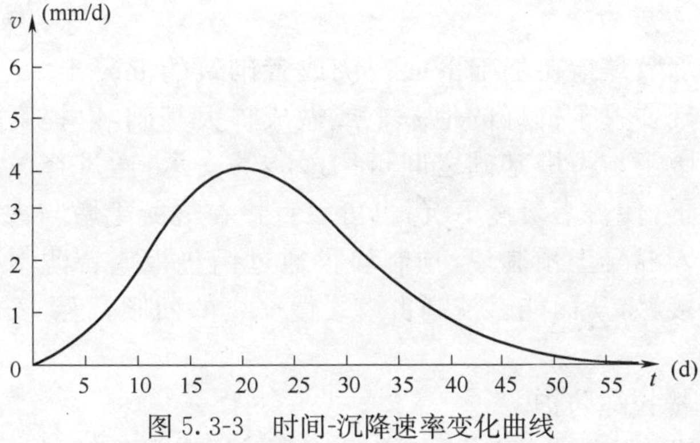

图 5.3-3　时间-沉降速率变化曲线

5.3.5 纠倾中的安全防护措施

古塔纠倾，是一个新兴行业，起步较晚，一直处于实践先行，理论滞后的状态，到目前为止仍然没有一套完整的理论作为指导，大多依旧是凭经验行事，因此难免在纠倾过程中由于这样或那样的问题发生意外，这就要求必须做好安全控制，防止意外的发生。

安全控制主要是为了防止纠倾过程中因部分土体丧失承载能力而使古塔回倾的速率越来越快，以致无法控制造成不良后果。安全控制的措施主要有保护桩、支承墩、揽拉绳等。

1. 保护桩

保护桩，顾名思义是指起保护作用的各种桩体，设置于沉降较少的一侧，防止基础突然发生急剧下沉，失去控制，如锚杆静压桩、静压力桩、灌注桩等。

与止倾桩不同的是保护桩的作用原理，保护桩在掏土前进行设置，桩端深入到下卧层基岩之中，桩顶低于基础底面，用千斤顶或者钢垫板作为临时支承置于桩顶与基础之间的空隙，在纠倾过程中，通过释放千斤顶的荷载或逐块抽掉钢垫板允许基础有适量的下沉空间。一旦基础沉降速率过快，可以通过千斤顶加载或锲入钢垫板减缓其下沉速率。

2. 支承墩

支承墩是指在基础下面现浇或者砌筑的混凝土墩，一般墩子的基础要置于良好的地基上或做成扩大基础，以提高其承载能力。墩子与古塔基础之间可用沙袋等支承，通过释放出沙袋中的沙子，使古塔缓慢下沉；也可以直接在混凝土墩与古塔基础之间填入混凝土预制块，预制块再通过钢垫板或者薄木板与基础底面接触，从而能够控制古塔缓慢安全的回倾，起到安全防护的目的。

3. 揽拉绳防护

揽拉绳防护是指通过多道钢丝绳斜拉来保证倾斜古塔的安

全，它要求古塔的上部结构有较好的整体性和较大的刚度，不致使在揽拉过程中损伤上部结构构件。选择的揽拉绳要具有较大的抗拉强度和弹性模量，防止因被拉断或者弹性变形过大而失去应有的保护作用；同时揽拉绳的地锚设置要远离古塔，而且应能够提供足够的锚固力，以免被拉出而失效。对于每根揽拉绳均应设置拉力计，以便在纠倾过程中及时掌握其受力状态，并依据拉力计的反馈信息对揽拉绳的长短及相应的纠倾控制措施进行调整，促使古塔向纠倾目标缓慢前进。

4. 其他措施

为确保纠倾安全，也可以采用掏土与加载结合进行，即遵循“掏土不破坏，加压破坏”的原则，根据监测数据的变化，当掏土量达到使古塔能够回倾起步时，即应立即停止掏土，而此时的掏土量也只能够使地基局部的土体发生较大的塑性变形而引起古塔基础的下沉，但塑性变形的扩展是很有限的，要想使塑性变形能够继续向纵深发展，要么继续掏土，要么进行加载，这时可以选择加载来迫使古塔下沉，一旦沉降速率过快，即可停止加载，甚至可以考虑通过卸载来减缓其下沉速率，以确保纠倾过程中古塔的安全。

5.3.6 纠倾完成后古塔的稳定性控制

在纠倾的过程中，为了达到强迫回倾的目的，必然会采用比较激烈的扰动地基土体的办法，在达到回倾的目标以后，如果回倾变形的速率得不到有效的遏制，将会使回倾过度（矫枉过正），造成反倾，或者变形长期不稳定，这些都不符合纠倾的初衷，因而在达到纠倾目标以后，必须采取相应的措施保证古塔的变形能够迅速稳定。

纠倾后古塔稳定性控制的方法基本与沉降控制的措施相同，只是纠倾完成后，要对掏土孔和竖井等进行处理，掏土孔一般可以采用压力注浆回填，浆液多采用水泥砂浆或水泥粉煤灰浆，鉴于孔壁坍塌等情况，应封堵孔口，适当提高注浆压力，以保证浆液充填密实。竖井可以用三七灰土或素混凝土回填、夯实，如遇特殊情况，可以在基础以下用混凝土回填，并且植筋与原基础相连，构成整体，基础以上部分用素土回填即可。同时应充分利用纠倾过程中采用的安全保护措施，如对保护桩进行封桩、对支承墩进行锁定，使它们与基础连成一个整体，增加基础下沉时的阻力，迫使地基沉降变形趋于稳定。

第 6 章　古塔纠倾加固工程实例

6.1　都江堰奎光塔纠倾加固工程

6.1.1　工程概况

奎光塔位于都江堰市城南奎光路西侧，西临岷江约 1 km，东距安江河约 600 m，是都江堰市重要文物景点之一，亦是都江堰市民的重要休闲之地。该塔原为石塔，明末毁于大水。现塔为清道光十一年(公元 1831 年)县令周因培主持重建的，塔高 52.67 m，重心高度 23.22 m，重约 34 600 kN，为十七层密檐式六面体砖塔，是我国现存古塔中层数最多的砖砌构筑物。塔底有一正方形护台，护台边墙以条石干砌而成，边墙内以素土夯填。奎光塔外形古朴壮观，十层以下为双筒结构，内设螺旋形石梯，可供游人登高望远，是一座具有较高文物价值、艺术价值、观赏价值和鲜明地方特色的川西名塔，现为四川省文物保护单位。世纪之交，都江堰市委市政府根据市民的意愿，以奎光塔为中心建成了“奎光塔文化公园”，以体现生态文化名城之内涵，得到了各方面的重视和广大市民的拥护。

20 世纪 80 年代初，人们发现奎光塔明显倾斜，见图 6.1-1。塔体下部，东侧塔体被压酥，西侧塔体严重拉裂，塔身也出现多道裂缝。基本上所有的窗洞顶部砖都已被压裂，外塔塔身内壁多处有压张的纵向裂缝，个别部位还有 45°斜向裂缝。第四层东侧有四道贯通的纵向裂缝。

塔顶树木繁茂，杂草丛生，密檐风化破碎，遇到刮风下雨，时常有砖块坠落，给塔下的行人造成安全威胁。奎光塔塔身有轻微弯曲现象，尤其是在第六层顶部，有一明显的弯曲拐点，塔体东侧角线已近乎垂直，而西侧角线近于弧线。由测量数据计算出的塔尖对塔底形心倾斜量为 1 369 mm，倾向为 NE 72°15′03″。全塔平均倾角 1°29′19″，倾斜率 26‰，大大超过了规范规定的 4‰的允许倾斜率，表明该塔已处于危险状态。

图 6.1-1　纠倾加固前的奎光塔

6.1.2　奎光塔所处的环境条件及倾斜原因分析

1. 奎光塔所处的地质环境

都江堰市区位于河流相堆积阶地上，堆积层厚在 100～200 m 之间，堆积层下为侏罗纪千佛岩组(Jq)和砂溪庙组(Js)的岩屑石英砂岩和岩屑砂岩与粉砂岩及泥岩不等厚互层岩体，基底较稳定。在奎光塔所处岷江左岸Ⅰ级阶地的场地内主要出露第四系上更新统—全新统的资阳组地层。区域地质资料中资阳组分二段：一段缺失；二段下部为灰黄色中砾石层组成，具旋回性，上部砂层出露厚数十米，分布于蒲阳河以南。钻孔揭露场地内 15 m 厚的堆积层系河流相砂卵石地层，透水性极好。场地地层情况自上而下分述如下：

(1)回填土层：厚 0.4～1.3 m，潮湿、松散，含有卵石，漂石及少量建筑垃圾(砖，混凝土块等)。

(2)漂石卵石层：厚 4.9 m，中密，卵石粒径一般 30～80 mm，含量占 60%；漂石粒径一般 200～300 mm，含量为 10%～20%。卵石、漂石磨圆度良好，呈浑圆状，分选性较差，成份以灰白色花岗岩和石英砂岩为主。

(3)砂层：厚 2.1～3.8 m，以中粗砂为主，含量占 60%～70%，部分地段高达 90%，其余为卵石。

(4)卵石层：厚 5.1～7.7 m，中密，卵石粒径 20～200 mm 均有，含量 50%～70%不等。卵石磨圆度较好，呈浑圆状。

本区地下水为潜水，埋深 3.75～4.95 m，标高 714.63～714.68 m，地下水的补给来源有两点：一是岷江水；二是地表水(降雨)。地下水水质较好，对混凝土没有腐蚀性。

2. 奎光塔地基基础形式

奎光塔的地基基础自下而上由砂卵石地基、卵石土垫层、条石基础组成，见图 6.1-2。

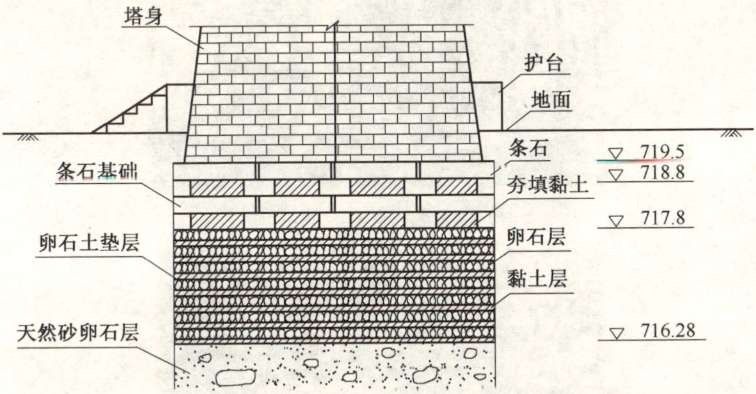

图 6.1-2　奎光塔地基基础结构图(m)

从地面挖深 3 m 作为基底，地基为天然砂卵石层，未做任何处理。卵石土垫层以亚黏土与卵石或小漂石交替分层填筑，共计 11 层，其中土 6 层、卵石 5 层，一般厚 5～7 cm，最大 20 cm。垫层厚度东西两侧不均，西侧 1.46 m(底标高 716.38 m)，东侧 1.52 m(底标高 716.28 m)。

条石基础由 5 层条石搭砌而成，下面 4 层每层厚约 33 cm，顶层厚 16 cm，总厚 1.48 m，基底标高西侧 717.84 m、东侧 717.80 m；基顶标高西侧 719.32 m、东侧 719.28 m，即条石基础顶面标高，西侧比东侧高出 0.04 m，但东、西两侧条石基础厚度相等，均为 1.48 m。由探槽资料推测上面两层条石为满铺，下面三层条石为“井”字形骨架，骨架间空隙宽 60～70 cm，以卵石土夯填。条石基础形状同塔身外壁一致为六边形，且扩大了 25 cm 左右。探槽资料显示，虽东西侧条石均有压断现象，东侧顶层条石还有压翘现象，但总体上来说基础较完整，卵石土紧密，填土含水率约 20%。图 6.1-3 为加固前的塔顶照片，图 6.1-4 为加固前塔身东北角压碎情况。

图 6.1-3　加固前的塔顶

图 6.1-4　加固前塔身东北角压碎情况

3. 地基土及塔体砖材的各项力学指标测试

塔身未承重的砖体强度：（由于塔体砖材不能取样，仅作了少量试验）抗压强度 17.52 MPa，抗拉强度 0.62 MPa，抗折强度 2.3 MPa。

4. 地震调查及抗震检算

根据地震调查，自道光十一年建成奎光塔以来的 180 多年间共发生于本地和附近的有感地震31次。其中6级以上地震就有10次之多(在本地有记载的地震烈度达6度以上的有7次)。奎光塔在纠倾前倾斜状态下,按7度地震设防烈度作抗震检算,各层安全系数见表6.1-1。由此可知,第一层安全系数为1.02,基本处于临界状态,第六层安全系数仅为1.20,第一至第六层安全储备较低,第七层以上才有足够的安全储备。

表6.1-1　塔身倾斜条件下各楼层截面弯曲正应力安全系数

层数	一	二	三	四	五	六	七	八	九
安全系数 F	1.02	1.05	1.12	1.11	1.01	1.20	1.36	1.51	1.62
层数	十	十一	十二	十三	十四	十五	十六	十七	
安全系数 F	1.79	1.79	1.80	2.26	2.98	4.20	6.70	14.6	

5. 古塔倾斜原因分析

通过调查研究分析,奎光塔地基基础未发现不均匀沉陷的迹象,地基承载力也能满足受力要求,塔基不均匀下沉不是造成塔体倾斜的主要原因。造成奎光塔倾斜破坏的主要原因是地震所为,即塔体在地震力的作用下,东部塔体被压裂(酥)、西部拉开而造成倾斜,在以后的继续发展中除地震力影响以外还与风力所产生的附加力、砖体本身的强度衰减、偏心荷载的逐渐加剧等有关。

6. 纠倾加固前奎光塔稳定状态的评价

纠倾加固前,由于塔体仍在继续变形(塔尖倾斜量已达1 369.5 mm,倾斜率为26‰),既使没有其他外力作用,塔体下部砖砌体因遭受严重破坏、强度降低,在长期的偏心荷载作用下,亦将继续产生压缩变形,而且这种压缩变形随着偏心荷载的增大而增大,如果再一次遭到较大的地震力作用,则更难保证塔体的稳定,甚至有倒塌的危险。经抗震检算,在7度地震烈度下,第一至六层几乎没有安全储备。因此,为了保证奎光塔的长期稳定和安全,对塔体进行纠倾加固,改善其受力状态是完全必要的。

6.1.3　纠倾理论与实施方案

1. 奎光塔纠倾部位的确定

无论选择什么样的纠倾方案，首先必须选择在哪个部位着手。根据“可行性研究报告”所提供的结论意见：

(1)塔体倾斜原因主要是在地震力作用下，塔身东侧压缩(酥)、西侧拉开，造成塔身倾斜，而地基基础基本完好，地基承载力也是够的，基本排除了地基基础的不均匀沉陷。因此我们在选择纠倾部位时，最好不要扰动原有地基基础的既有平衡。

(2)原基础为5层条石搭接铺砌，总厚度为1.48 m，条石基础之下为卵石土人工铺砌垫层，垫层之下为天然砂卵石层，中密。在这样的地层中掏土迫降是非常困难的。

(3)原塔下部有一土护台，土护台的位置正好可以做一承托钢筏，土护台下部与塔底之间尚有60 cm的空间，可以实施掏砖。根据以上情况，只好选择塔身底部掏砖纠倾方案。尽管这种方案尚无先例可循，但经过分析认为砖体材料均一、成孔条件好，可在原地面以上施工，且施工方便，从理论上讲应该是可行的。

2. 奎光塔纠倾方案——迫降、顶升组合协调纠倾法

鉴于奎光塔塔高52.67 m、塔体重量高达37 600 kN(包括钢筏重量)，单纯实施顶升法，顶升力最少需18 835 kN，而且钢筏的刚度难以保证；如若单纯实施自重迫降法，最大下沉量达25 cm之多，简单采用掏砖迫降纠倾容易发生“突沉”情况，而且塔身东侧在偏心荷载作用下有继续下沉倾斜的危险，由于砖砌体的强度较大(经试验砖砌体的强度在1～1.69 MPa之间)，单纯自重纠倾，掏砖范围占塔体底面2/3以上，如果辅以加压纠倾，压力小了不起作用，压力大了，反力装置难以实施。经过反复分析与论证，决定采取迫降、顶升组合协调纠倾方案。

3. 迫降、顶升组合协调纠倾法的作用原理

迫降、顶升组合协调纠倾法，是根据奎光塔的实际情况，集迫降、顶升两类纠倾法之长，弃两类纠倾方法之弊，将两种方法的优点组合为一体的复式纠倾方法，其作用原理论述如下。

(1)迫降、顶升组合协调机制(图6.1-3、图6.1-4)

东部顶升、西部迫降，同时并举实施纠倾的主要关键是变形

"协调",必须确保钢筏在纠倾过程中呈线性旋转。

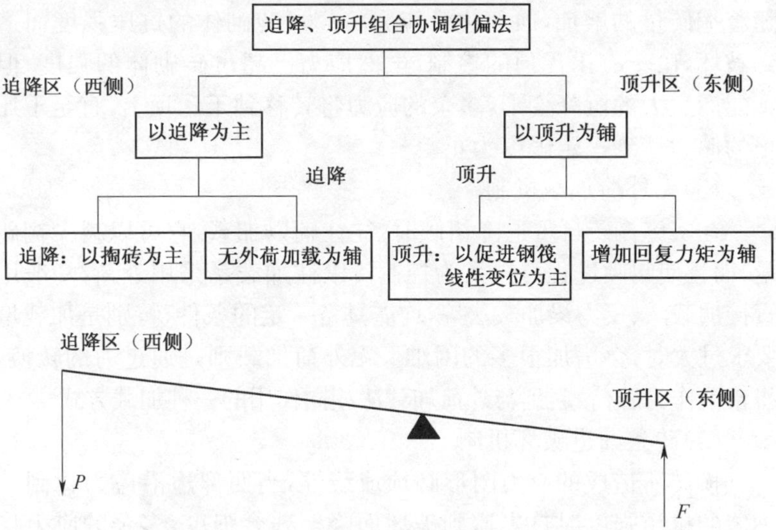

图 6.1-5　追降、顶升组合协调纠倾法原理图示

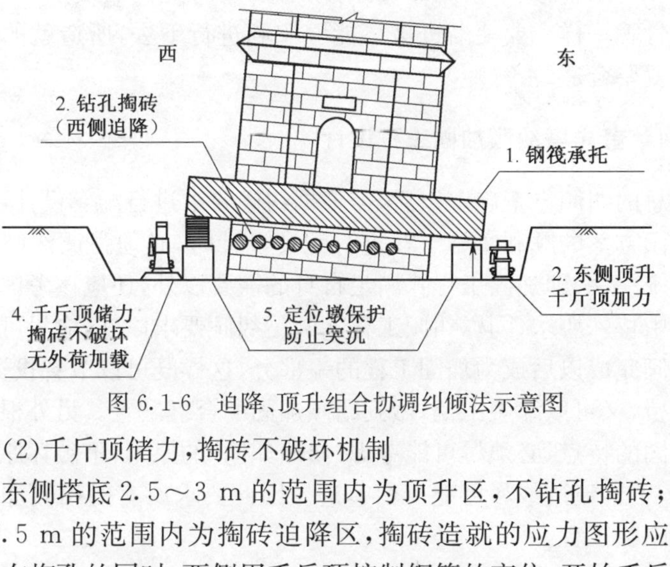

图 6.1-6　追降、顶升组合协调纠倾法示意图

(2)千斤顶储力,掏砖不破坏机制

东侧塔底 2.5～3 m 的范围内为顶升区,不钻孔掏砖;西侧 7～7.5 m 的范围内为掏砖追降区,掏砖造就的应力图形应呈线性。在掏孔的同时,西侧用千斤顶控制钢筏的变位,开始千斤顶不受力,当千斤顶受力开始时,则表明掏砖已开始达到砖砌体的强

度。据此可反算出砖砌体的实际抗压强度值,依此值指导掏砖量。随着掏砖量的增加,西部边沿应力将超过砖砌体的抗压强度而遭到破坏,由于有千斤顶的控制,虽然应力已超过砖砌体的强度,但不能产生大的沉降变形,多余的应力将转移到千斤顶上,直至千斤顶的储力达到一定限度为止。

(3)无外荷加载机制

在实施掏砖自重迫降纠倾时,往往辅以加载,它可以减少掏砖量,而且使纠倾过程可以人为控制。以往加载系采用外荷,一般用直接加载法、反力梁加载法等,均需具备一定的条件,特别是加载量要求过大时,会增加很多的困难。无外荷加载则是通过力的转换,将自重作为载荷,起到与外荷加载法相同作用的一种加载方式。

(4)砖条渐进破坏机制

掏砖所造成的应力图形必须成线性,当西部边沿应力达到砖砌体的抗压强度时首先遭到破坏而降至残余强度,多余的应力将向相邻砖条转移,致使第二砖条达到破坏,为此向后发展,就像多米诺骨牌一样。要使渐进破坏能够顺利进行下去,所造就的应力图形就要合适。

6.1.4 奎光塔纠倾加固工程设计

总的纠倾方案确定以后,需根据纠倾要求进行配套设计,以保证纠倾方案的顺利实施。在进行配套设计时,必须强调纠倾与加固的统一性,即加固工程除满足自身的需要以外,还应该考虑纠倾过程中特殊要求;同样纠倾工程除满足纠倾要求以外,应尽可能考虑纠倾完成以后成为加固工程的一部分,这样既可以节省投资、减少浪费,又可以缩短工期,做到纠倾加固的合理配置。另外根据文物加固的特点,必须尽可能考虑"修旧如旧"的原则,不破坏原塔的外貌,不留痕迹或尽可能少留痕迹。因此要求所有的纠倾加固工程为隐蔽工程。

1. 塔身加固

增强塔身砖砌体的抗压强度和抗弯能力,确保塔身在 7 度地震烈度条件下的长期稳定和纠倾过程中的塔身整体性。由于塔身在地震力作用下破坏严重，特别是第一至三层，东侧砖体被压碎、西侧砖体被拉裂，裂缝满布，整体性遭到极大的破坏；通过地震检算，塔体第一至六层在 7 度地震烈度条件下已无安全储备，为了保证塔体在 7 度地震烈度条件下的长期稳定和纠倾过程中塔身的整体性，在纠倾以前，必须对塔身进行必要的加固。加固措施主要为第一至六层塔身以钢带围箍，纵向钢筋连接，塔身裂隙灌注环氧树脂补强，以增加塔身砖砌体的抗压强度和抗弯能力，纵向钢筋与钢筏连接在一起，在纠倾过程中，塔顶与钢筏之间实施钢缆绳内拉，以加强塔身的整体性和与钢筏变位的协调性。

2. 基础加固

扩大填充原基础，保证基础的长期稳定并改善其承重条件。由于原条石基础没有扩大，且部分为搭接，故在纠倾以前需将该基础(包括垫层)扩大至 12 m×12 m 的方形基础(与原土护台尺寸大体一致)，条石基础以下用钢筋混凝土墩(支承墩)整体围箍，其上做一圈截面为 1.0 m×1.0 m 的钢筋混凝土圈梁，限制基础侧向变位，垫层以上至塔底部位空间用混凝土充填，以保证基础的长期稳定并改善其承重条件(基础承重面积从原来的 64 m^2 拓宽到 144 m^2)。在圈梁之上设置 7 个定位墩，定位墩之间的空隙，放置 20 个控制千斤顶，以满足纠倾的要求。

3. 钢筏承托

钢筏承托并与塔体实施杯口连接，确保纠倾过程中内外塔与钢筏变位协调，同时钢筏又是实施加载，控制纠倾速度和纠倾方向的必备设施。纠倾完成以后，钢筏为复合基础的一部分，成为永久性工程。钢筏为 12 m×12 m 的方形、厚度为 1.5 m，设置在原护台位置。

6.1.5 纠倾加固中安全防护与监控

1. 严密的防护系统

在纠倾方案的论证中，已充分考虑了纠倾过程中的安全问题，一般在正常情况下是不会出现安全问题的。但为了做到万无一失、有备无患，仍需考虑安全防护，三重防护为：

(1)千斤顶防护

在钢筏四周，布置特殊设计的千斤顶 20 个，千斤顶的单个额定荷载为 1 000 kN，每个千斤顶都配有压力传感器和位移计，可以用它来储存力、加载、控制变位速度，只要在千斤顶额定范围之内，都可以起安全保护作用。

(2)定位墩防护

在钢筏下面，布置了 7 个钢筋混凝土定位墩，定位墩的主要作用是限制钢筏的变位量，防止纠倾过量。纠倾完成以后，定位墩又成为固定钢筏位置的专门设施，同时也是组成复合基础的一部分。具体实施过程为，在定位墩上放置钢板或沙袋，只预留一小的空隙(如 1 mm)，让钢筏产生下沉，这样就可以防止因千斤顶超过额定荷载后压在定位墩上，不致使钢筏产生大的变位的一种非常保护措施。

(3)缆拉绳防护

缆拉绳防护分外拉和内拉两种形式。外拉是以塔身第六层为作用点，在每面设 2 根缆拉绳与地锚连接(共 12 根)，在每根绳上安装拉力计，并施以一定的拉力，稳住塔身(由于塔身经过结构补强加固，可以承受一定的拉应力)。定期测试拉力计的受力，就可知道塔身的变位方向，以起到预警作用。内拉是以塔身第十六层为作用点，用 4 根缆拉绳将塔身与钢筏连接起来，使塔身与钢筏浑为一体，做到变位同步、协调。见图 6.1-7。

2. 严密监控系统的设计

严密监控系统是确保纠倾顺利进行的重要保证，纠倾参数的不断调整、安全性评价、判断纠倾回归路线和确定最终成果等，全靠监测数据的反馈。严密的监控系统包括以下内容：

(1)塔身定位观测与多点定时跟踪观测：用全站仪交会观测，并绘制塔体重心位移轨迹图。

(2)钢筏基座的沉降观测：在钢筏基座上共布置 10 点，每点并

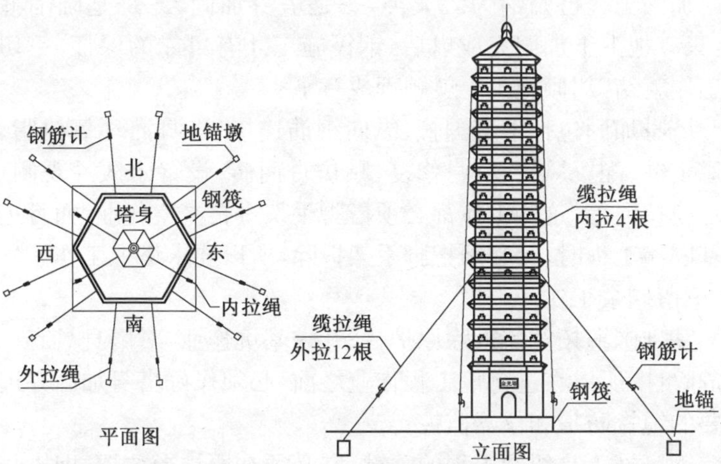

图 6.1-7　缆拉绳保护措施

行安设电子位移计和千分表各一台，以监测钢筏的变位和变形。

(3)千斤顶荷载监控：20 台千斤顶均设有荷重传感器，用 U-CAM数据采集仪，随时监控千斤顶上的受力状况。

(4)缆拉观测：包括内拉、外拉 16 根缆拉绳用测力计测读钢筋计的读数，以监控塔身变形。

(5)倾斜盘观测：塔体第一至九层共设置倾斜盘 8 台，以监控塔身在纠倾过程中的变形。

(6)水准观测：在钢筏上建水准点，进行水准测量，监控钢筏的沉降量。

以上监测数据，既可单独使用，又可互相核对，以求数据无误。

6.1.6　纠倾加固工程的施工

1. 纠倾加固工程的施工程序

纠倾加固工程就其主要功能而言可分为纠倾工程和加固工程两部分，但就其作用而言又是一个不可分割的整体。为了使纠倾工作建立在扎实的基础上，原则上采用先加固后纠倾，先塔身后基础的施工程序。

加固工程可归纳为二大类，一是塔身加固，二是基础围箍拓宽，只有把上下加固完成以后，钢筏施工才有可靠的保证，一切准备工作就绪，纠倾施工也就顺理成章了。

塔身加固包括钢带围箍、纵向钢筋连接、塔身灌环氧树脂、安装避雷针、配置风铃、塔身修复、贴仿古面砖、设置永久性观测点、固定缆拉绳等，这些工作都必须搭脚手架进行高空作业，而且进行地基围箍工程时，又必须把脚手架拆除，所以要求塔上工作一气呵成，不留剩余工作。

基础围箍拓宽需拆除原护台、开挖基坑作业，对塔身具有一定的危险性，所以在进行该工程作业之前，必须作好塔身加固并进行必要的缆拉防护和仪器监控。

钢筏施工是纠倾工程的关键，它必须在原护台位置，即塔身底部修筑。此项工程难度大、要求高，且具有一定的风险性，因此只能在基础围箍拓宽完成、塔身整体性和强度得到进一步提高以后，才能进行。

一切准备工作就绪，最后进行纠倾施工是科学的选择，这就是纠倾加固工程的施工特点。经研究分析，对塔体加固采用自上而下，由表到里的加固顺序。见图 6.1-8。

2. 纠倾加固工程的施工工艺

古塔纠倾加固工程属文物修复工程，具有很强的特殊性、要求高、难度大、需隐蔽、施工中不能造成新的破坏、增加不稳定因素等，因此纠倾加固工程，必须选择科学的施工方法和工艺，精雕细琢，精心施工。

(1)塔身加固

塔身加固的难点在横向钢带围箍和纵向钢筋连接施工，它要求嵌入塔身砖内，与砖体密贴紧固，表面不留痕迹，纵向钢筋穿过密檐而不能破坏密檐。

(2)基础围箍施工

基础围箍施工需拆除护台并开挖基坑，这是对塔基挠动最大也是风险最大的一项作业，原条石基础、特别是条石基础之下的卵

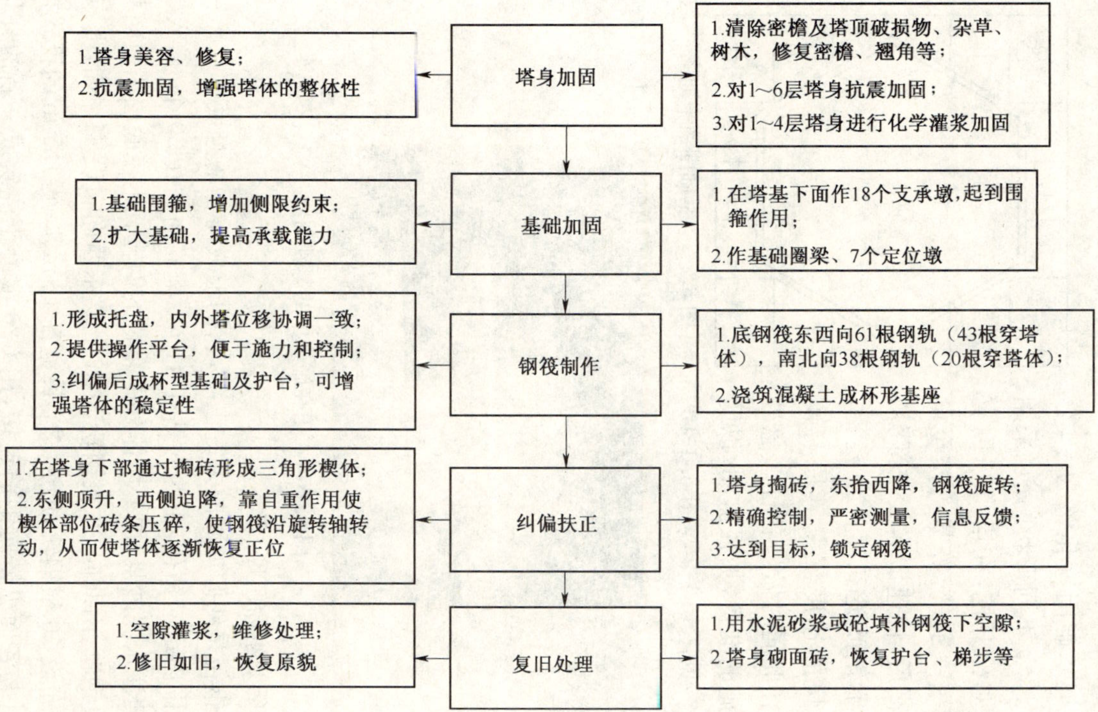

图 6.1-8　奎光塔纠倾加固工艺图

石土垫层势必失去侧向支撑，易引起垫层松弛而引发条石基础下沉，因此基础围箍施工的关键是确保工程的安全。经过充分研究，决定把基础围箍化整为零，分割成 18 个不同形状的墩，采用跳槽对称开挖，在塔身一侧有意欠挖一定量，等基坑挖至设计标高后，快速清除欠挖部分，立即下钢筋笼和灌注混凝土，以最快的速度恢复其原有支撑。在此同时做好各种应急处理措施的准备，加强监测，以防万一。见图 6.1-9 与图 6.1-10。

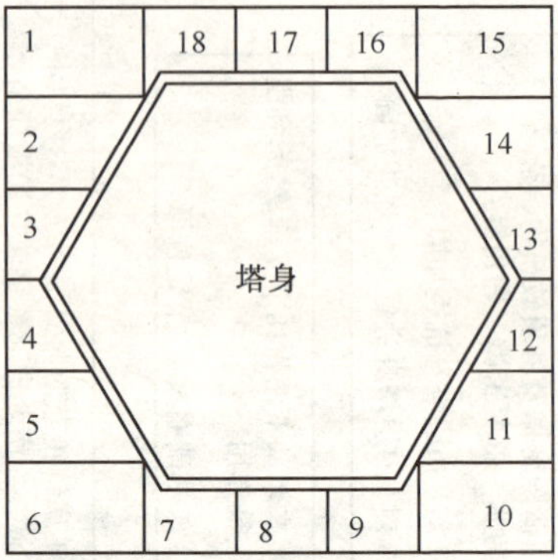

图 6.1-9 基础围箍平面图

图 6.1-10 正在施工中的基础圈梁

(3)钢筏施工

钢筏是纠倾加固的关键工程，它的形成需在塔身底部以上一定范围内定向钻孔，东西向钻孔 41 个、南北向钻孔 20 个，插入钢轨、灌注水泥砂浆，加上塔体外围布置的钢轨。钢筏底层东西向共 61 根钢轨、南北向 39 根钢轨，钢筏上层东西向布设 41 根钢轨、南北向布设 20 根钢轨，形成一个长宽各 12 m、厚度 1.5 m 的筏式托盘，并与各面纵横向钢筋连接，用 C25 混凝土浇筑成一新的杯形基础。

钢筏施工技术难度大、要求精度高，根据设计要求，钻孔出口孔位偏差≤2 cm，东西向倾角为 1.203 5°，施工工艺复杂，其关键技术是如何准确成孔，使钢轨按照一定角度排列整齐，并与孔壁密贴。

(4)纠倾施工

根据奎光塔的实际，经过充分的研究论证，创造性的采用了钻掏塔体底部砖体进行迫降、顶升组合协调纠倾方法，因此纠倾施工的关键是掏砖。

掏砖采用 80～188 mm 不同孔径，从东到西孔间距、孔径逐渐减小分次分批进行掏孔，并随时严密观察防护千斤顶的压力变化，待千斤顶所承受压力达到卸载指标时，再进行卸载纠倾。

(5)纠倾

纠倾是采用无外荷加载方式进行，即把储存在千斤顶上的力，逐级加到钢筏上去，促进砖砌体的渐进破坏过程，此时应特别注意钢筏的线性问题，特别是东部开始产生张开区时，东部应施加上顶力，以抵消新产生的倾复力矩，保持钢筏的线性，促进塔体的回复，如此往复进行，直至千斤顶储力完全消除为止，则开始进行第二轮掏砖。在纠倾过程中要及时进行数据处理，如绘制实时应力图形、新一轮掏砖设计、电算程序计算及绘图、塔身位移轨迹图，根据这些数据的反馈信息，重新调整各种纠倾参数，特别是要注意纠倾方向是否存在偏差等。

纠倾时，测量人员需不断反馈测量数据，依此绘制塔身重心位移轨迹线，现场指挥人员根据测量数据指挥千斤顶加载、卸载等，直至塔体重心和塔底形心重合。在定位墩顶部调整钢板，打入钢楔，然后回填干硬性混凝土和进行塔底灌浆处理。

纠倾是一项缓慢且往复循环的过程，不能急于求成。

(6)纠倾方向与速度控制

纠倾过程中的信息反馈十分重要，引进先进的 U-CAM 数据采集仪，实时反映钢筏各侧的变形量及千斤顶上的受力状态，每一次纠倾后，绘制钢筏变位曲线(见图 6.1-11)，计算钢筏西端的沉落量，根据相似比推算塔体重心的回归量，并与塔体测量数据进行对比和验证。纠倾中,间隔地测量和计算塔体综合重心坐标,依据坐标的变化绘制其位移轨迹线,并与理想回归线进行校正,计算出分析偏差量,再将此信息反馈给纠倾指挥中心,以便及时调整加力系统,控制纠倾方向和速度。

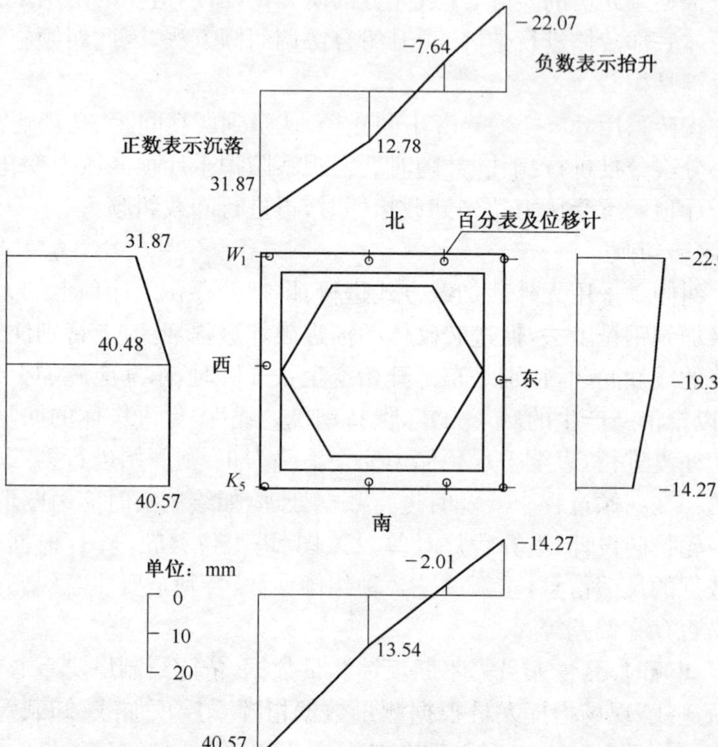

图 6.1-11　纠倾钢筏各侧变位曲线

图 6.1-12 给出了奎光塔综合重心回归迹线图,为了做到精益求精,我们不满足于合同要求和国家建筑规范规定 4‰的目标圆,最终将塔体综合重心锁定在坐标 $X=79.595$;$Y=246.89$ 处,这样纠倾后塔身的倾斜率达到 0.17‰。

纠倾完成以后,对塔身进行了一年的定期观测,测量数据表明,塔身重心稳定在这一坐标处。

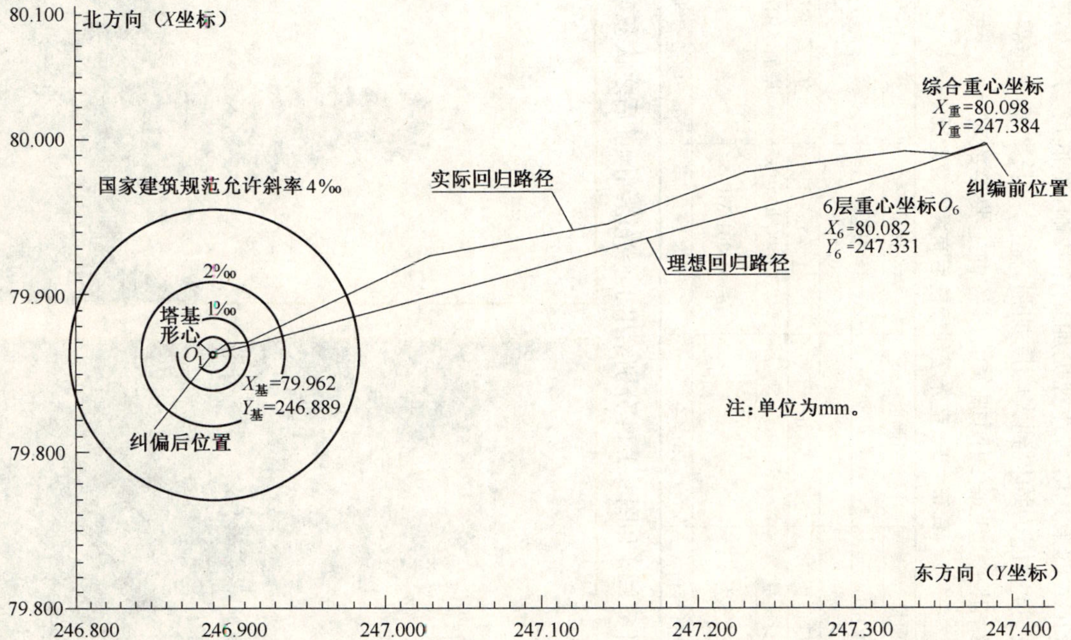

图 6.1-12　奎光塔综合重心回归轨迹图

6.1.7 纠倾最终效果

扶正后的奎光塔其外观更加雄伟壮丽，基底应力减小塔体结构强度、抗震能力均得到大幅度加强，能满足长期稳定的需要。表6.1-2给出了奎光塔纠倾加固前后各种主要参数对比。

表 6.1-2 奎光塔纠倾前后有关参数对比

项目	纠倾前	纠倾后	备注
偏心距	546.8 mm	3 mm	重心层
偏心率	25.9‰	0.17‰	
基础面积	65 m^2	144 m^2	扩大了基础
塔身重量	34 600 kN	37 600 kN	增加了钢筏
基础应力	$\sigma_{max}=0.78$ MPa $\sigma_{min}=0.32$ MPa	$\sigma=0.261$ MPa	
安全性评价	不安全	安全	在7度地震烈度下

图6.1-13和图6.1-14分别给出了奎光塔纠倾前后之状态对比。

图 6.1-13 加固纠倾前奎光塔

图 6.1-14 加固纠倾后奎光塔

6.2 兰州白塔山白塔纠倾加固工程

6.2.1 工程概况

白塔位于兰州市黄河北岸的白塔山顶，原山为无名荒山，元代于此山修建白塔，山因塔得名。明景泰年重建(公元1450～1456年)，距今有550多年的历史。白塔高16.4 m，七层八面，上置绿顶，下筑圆基。山下有金城、玉迭两关，为古代军事要冲。白塔现为兰州市最具代表性的重要标志，早在1963年被列为省级重点文物保护单位。

白塔为一实心砖砌体，以石灰和土为黏合剂，塔基直接座落在原未经处理的地基上，其圆形基座结构见图6.2-1，砖砌体厚度1.5 m，中间1.2 m部分用土夯实回填，塔重约2 000 kN，平均地基压应力110 kPa。

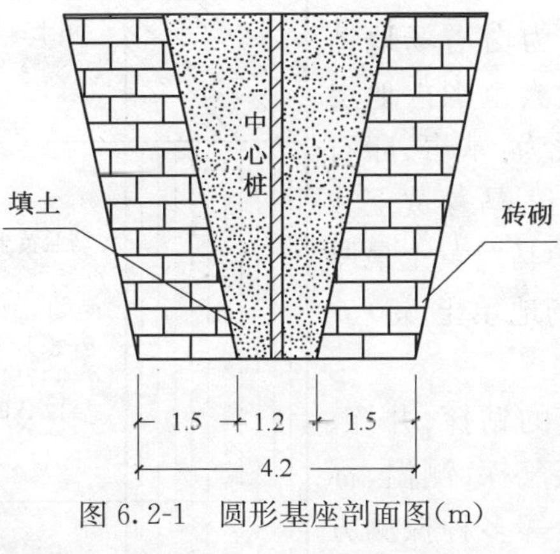

图6.2-1　圆形基座剖面图(m)

1. 白塔变形历史及特征

据资料记载，1920年距金城兰州约170 km的宁夏海原发生里氏8.5级大地震，强烈地震波及兰州，导致许多民房坍塌。白塔虽幸免于难，但却向南倾斜了14 cm。自那以后的60年间，未发现白塔有明显的新变形产生。进入20世纪80年代以后，由于兰州市引水上山，白塔周围草坪绿化频繁灌溉，使塔院地面和墙体多处产生裂缝，并呈日渐扩大之势。与此同时，白塔开始以每年4.2 cm的速度加剧倾斜。至白塔纠倾开工前，塔身七级八面自上而下均不同程度地分布有张拉裂缝，有些裂缝上下或环向贯通，尤其是塔基南侧，风化剥蚀和压酥屈服现象严重，压缩鼓胀裂缝和压剪裂缝密布，塔身剥落掉块时有发生，呈现出岌岌可危的险象。

塔顶历年偏离底面形心距离见表 6.2-1。塔身倾斜呈直线状，塔基北高南低，高差 20 cm。

表 6.2-1　白塔变形状况

时间	倾斜(mm)	倾向	变形原因
1920 年	140	S	地震
1988 年 9 月	190	S	浇水灌溉、边坡松弛
1996 年 7 月	531	SW6.7°	滑坡、增湿等
1997 年 6 月	555	SW6.7°	滑坡、增湿等

2. 白塔倾斜原因

图 6.2-2 为白塔场地钻孔柱状图。勘察范围内地层自下而上依次为：基岩、卵石层、黄土质粉土、马兰黄土和人工填土，其中马兰黄土最厚达 32.85 m、场地填土 6.0 m 以上松散。

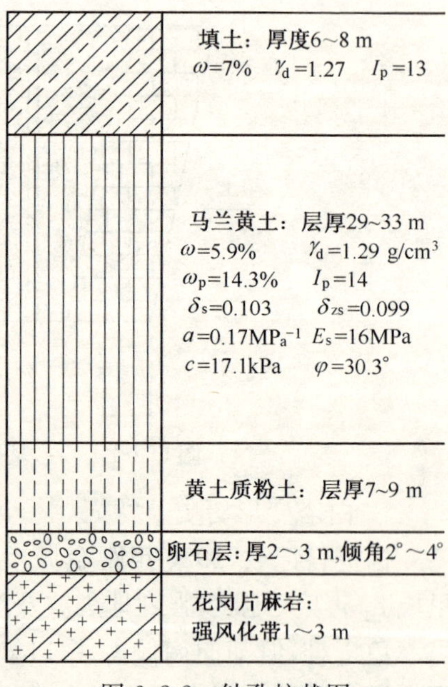

图 6.2-2　钻孔柱状图

经进一步的钻探、井探、电探、静探、氡气探、测温、标贯和土工试验等多种探测方法互相印证，得出白塔加剧倾斜的原因为以下五个方面：

(1)滑坡蠕动：塔院有两个滑坡，以后殿南侧东西一线为界，以北为北滑坡，以南为南滑坡。白塔座落在南滑坡体上，并随着南滑坡向南向下的蠕动而倾斜。

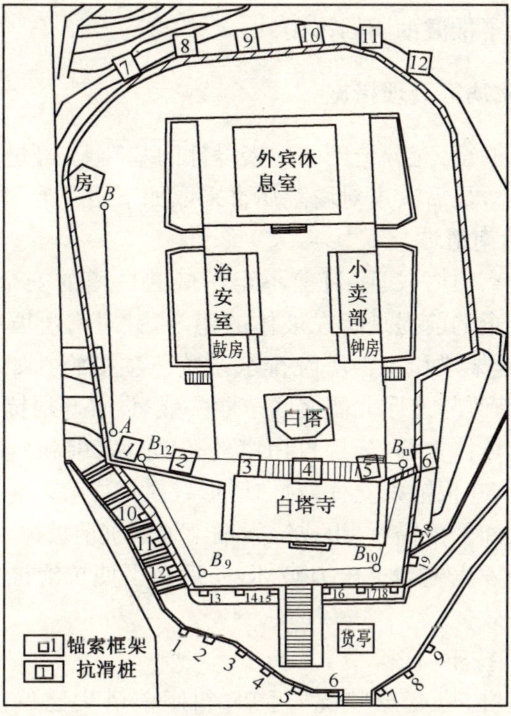

图 6.2-3　白塔寺病害治理平面布置图

(2)差异增湿：从白塔修建之初到今天的 550 多年间，由于大气降水和灌溉条件的巨大变化，使地基土的湿度不断增加；同时由于塔基南北表水渗透和蒸发排泄条件不同，塔基南北地基土含水量出现差异，南侧约高出 3%；因南侧压缩沉降量较大而使塔体倾斜。

(3)边坡松弛：塔院周围由于漫灌而使水浸蚀坡脚，使得突兀的塔院向临空面发生松弛变形，进而对白塔的倾斜产生了影响。

(4)偏心受压：白塔发生倾斜后，塔体重心偏离底面形心，塔体倾覆弯距越来越大，与此同时塔基土偏心受压，促使塔体继续倾斜，且加速发展。

(5)地震影响：地震是引起白塔倾斜的初始原因，并一直威胁着塔体的安全。90 年代初，兰州附近地区地震活动频繁，对加速白塔倾斜起了推波助澜的作用。

6.2.2 塔院病害治理措施

在深入勘察、充分论证和周密设计的基础上，经过广泛听取意见、集思广益，最后决定对塔院病害采取如下两种治理措施。

1. 根治南滑坡

北滑坡离白塔较远，目前不至于威胁白塔的安全，故暂不处理。白塔安全的前提是所在坡体的稳定，针对南滑坡变形采用抗滑桩、锚索框架梁和改善塔院排水系统三项措施。如图 6.2-3 所示，在白塔南侧与前厅北侧之间东西一线，设置 6 根抗滑桩稳定坡体。对桩前坡体护墙，分别自白塔的东、东南、南和西南方向的临空面共设置 30 根锚索立柱，对白塔形成拱抱之势。每根立柱均设置两道横梁和两束锚索，组成锚索框架锚固桩前坡体，防止其由于表水入浸等发生主动土压力破坏，向后牵引使抗滑桩失去部分桩前抗力而失效。

2. 纠倾扶正白塔

由前述"白塔变形状况"可知，纠倾前塔尖已偏离底面形心 555 mm、重心偏移 185 mm，塔尖以每年 42 mm 的速度继续向南倾斜，白塔的安全岌岌可危。

6.2.3 纠倾方法

1. 基本纠倾方案的确定

根据病因，拟定了结构加固、基础托换、掏土加压纠倾和压力灌浆稳定基础等四项工程措施有机组成的纠倾方案，前二者既是白塔纠倾的基础，又是永久性工程，后二者则是纠倾和稳定塔基调整倾向的主要手段。

这里有必要说明一下，我们为什么要选择掏土—加压纠倾，而摒弃掏土自重纠倾。这有以下几个原因：

(1)因为掏土部位含水量较低，土的极限抗压强度较高，土体易发生脆性破坏而突沉。若采用掏土自重纠倾，势必会加大掏土面积，使纠倾工作的安全无法保障；若采用掏土—加压纠倾，当由于加压使土体达到极限荷载欲突沉时，加压系统会自动卸荷而保障了塔体的安全。

(2)掏土—加压法的纠倾精度高。白塔纠倾不同于一般结构条件较好的工业与民用建筑的纠倾，后者只要求墙体重心落在截面核心以内即可，而白塔在历经500多年的风化剥蚀作用后，其结构条件已较差，而且由于它是省级保护文物，在今后相当长的时期还要继续挺立于世，因而对其纠倾的精度要求当然是越高越好。在掏土量适宜的情况下，通过对塔基北侧施加压力，可以使塔尖投影与底面形心完全重合，也可以使塔尖向任何方向偏移任意距离，其中包括"矫枉过正"使塔尖向北倾斜。

(3)根据研究分析以往纠倾的资料，发现在目前的土力学计算精度下，运用掏土自重纠倾很难准确计算掏土量，而往往使纠倾工作时间长、纠倾精度低，有时还陷于困境。掏土—加压纠倾，则可以用准确的加压来弥补掏土量计算误差的不足，使纠倾工作顺利进行下去；而且由于偏心加压可使地基土产生三角形或梯形压力，而使地基土受力更为合理。

关于加压方式一般有两种方法可供选择：一种是直接在少沉部位，也就是在白塔北侧基础周边临时用铁块压重，另一种用横梁锚桩反力系统加压。我们选择了后者。这是因为：①利用锚桩横梁反力系统给塔基加压，对整个南滑坡来说是内力，不影响滑坡的稳定性；铁块压重则相当于在滑坡上堆积了数十吨重的荷载，增加了滑坡推力，对正在施工的抗滑工程产生不良影响。②塔院场地较小，锚桩横梁反力装置不仅加载灵活机动、精度高，而且体积小，适合与水平钻机掏土配合纠倾，而铁块压重不仅体积大，塔院堆放不便，而且由于地方狭小吊车无法作业。③经过核算比较，锚桩横梁反力装置较铁块压重经济。

2. 纠倾原理与组合纠倾方法

(1)组合纠倾法的函义

所谓组合纠倾法,是指在对白塔纠倾时,分别采用结构加固、钢筏托换基础、掏土加压纠倾和压力灌浆法稳定基础、调整倾向,并辅以切实可行的保护措施和精确严密的观测手段。其中钢筏托换起扩大基础作用,并与结构加固体刚性连接,提高塔体的结构强度、刚度和整体性,使塔体具备整体变位的条件;掏土使基底土不发生屈服破坏,仅具备侧向挤出变形而沉降的条件;加压使基底土自北向南逐渐发生屈服破坏,使北侧塔基沉降回落,进而使白塔回倾成为可能;加压还起平衡作用,保证白塔不偏不倚地向正北回复;压力灌浆是利用浆液稠度的变化和压力释水作用,使基底土发生一定的附加沉降,进而调整塔体的倾向,并使浆液充填掏土空隙,凝固后稳定基础。严密的保护措施使得纠倾工作始终处于主动状态,精确的监测手段使得纠倾工作更具科学性,避免盲目性。

(2)共同作用原理

我们将钢筏托换、掏土和加压三者有机地组合起来,运用各自的作用原理,共同服务于白塔纠倾,使得纠倾过程中基底土的屈服变形、钢筏下座和塔尖回倾等变形位移互相协调,称为共同作用原理。

①掏土不破坏原则。掏土不破坏原则要求掏土后,在建筑物自重作用下,基底土不发生整体屈服破坏,必须在一定的附加压力作用下才能下沉回倾。未掏土体的原始应力改变为:

$$\sigma_p = \sigma_a + \Delta\sigma_p \tag{6-1}$$

式中 σ_a——原地基接触应力;

$\Delta\sigma_p$——接触应力增量;

σ_p——掏土后地基接触应力。

这里有个确定地基土屈服破坏应力 σ_p 的问题。图 6.2-4 为地基土的压力-变形关系曲线,一般地基压力 P 在承载力基本值 P_a 的附近,当 P 发生改变向极限荷载值 P_k 移动时,基底塑性变形区逐渐扩大,地基土处于塑性状态。随着 P 的增大,地基沉降量

不断增加，塔体下座回倾。因此应适当调整地基压力 P（通过偏心加压），使

$$P_a < P < P_k \quad (6\text{-}2)$$

这就需要调整地基的应力增量 $\Delta\sigma_p$，使地基压力增长率在适当的范围内。根据经验一般匀质土地基 β 取 25%～40%，白塔地基为 38.4%。

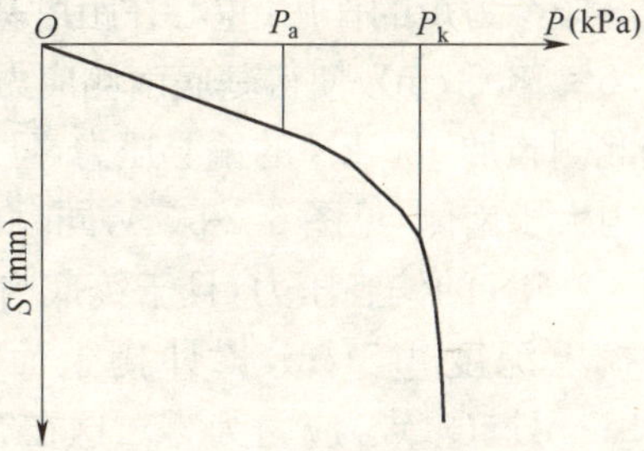

图 6.2-4　地基压力-变形曲线

$$\beta = \frac{\Delta\sigma_p}{\sigma_a} \quad (6\text{-}3)$$

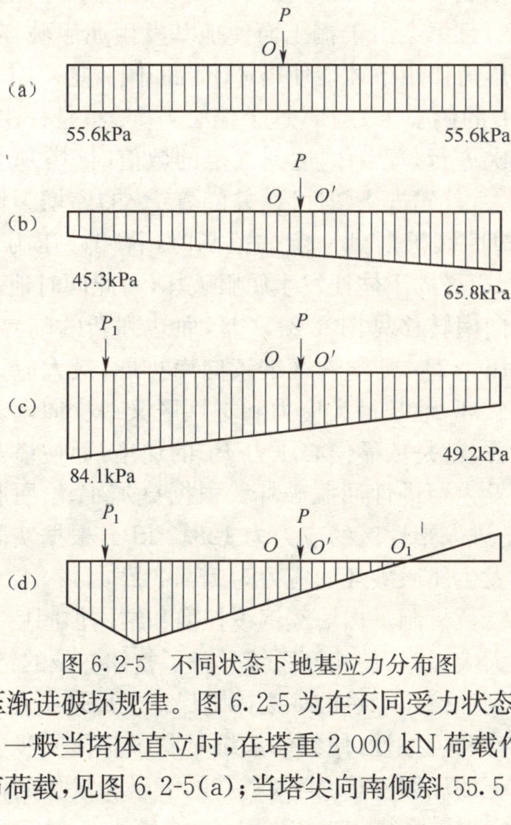

图 6.2-5　不同状态下地基应力分布图

②偏压渐进破坏规律。图 6.2-5 为在不同受力状态下的地基应力分布图。一般当塔体直立时，在塔重 2 000 kN 荷载作用下，基底压力为均布荷载，见图 6.2-5(a)；当塔尖向南倾斜 55.5 cm 时，由于

重心倾覆力矩的作用(重心在距塔基 1/3 高度处,其偏心距为 1/3×55.5=18.5 cm),使得基底南侧应力大于北侧见图 6.2-5(b);当于塔基北侧施加 400 kN 的偏心压力,且未于钢筏底部掏土时,基底北侧应力大于南侧,见图 6.2-5(c),同时产生回复力矩;当于塔基北侧施加 400 kN 的偏心压力,且于筏底自北向南做条带状掏土 20 组,平均掏土深度 4.5 cm,累计掏土面积 10.0 m^2 时,在距南侧边缘 0.91 m处(O_1 点)应力为零。这在客观上使得 O_1 点相当于塔基下坐转动的中性轴,而使得 O_1 点以南的塔基反翘,地基应力为零;O_1 点以北的塔基下沉,地基应力自南向北逐渐增大,见图 6.2-5(d),北侧边缘应力最大。这是纠倾过程中地基的应力变化情况。

由掏土不破坏原则可知,在一个纠倾过程中,掏土量(计算求得)相对确定,且不会由于掏土而使地基发生屈服破坏,而必须在一定的附加压力作用下才能使塔体下沉回倾。这个附加压力见图 6.2-5(c)、(d)的偏心压力 P_1,这个偏心力 P_1 不是一次施加上去,而是分级逐次进行。当 P_1 达到一定的数值时,塔基北侧边缘的土体应力最大,首先进入塑性区,并随着 P_1 的递增塑性区逐渐向南扩展;当塑性区扩展到一定的范围时,若偏心压力 P_1 继续增大,塔基北侧边缘的土体便发生屈服破坏,与此同时地基的最大应力和塑性区向南转移见图 6.2-5(d),而达到新的临界平衡状态。再增加偏心压力 P_1,则塑性区继续向南扩展,最大应力处的土体又发生屈服破坏,地基最大应力和塑性区又一次向南转移。因此整个纠倾过程,就是依靠偏心压力 P_1 的递增,而使塔基土有规律地自北向南发生渐进性屈服破坏。根据莫尔-库伦屈服理论计算求得,塔基土进入塑性区的应力为 128.8 kPa,根据实际纠倾结果求得塔基土发生屈服破坏的应力为 152.2 kPa。

③共同变位机制。白塔经钢筏托换和结构加固后,其强度、刚度和整体性大大提高,使纠倾系统具备了整体变位的结构条件;掏土不破坏原则和偏压渐进破坏规律则保证了地基土在屈服破坏过程中的平稳性和可控性,使纠倾系统具备了整体同步变位的地基条件。地基土的屈服变形、钢筏塔基的下坐和塔尖的回倾变形互

相谐调，同步发生，这就是白塔纠倾的共同变位机制。

3. 纠倾参数的确定

纠倾的前提是结构加固和钢筏托换，而纠倾的核心则是掏土和加压。所谓确定纠倾参数，实际是确定掏土量和所施加偏心压力的大小。

①掏土量的确定

影响掏土量的四个因素为：基底土的抗剪强度、基底土的压缩性、偏心压力的大小、塔基南北沉降差。

考虑上述影响因素，采用 Duncan-Chang 本构模型，根据土的塑性理论，计算求得在不对塔基北侧施加偏心压力的情况下，采用掏土自重纠倾法，至少需掏土 14.4 m^2，占基础总面积(36 m^2)的 40%。

②偏心压力的大小

我们将掏土—加压纠倾定位为，以掏土为主、加压为辅。至于压力的大小，以面积约 1/4 的土体所具有的极限荷载强度来计算，由逐级加压来克服，避免全部掏土至屈服破坏而发生突沉事故。

按照土的塑性理论，在由正常固结线、临界状态线和罗斯科帽子屈服面组成的统一状态边界面上，根据土的应力路径的发展状态，结合基底土实际三向应力状态和莫尔—库伦最大倾角理论，最后确定出掏土后基底土的屈服破坏标准为：

单独土条最大塑性区比值(某截面进入塑性区的土体宽度与该截面总宽度之比)达到 40%，整体地基平均塑性区比值达到 20%(二者必须同时满足)；再依此标准通过有限元分析计算，求得纠倾工程的控制参数为掏土面积 10 m^2 时，临界加压荷载 350 kN。

这里偏心施压更显示出其灵活性和安全性。当基底掏土量不足时，可通过施压使塔体回倾；当基底因掏土和施压要发生屈服破坏而突沉时，由于土体下沉而使千斤顶自动卸荷，进而阻止了突沉事故的发生。

6.2.4 纠倾的基础工作与纠倾工艺

1. 纠倾的基础工作

(1)钢筏托换

考虑到掏土—加压纠倾时对基础整体刚度的要求，分别从原条石基础的强度、加压的有效面积、钢筏自身的强度和钢筏基础与基底土体的刚度之比等四个方面分析计算后，求出钢筏基础需要40 根 18# 工字钢，实际施工时采用 40 根 20# 工字钢。

图 6.2-6 为钢筏构造图。将 20# 工字钢每两根一组，焊接起来形成工字钢组；在南北方向布设 20 根工字钢组，间距 10 cm；在东西方向布设长度不等的 20# 槽钢 9 根，并与 20 组工字钢焊接牢固，形成强度、刚度等足够大的钢筏。钢筏的长宽均为 6.0 m、高度均为 0.20 m。

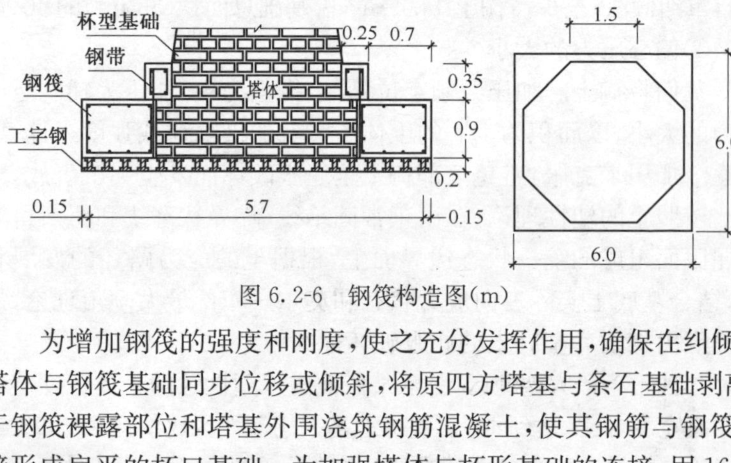

图 6.2-6 钢筏构造图(m)

为增加钢筏的强度和刚度，使之充分发挥作用，确保在纠倾时塔体与钢筏基础同步位移或倾斜，将原四方塔基与条石基础剥离，于钢筏裸露部位和塔基外围浇筑钢筋混凝土，使其钢筋与钢筏焊接形成扁平的杯口基础。为加强塔体与杯形基础的连接，用 16 条纵向钢带从八个方向，将钢筏和结构围箍加固的三条环向钢带焊接，使塔体与钢筏托换基础浑然一体。

(2)结构加固

为使塔身在纠倾过程中不致造成再次破坏和纠倾后的长期稳定，必须进行结构加固。方法是用钢带围箍和穿筋加劲，对圆形和八边形塔基各采用三条环向钢带进行围箍(图 6.2-7)，防止塔体沿径向开裂，围箍时尚应根据需要，对塔体进行必要的剥离和恢复，所用的钢带宽度为 15 cm、钢带槽宽 20 cm。为确保钢带的围箍作用，在钢带与塔体间隙中，灌入膨胀水泥浆充填空隙；同时为防止热胀冷缩，使钢带松动或其外围的水泥砂浆摸面脱落，沿塔周每隔 35 cm 布设一个膨胀螺栓，将钢带紧紧钳固在塔体之上，六条钢带共布设 200 个膨胀螺栓。对八边形塔基，分别从东西和南北两个方向上，还在每条钢带上用 $\phi32$ 螺纹钢筋穿透塔体与钢带拴紧，加强钢带的围箍作用，通过 16 条纵向钢带与钢筏相连，加强结构与基础的连接，以抵御地震灾害的袭击；同时纵向钢带的连接作用，又将杯壁向上延伸了 1.2 m，尽管延伸部分的杯壁较薄，但它是由钢板做成的，并通过围箍和牵拉作用可制约塔基的变形。

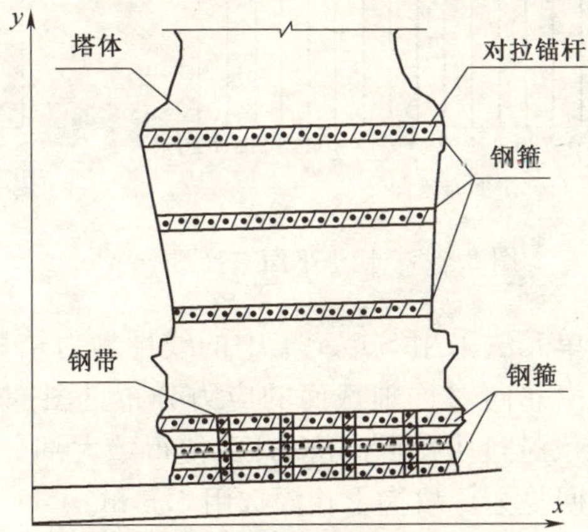

图 6.2-7　结构加固示意图

2. 纠倾工艺

(1)掏土

掏土的位置选定在塔基北侧钢筏底部以下约 30 cm 处。用水平钻机钻孔掏土，并使钻孔略微向南倾斜，坡度与塔基倾斜 4.5% 基本一致。设计分三次完成，每次均掏 20 个孔，但孔径逐次增大，使最后一次掏土面积达到 12 m^2（见图 6.2-8），三次钻径依次分别为 $\phi108$、$\phi127$ 和 $\phi146$，每次钻孔顺序自中间开始，对称向两侧有秩序的进行。

之所以将掏土孔的南端设计成锯齿状，是为了避免在南端产生“土坎”作用，进而避免加压时发生突沉现象，使基底未掏之土由南向北循序渐进地发生屈服破坏，塔体随之缓慢回倾。

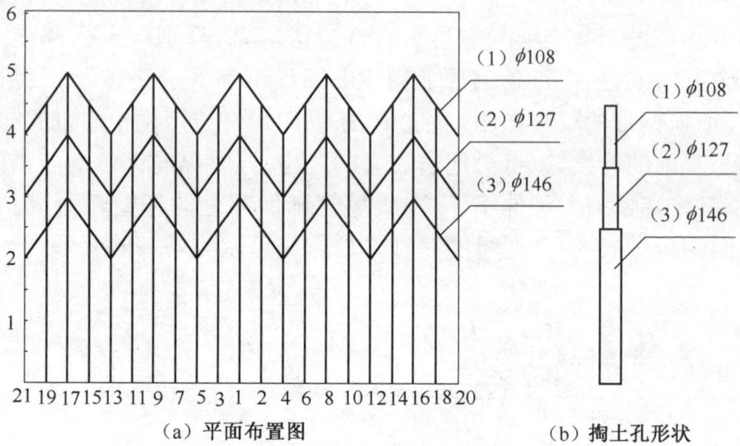

图 6.2-8 掏土平面布置图(mm)

运用有限单元法采用 Super91 中的线性静力结构分析模块，求得白塔地基南北向对称轴截面的应力分布见图 6.2-9，由该图可知 4.5 m 处已越过了截面高应力区，使得绝大部分应力成为促使白塔回倾的回复力。故掏土孔深选用 4.5 m。

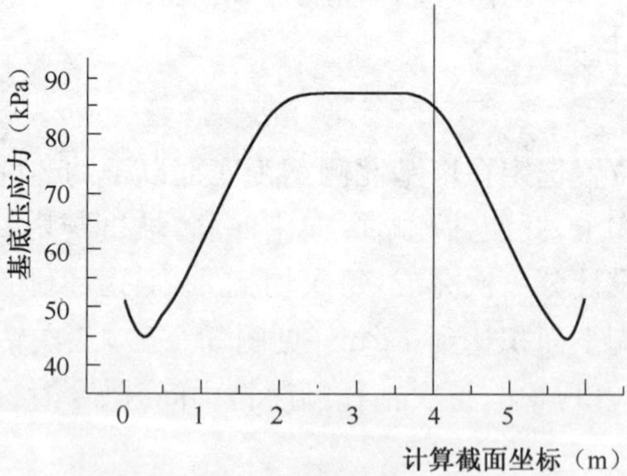

图 6.2-9 南北对称轴截面应力分布图

(2)加压

①锚固装置

我们采用锚桩横梁反力装置给塔基北侧加压。计算加压纠倾时的最大压力为 400 kN,钢梁满足承载力要求。见图 6.2-10。

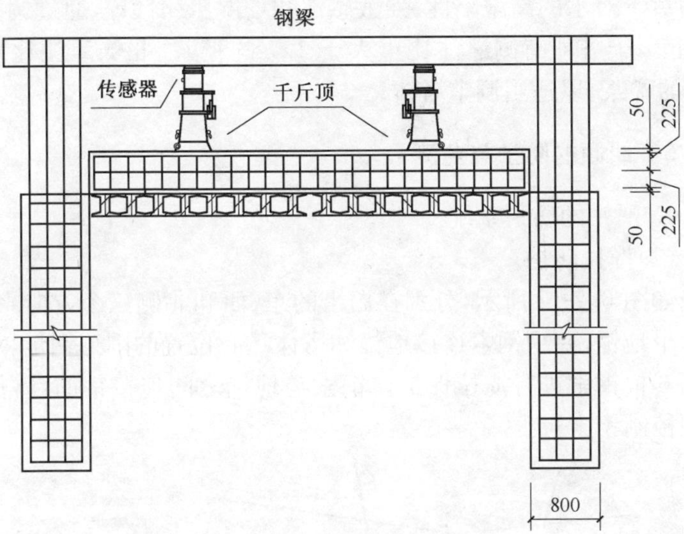

图 6.2-10　加压装置图(mm)

②加压系统

在塔基北侧的东西两侧 1.5 m 处各设一千斤顶,通过钢梁给塔座施加压力,压力大小通过应变式荷载传感器控制,并通过 U-CAM 数据采集仪采集压力。

③加压方法和标准

采用分级加压法,每级加压后间隔一定的时间进行沉降观测。当塔基沉降速度较快时,可暂缓施加下级压力;当沉降较慢时,应检测应力并及时补偿维持压力;当压力加至最大值 400 kN,且沉降相对稳定后,应逐级卸荷并进行塔基的回弹观测。

3. 灌浆法稳定基础

在纠倾工作结束后,由于掏土部位在塔体自重作用下,相当于新地基而要发生压密固结和压缩沉降,为此对扁平的掏土钻孔用砂和砾石回填捣实，然后进行压力灌浆，使基底土固结，增强地基的稳定性。

白塔于 1997 年 10 月 30 日以向北 8 mm、向东 4 mm 的误差被扶正后，考虑预后回倾发展，需使塔体向北倾斜 2～3 cm，我们利用黄土对水的高湿陷性、强敏感性和增湿压缩性等，通过调整浆液稠度，于塔基南侧灌注比重大于 1.7 的稠浆、北侧灌注比重约 1.5 的稀浆，以适当调整塔体。

6.2.5　纠倾的防护与监测

1. 严密的防护系统

(1)揽拉防护

如图 6.2-11 所示，分别在白塔的东、西和北侧三个方向，各设置 2 个地锚，并用钢索连接地锚和塔体重心位置的围箍钢带，对白塔用 6 根钢索进行揽拉保护。钢索与地锚之间连接钢筋计，借以量测控制钢索拉力。

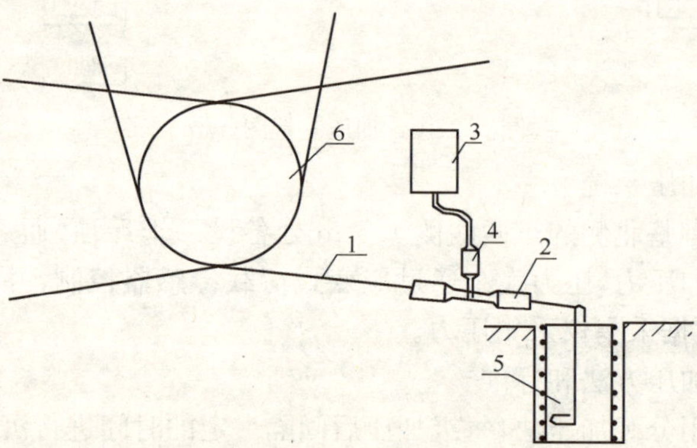

图 6.2-11　揽拉保护

1—钢索；2—钢筋计；3—测力计；4—接线盒；5—地锚；6—围箍钢带

(2)千斤顶防护

在塔基东西两侧中间部位的钢筏底部，各设置一个千斤顶，防止纠倾过程中因钢索拉力不足，导致塔体向东或向西产生较大幅度的倾斜；于塔基北侧钢筏底部，在东西各设置一个千斤顶，防止塔体向北回倾过程中，因变形速度太快，给塔体造成新的损坏。四个千斤顶的顶抬力视纠倾过程中塔体倾斜的程度和方向而定。

2. 精确的监测系统

我们共采用四种方法，对纠倾过程进行严密监测和控制。它们是塔尖位移观测、塔基沉降(抬升)观测、压力补偿观测和揽拉观测。

(1)塔尖位移观测

分别自白塔的东南、西南二个方向，采用两台全站仪交会观测塔尖位移，以此交会资料为依据，现场绘制塔尖位移轨迹，修正调整纠倾参数。位移观测每天早、中、晚各一次，为掏土加压纠倾提供指导。

(2)塔基沉降观测

在塔基的南北两侧各设置左、中、右三个电子位移计，南侧观测塔基抬升量，北侧观测塔基沉降量，二者结合起来确定塔体回倾转动的中性轴，既为控制塔基下沉速率提供准确数据，又为后续的纠倾修正参数提供可靠资料。电子位移计的沉降(抬升)直接从U-CAM数据采集仪上读取，并自动记录。为直观反应加压过程中塔基下沉(抬升)情况，于6个电子位移计的承台上同时设置6个百分表，作为互相校核的依据，并可直接观察加压时的下沉情况。

(3)压力补偿观测

随着塔座的沉降，千斤顶所施加的压力要逐渐减少，这时必须通过监测荷载传感器所显示的实际作用力，随时予以补偿，才能维持足够的压力，使纠倾工作继续正常进行。我们用U-CAM数据采集仪对电子位移计进行观测的同时，也监测应变式荷载传感器的工作状态和压力变化，随时进行压力补偿，确保加压系统正常、准确地工作，进而保证纠倾工作安全有序。

(4)揽拉观测

在纠倾过程中，应对东西两侧4条钢索的拉力进行24 h观测，观测频率为1次/h。当钢筋计拉力急剧增大，即白塔向东或向西有较大幅度倾斜时，应结合位移观测和沉降观测结果，及时启动东或西侧顶抬装置，阻止变形进一步发展。随着纠倾的进行，白塔向北不断回复，北侧两条钢索的拉力不断减小，这时应不断地观测钢筋计上的拉力，并及时给以补偿，使其拉力始终保持 500 kN。观测和补偿的频率应以 1 次/15 min 为宜。

6.2.6 纠倾效果分析

1. 纠倾的准确性

建筑物允许的倾斜率，对承重砌体结构为 4‰，对高耸结构物为 8‰。白塔按理当属后者，考虑它系古建筑和保护文物，我们仍然采用 4‰的承重砌体的标准。纠倾前白塔的倾斜量为 555 mm，倾斜率为 33.8‰；纠倾后（1997 年 10 月 30 日），白塔倾斜量仅为 9 mm，倾斜率为 0.55‰，远远小于国家规范要求。在纠倾实例的报道中，像这样以毫米来计的纠倾精度确实不多见。

2. 塔基沉降与塔尖位移的关系

沉降与位移关系曲线见图 6.2-12，塔尖位移轨迹见图 6.2-13。由表 6.2-2、图 6.2-12 和图 6.2-13 可说明以下几个问题：

表 6.2-2 纠倾参数汇总表

序号	掏土面积(m^2)	最大偏心压力(kN)	南侧回弹(mm)		北侧沉降(mm)		中性轴位置(距南侧 m)	塔尖回倾(mm)			
								交会观测		据沉降计算	
			本次	累计	本次	累计		本次	累计	本次	累计
1	10	0	−0.6		1.5	1,5	0	27.0	27.0	2.5	2.5
2	10	400	3.3	3.3	18.4	19.9	0.91	49.0	76.0	61.1	63.6
3	14	520	8.5	11.8	60.0	79.9	0.75	204	280.0	193.1	256.7
4	14	0(卸荷)	−0.2		−0.66		1.395				
5	17.5	500	6.1	17.9	35.4	115.3	0.90	120	400.0	117.3	374.0
6	21	520	3.2	21.1	13.8	129.1	1.13	35	435	47.9	421.9
7	21	520	7.5	28.6	45.8	174.9	0.85	143.0	578	149.4	571.3

①一次较大面积掏土时，塔基整体下沉，而南北两侧下沉幅度不同。初始掏土 10 m^2 时，南侧塔基下沉 0.6 mm，北侧 1.5 mm，

这说明南北两侧同时下沉 0.6 mm 的时候，整个塔基以南侧边缘为中性轴，转动下沉 0.9 mm。

②基底土发生屈服破坏的掏土面积为 10.0 m^2，压力为 400 kN，原计算基底土发生屈服破坏的掏土面积为 10 m^2，压力 350 kN，实际压力稍大。

③在整个纠倾过程中，除第一次掏土 10 m^2 外，以后每次掏土面积为 3.0～4.0 m^2，累计掏土面积 24 m^2，北侧塔基累计沉降量 174.9 mm，南侧反翘 28.6 mm，塔基北侧沉降与南侧反翘的比值约为 1∶6，变形中性轴位于距南侧边缘约 0.85 m 处。

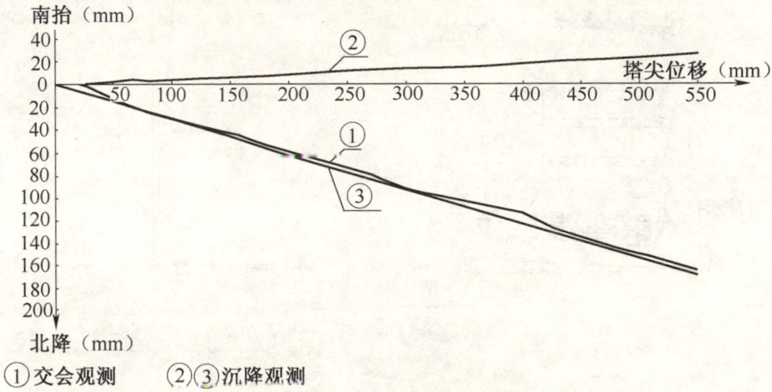

图 6.2-12 沉降-位移曲线

④图 6.2-14 为沉降变位简图，根据几何关系可知，当北侧下沉 178 mm 时，塔尖水平向北的计算位移为：

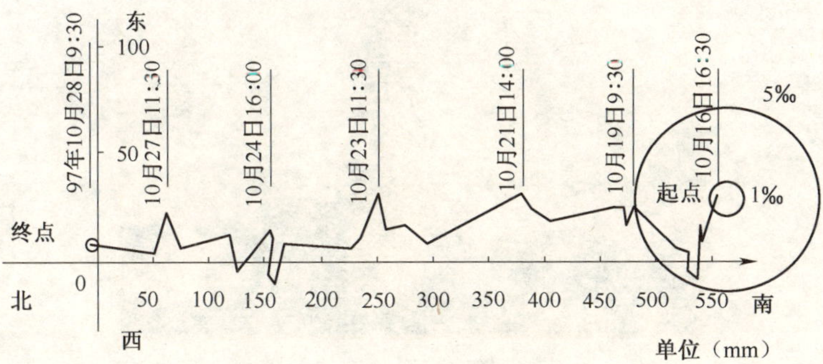

图 6.2-13 塔尖位移轨迹图

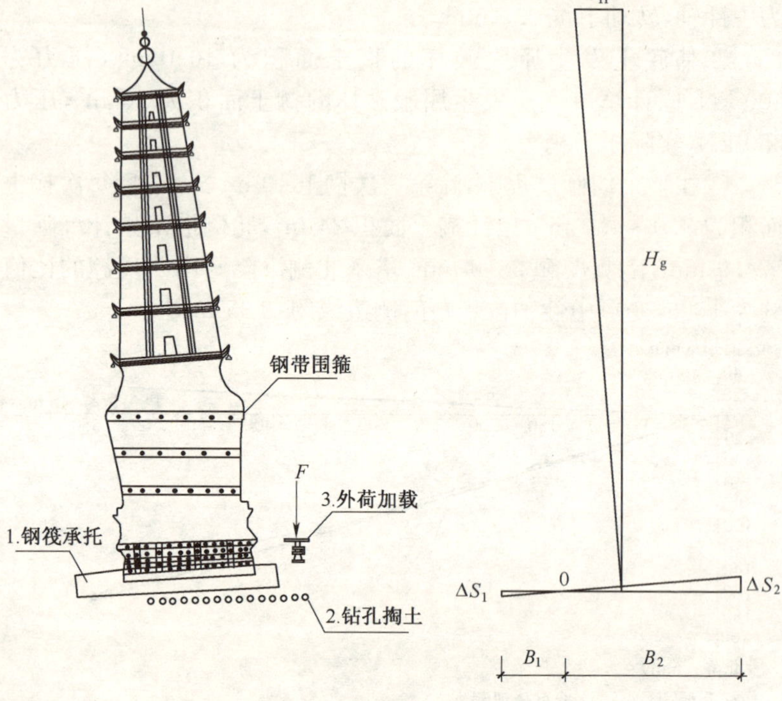

图 6.2-14　沉降变位简图

图 6.2-15　纠倾前的白塔

$$S_H=\Delta S_1\times\frac{H_g}{B_1}=571.4\ \text{mm}$$

而实测塔尖水平变位为 578 mm，误差仅为 6.6 mm。这说明在纠倾过程中，钢筏的刚度已足够大，而使塔体和塔座同步整体回倾，同时也说明塔体轴线为一直线而非折线。

⑤表 6.2-2 中塔尖位移交会观测值与据沉降观测计算值具有一定的误差；由上图 6.2-12 的沉降-位移曲线可知，沉降观测结果接近直线，精度较高；交会观测结果有折线段，精度相对较低。

图 6.2-14 及图 6.2-15 分别给出了白塔纠倾前、后的身姿对比。

图 6.2-16　纠倾后的白塔

6.3　兰州烈士陵园纪念塔纠倾加固工程

6.3.1　工程概况

兰州市烈士陵园建于 1952 年，园内烈士纪念塔于 1958 年建成。1986 年纪念塔被列为省级文物保护单位，同年被国务院列为国家重点烈士纪念建筑物保护单位，见图 6.3-1。

纪念塔座落在卧牛山北麓黄河Ⅲ级阶地斜坡填成的平台上。纪念塔塔身为正五边形钢筋混凝土薄壳结构，壁厚约 25 cm，基础为正五边形钢筋混凝土筏基，边沿处厚 40 cm，中间厚 90 cm，边长为

图 6.3-1 纪念塔全貌

3.8 m。基础与塔身整体浇筑,衔接处设了加强钢筋和箍圈。基础埋深为 7 m,其下地基土为黄土状砂黏土,建塔时除进行一般性夯实外,未作其他处理。塔身高 28.23 m(地坪以上),重约2 100 kN。

1992 年发现塔身有明显倾斜现象,经测量塔尖向北倾斜 150 mm,此后倾斜量逐年增加。1997 年测量发现,塔尖向北东 35°方向倾斜 381 mm,斜率达 12.9‰,远超过建筑物规范规定的 4‰的限值,短短 5 年,倾斜率增加 7.9‰,已成危塔,必须及时纠倾加固。

6.3.2 纪念塔倾斜原因

1. 纪念塔所在斜坡平台向北挤压蠕动

纪念塔塔址原为黄河Ⅲ级阶地斜坡,南高北低,地层为第四系黄土状砂黏土,具自重湿陷性,斜坡上分布有 NE25°方向的冲沟,纪念塔正好建在"斗箕"状沟槽洼地上,建塔时回填沟槽,并在塔的周围堆起了高约 4 m 的平台,平台北侧面为高 4 m 的直立浮雕墙。

在调查时发现，由于斜坡向北蠕动挤压，浮雕墙向北倾斜，墙顶向北错移 1.5 cm，平台两端翼墙向北错动 1～3 cm，平台北侧东西两丘形骨灰堂建筑物被挤压产生裂缝和变形，纪念塔以北平台地面有局部隆起现象，塔身以南地坪出现拉开裂缝。

以上种种迹象表明，纪念塔所在平台不稳，向北蠕动挤压，牵动塔身，系造成纪念塔倾斜的一个重要原因。

2. 水文地质条件发生了变化

(1)植树浇水

兰州地区虽然年平均降雨量仅为 331.9 mm，属半干旱气候，但烈士陵园和纪念塔建成后，在纪念塔南、东、西三面呈弧形绕纪念塔种植了松柏树并经常进行漫灌浇水，马兰黄土垂直节理发育，浇树用水容易下渗，还形成了一些小洞穴，大气降水沿洞穴渗入地下，增加平台土体的含水量，从而降低其 c、φ 值，导致坡体失稳，同时使土体产生湿陷不均匀下沉，是引起纪念塔倾斜的原因之一。

(2)顶板效应

纪念塔平台地坪是由 10 cm 厚的混凝土板封闭起来的，北侧临空面为混凝土浮雕墙和混凝土台阶，形成顶板效应，堵死了地下水的排泄通道，封盖了坡体水的蒸发面，使水文条件发生重大变化，坡体含水量增大、承载力降低、压缩下沉，导致塔体倾斜。

(3)地震作用的影响

兰州市地处地震多发区，地震烈度为 7～8 度，地震也是造成纪念塔倾斜的一个因素。

6.3.3 纪念塔纠倾治理工程

1. 工程设计原则

(1)纪念塔座落在不稳定斜坡平台上，应采取稳固斜坡和纠倾扶正相结合的原则，一次根治，不留后患。

(2)马兰黄土具有湿陷性，平台浮雕墙东、西两端还有丘状建筑物，所以不能用注水法纠倾，整个纠倾过程应在可控状态下进行，保证安全和精度。

2. 工程主要内容

(1)用掏土、侧顶、牵引和辅桩定位综合措施对纪念塔进行纠倾复位。

(2)用复合注浆法对纪念塔地基和筏基以上塔身周围土体进行加固。

(3)在(塔身以北)平台上沿东西方向设一排护坡桩共计 20 根,阻止坡体继续向北蠕动挤压。桩身断面为 1.2 m×1.5 m,桩长为 11 m,挖孔施工。

(4)完善维修排水设施,在原弧形排水沟内侧设防渗帷幕,截断地下水的补给,在平台北部沿东西向设排水小盲沟,排水并防止冻胀破坏台阶。

(5)用挤密灰土桩加固廊道柱基。

6.3.4 纪念塔纠倾加固工程的技术关键和技术创新

纪念塔位于在皋兰山系卧牛山北麓的黄河Ⅲ级阶地上,地层为具有湿陷性的黄土状砂黏土,纪念塔所在的平台处于蠕动挤压状态。受植树灌水和"顶板"效应影响,地基承载力降低。纪念塔基础埋深为 7 m。

根据上述特点,纪念塔纠倾加固采用如下方案,见图 6.3-2。

1. 双向掏土迫降

采用侧向及底部双向掏土、侧顶、牵引及辅桩定位技术对纪念塔进行纠倾加固。

采用上述纠倾需解决的技术关键为:

(1)如何解决在侧向顶推力和牵引力作用下,塔体沿地基土某部位缓慢旋转而不发生突变的技术问题,使整个纠倾过程在可控状态下进行。

(2)如何解决定位桩施工基本不削弱筏基下的地基土问题。

(3)如何解决定位桩与纪念塔筏基形成铰性支撑问题,使纠倾后的纪念塔即使遭遇 7 级地震的袭击也能保证纪念塔的安全。

2. 有关参数计算

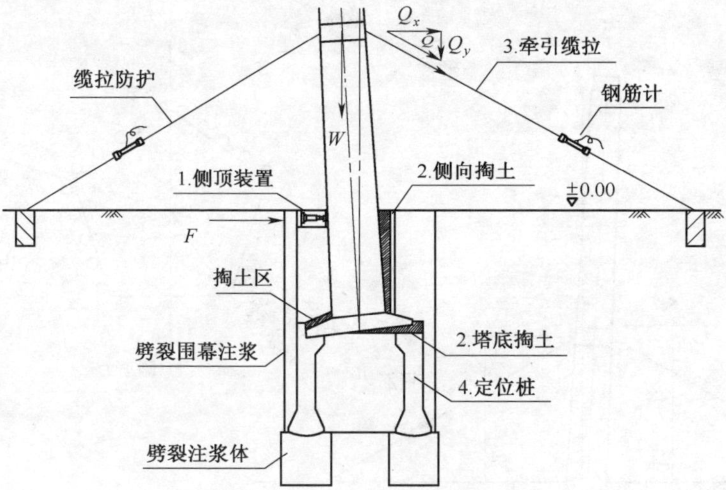

图 6.3 2 沉降变位简图

(1)纪念塔的重量，经计算塔重 2 100 kN。

(2)根据塔体结构强度计算，侧顶力与牵引力的设计值及受力点位值，见图 6.3-3。

经计算，缆绳施力点高度为 10 m，共 5 根缆绳（其中 2 根缆绳起牵引作用，3 根缆绳起保护作用），分别系在 5 个棱角部位并设了保护塔身的临时性加强箍，缆绳上接有钢筋计，缆绳下端系在地锚上，缆绳与地面夹角为 30°，设计拉力为 5 kN；千斤顶施力点距地坪面 0.5 m，每台千斤顶设计推力为 10 kN，设 2 台千斤顶。

(3)计算塔体因倾斜产生的偏心矩$\sum M_O(F_{倾斜})$。

(4)计算塔体在千斤顶推力、缆绳牵引力作用下所产生的回复力矩$\sum M_O(F_{回复})$。

(5)根据上述力矩，在塔底掏土不产生阻力的前提下，计算塔身正、侧面土体对塔身的抗力 $F_{抗}$ 及力矩 $M_O(F_{抗})$，计算沿塔身两侧面和正面竖向掏土的数量、掏土孔孔径、孔数、间距。

设每台千斤顶推力为 F，则两台千斤顶合力 $F_1 = 2\times F\times\cos36°$，设每根缆绳拉力为 T，则两根缆绳拉力的合力为 $F_2 = 2\times T\times\cos30°\times\cos36°$，按下式计算回复力矩为：

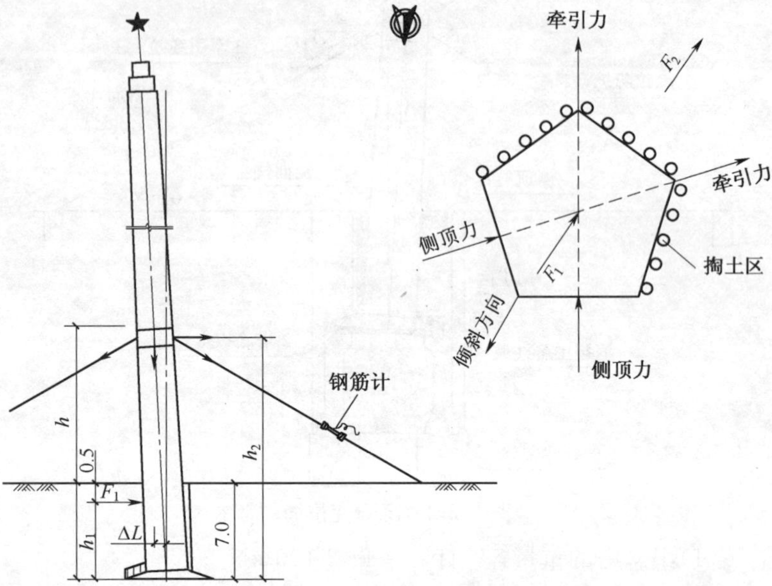

图 6.3-3　纪念塔受力分析简图(m)

$\sum M_O(F_{回复})=2\times F\times\cos 36^\circ\times(7-0.5)+2\times T\times\cos 30^\circ\times\cos 36^\circ\times(10+7)$

设塔体重量为 W，偏心距为 Δe，则倾斜力矩为：

$$\sum M_O(F_{倾斜})=W\times\Delta e$$

当 $\sum M_O(F_{抗})\leqslant\sum M_O(F_{回复})-\sum M_O(F_{倾斜})$ 时，才可实现塔体回归。

(6)计算基底与地基土之间的水平向摩擦力 $F_{基}$，确定地基土掏土宽度，纠倾过程中不发生平移，使 $\sum F=F_{基}+F_{抗}-F_{回复}>0$。

(7)计算地基土承载力，选取安全系数，确定硅化加固方案及定位桩桩长。

6.3.5　纪念塔纠倾加固

1. 工程设计

(1)定位桩

为了保证纠倾的精度、纠倾过程中的安全和纠倾后纪念塔的长期稳定，在筏形基础五个边的中垂线上设计了 5 根定位桩。为了解决尽可能少削弱地基土而又使定位桩与筏基形成铰接支撑的技术问题，将定位桩设计成了带“钩头”和“牛腿”的挖孔灌注桩。

桩身截面尺寸为 ϕ1 000 mm，底部扩大头直径为 ϕ1 500 mm，桩长 10 m，牛腿承台宽 1 m，钩头臂长 1.5 m，与塔基形成铰接，以增加抗震能力。桩的中心距筏形基础边沿 0.5 cm。为提高桩底地基土承载力，对桩底以下 3 m 深土体进行劈裂灌浆加固。

牛腿顶面标高低于塔身回倾后塔基底面标高 1 cm（以薄钢板控制），以保证在塔身纠倾的过程中基础不会产生急剧下沉，达到塔基沉落稳定，塔身复位准确。并充分发挥地基土的承载力，使地基土和辅桩形成复合地基，提高安全储备。

（2）双向掏土

为了使塔体在根据塔身结构强度而设计的千斤顶推力和牵引力作用下，绕基底缓慢旋转而不发生突变，必须对塔身两个侧面和正面土体进行竖向间隔掏土。为此，在南西面靠近塔身的位置上设置松弛钻孔 10 个，以减少塔身复位过程中正面土体的阻抗力，钻孔孔深 6 m，上部 3 m 孔径为 150 mm，下部 3 m 孔径为 110 mm。在南东面和北西面各设置 10 个松弛钻孔，孔深 6 m、孔径均为 110 mm，以减少塔身纠倾向西南方向回归时基底以上土层对塔身的侧向阻力。

（3）为保证塔身能准确回归并不使牵引力过大而影响塔身结构的安全，在塔身的北面和北东面挖浅坑两个（深 1 m 左右），并浇筑钢筋混凝土反力墙 2 个，设千斤顶 2 台向塔身施加顶推的力量，见图 6.3-4。

图 6.3-4　千斤顶侧向加力

纠倾加固及防护工程布置见图 6.3-5。

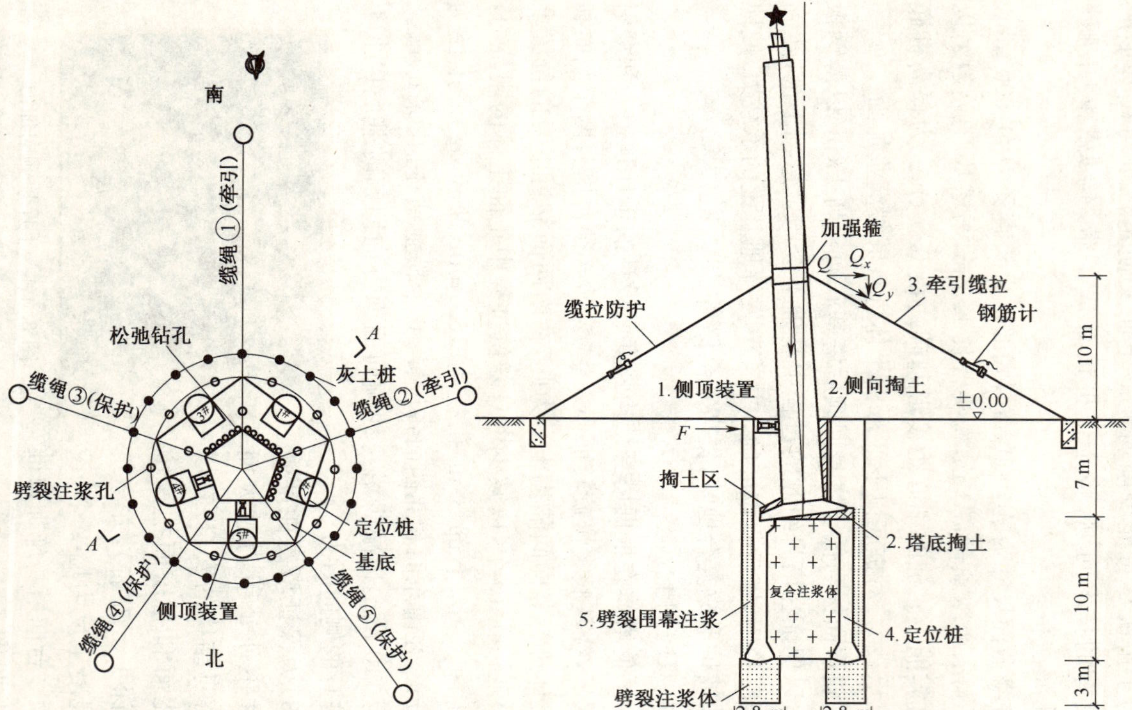

（a）平面图

（b）$A-A$剖面

图 6.3-5　纠倾加固及防护工程布置图

2. 施工顺序

(1)施工护坡桩,首先稳住斜坡平台,使其不再继续向北蠕动挤压。

(2)在弧形排水沟内侧做防渗帷幕,切断地下水对平台坡体的补给来源。

(3)施工中的安全保护措施

①定位桩,挖出桩孔后对桩底以下 3 m 厚地基土进行劈裂灌浆加固,消除地基土的湿陷性,提高其承载力。

②对 −7～−17 m 土体进行灌浆加固,并在牛腿的侧面基础底面以下 20 cm 处向基底中心方向各设置注浆花管 1 根。花管长 2.5 m,直径为 ϕ32 mm,以便纠倾完成后对地基土和掏土留下的少许空隙进行灌浆。灌浆浆液内掺入适量膨胀剂。

③缆绳地锚。

④反力墙。

⑤塔身临时性加强箍。

⑥建立监测网。

⑦在与顶推力平行的塔身两侧和垂直推力方向的正面进行竖向掏土。

(4)在地面以上 10 m 处绕塔身设置一个临时加强箍,在 5 个角设置缆绳,仰角$\not>$30°,以便向塔身施加拉力,保证塔身平稳地向南西方向回归。

(5)对以基底中心为圆心,4 m 为半径、深 7～17 m 范围内的土体进行注浆加固,以消除地基持力层范围内黄土的湿陷性并提高其承载力。在其外围设垂直注浆孔 20 个,灌注悬浊液浆材形成围幕,以减少塔基土层复合注浆加固时浆液外窜。

(6)在塔基的每边设置 2 个向内倾斜(俯角$\not<$80°)的注浆管,以进行地基注浆加固。在每个牛腿的侧面基础底面以下 20 cm 处向基底中心方向各设置注浆花管 1 个,花管长 2.5 m、直径 32 mm,以便对最上一层地基土进行注浆。

(7)为增加塔基以上土层对塔身的嵌固作用(约束力),在塔身纠倾和地基加固之后，对以塔基中心为圆心，4 m 为半径、厚 7 m (0～7 m)范围内的土体进行注浆加固。设挤密灰土桩 34 个以形成挤密帷幕，设注浆孔 15 个以进行悬浊液注浆加固。

(8)在 SW35°方向筏基下掏土，在 NE35°方向筏基上掏土，使塔体在千斤顶推力和牵引力作用下顺利旋转。

建立水准基点、水准观测点，倾斜观测站定时测量反馈信息，见图 6.3-6。

图 6.3-6　定时测量反馈信息

3. 纪念塔纠倾

在上述有关分项工程做完和各种仪器、设备安装调试完毕后，即可进行纪念塔的纠倾工作。

(1)在坐标图上标出纪念塔纠倾前的塔底面形心点坐标(不动点)和塔尖中心点的坐标(变化点)，并将两坐标点连起来，这条线称为塔尖理想回归轨迹线，以此为基准来控制和调整纠倾参数。

(2)千斤顶和 1#、2# 牵引缆绳施加第一级荷载，同时观测塔尖中心坐标、百分表和倾斜盘读数变化，及时记录监测数据并反馈给纠倾指挥中心。

(3)指挥中心对反馈信息进行处理分析，作出判断，然后发送下一步行动指令。

首先将施加一级荷载后的塔尖中心坐标绘制在坐标图上，见图 6.3-7。

其次判定塔尖中心坐标是否有变化。

若没有变化，则施加第二级荷载、第三级荷载(最大荷载不得超过设计值 10 kN 及 5 kN)，若中心坐标仍无变化，说明侧向和正面抗力比计算值大，则需增加掏土量，直至推动为止。

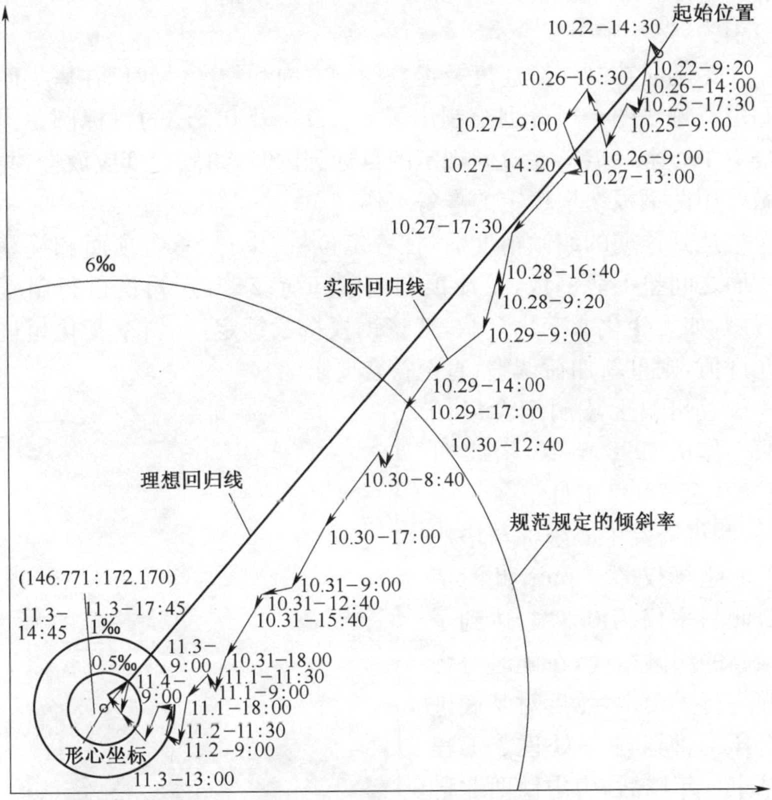

图 6.3-7　纪念塔回归迹线图

若中心坐标值有变化，施加一级荷载后的塔尖中心坐标点落在上述理想轨迹线上，说明塔身正按照理想的方向回归；若中心坐标点落在理想轨迹线的一侧，则需调整千斤顶和缆索的牵引力，必要时还需调整两侧的掏土量，目的是使塔尖中心坐标点向理想轨迹线靠拢，按设定的方向回归。

在纠倾过程中，正面土体及两侧土体的抗力是不断变化的，所以千斤顶的推力、缆索的牵引力及掏土量要随具体情况而进行调整。

在纠倾过程中，3#，4#，5#缆索基本不受力，只起防止突变的保护作用，一旦出现拉力增加过快、则迅速抵销千斤顶推力和缆索牵引力，保证施工安全。

为随时控制纠倾速度及撑握纠倾方向和精度。我们在塔尖回归位移迹线图上还分别绘制出了 6‰、1‰及 0.5‰的目标圆。当塔尖中心坐标点落在合同规定的目标圆内时，纠倾速度应放慢，并做好用薄钢板垫块锁定的准备工作。

达到预期的纠倾精度后，在各定位桩“牛腿”承台顶面和筏基底面之间垫上薄钢板，千斤顶和缆索卸荷；24 h 后再次进行斜率观测，如无变化或变化甚微，就将钢板挤紧锁定；如斜率变化超过允许值，则重新加荷调整，直至符合要求。

兰州烈士陵园纪念塔纠倾工作从 1998 年 10 月 22 日开始，至 11 月 4 日上午 9 点整，测得塔尖中心坐标与塔底形心坐标仅差 9 mm，此时塔身倾斜率仅为 0.3‰，达到了很高的纠倾精度，在此时对塔底进行了锁定，然后对基底进行压力灌浆加固处理。工程结束一年以后，由中铁西北科学研究院及甘肃省基础地理信息中心分别测得塔体倾斜率为 1.03‰及 1.07‰。见图 6.3-8、图 6.3-9。

图 6.3-8　纠倾前的纪念塔

6.3.6　结 束 语

兰州市烈士陵园纪念塔座落在黄河Ⅲ级阶地斜坡平台上，塔高 28.23 m(地坪以上)，重 2 100 kN，基础埋深 7 m。由于斜坡向北蠕动挤压和植树灌水下渗造成黄土湿陷承载力降低，导致纪念塔向东北方向倾斜381 mm，斜率为 12.9‰，已成危塔。经采取侧顶、缆索牵引、塔底和塔侧双向掏土和定位桩定位新技术纠倾加固后斜率仅为 0.3‰，是深基础斜塔纠倾工程的成功范例。在设计和实施中解决了在根据纪念塔结构强度而确定的水平顶推力和缆索牵引力作用下，使塔体绕基底缓慢旋转、定位桩施工中基本不削弱地基土并使定位桩与筏基形成铰性支撑诸多关键技术，设计出了新颖的上端带“钩头牛腿”下端有扩大头的定位桩，有效地提高了纠倾后的纪念塔抗地震袭击的能力。采取间隔上大下小变孔径竖向掏土技术，减少侧向土和正面土的抗力，既保证了纠倾在可控状态下进行，又解决了在较小推力和牵引力作用下纠倾的技术问题，由于纪念塔为钢筋混凝土薄壳结构，一定程度上限制了顶推力和牵引力。

图 6.3-9　纠倾后的纪念塔

自 1998 年纪念塔纠倾成功至今，一直处于稳定状态，原来受斜坡平台向北蠕动挤压影响的建筑物，在纪念塔纠倾加固工程完成后，也停止了变形。

6.4　陕西眉县净光寺塔纠倾加固工程

6.4.1　工程概况

净光寺塔位于陕西省眉县政府大院内，从现存经幢上的文字推断此塔建于唐元和十一年至咸通九年(公元 816 年～868 年)，历时 52 年，距今有 1 100 多年。净光寺塔为楼阁式七层四面体实心砖塔，塔体用方砖和黄泥砌成，高 22.05 m，重约 600 kN，塔底有塔室可入，平面为正方形，塔基正方形边长 4.46 m，见图 6.4-1。底层塔体风化剥蚀严重，1998 年测得塔体向北东方向倾斜 7.525°，垂直方向倾斜 4.3°，塔尖中心偏差 1.664 m（塔顶中心偏离塔底中心）。

图 6.4-1　陕西眉县净光寺塔

塔体从何时开始倾斜已无法考证，但据近年连续观测表明，塔体倾斜仍在继续恶化，且有加速发展之势，随时都有倒塌的可能，每到雨季当地政府须成立专门机构观测，以防塔倒塌伤及周围居民。

6.4.2　古塔倾斜的原因

1998 年 7 月，勘察单位在塔体周围挖了 2 个探井，井深分别为 10 m 和 11.5 m，并做了土样常规分析和自重湿陷性试验。根据探井柱状图描述：顶部为 0.4 m 厚的杂填土，主要为砖块等；其下为素填土，硬塑，土质不均匀，多含瓦片、石子等，含漂石，最大直径为 250 mm，深度 10 m 左右，含少量砂粒、瓦片等。为了取得较完整的地质资料，2001 年 8 月在古塔北侧又补挖了一个探井，深度为 8.0 m，查明塔基土在 8 m 深度内为夯填土，土质不均匀，呈层状，其中 1.5～4.5 m 土层具湿陷性。

西安文物保护中心专家经过对古塔的调查和科学分析认为，古塔倾斜的主要原因是塔基不均匀沉降所致。主要是文革时期，在古塔北修建公共厕所，引起地基土湿陷下沉，加快了塔体的倾斜速率。根据塔体的重量及塔底受力面积计算，塔底土单位面积上承重 300 kN，超过了承载能力（单位最大承重量为 250 kN），据此推测塔在建造过程中就有一定倾斜。纠倾前经专家测量，净光寺塔已处于随时可能倒塌的危险状态，加固纠倾势在必行。

6.4.3 纠倾方案的确定

给千年古塔治病忧如给一个年老体弱的老人治病一样，治理难度和风险均较大，主要表现在以下几个方面：

(1)砖砌体材料结构松散、整体性不强。塔体是由尺寸为36 cm×18 cm×7 cm的方砖及黄泥砌成，砌体胶结强度低，加之历经1 000多年的风雨沧桑，塔体剥蚀风化严重，尤其是底部。

(2)作为珍贵文物的唐代古塔，倾斜过量，岌岌可危，文物不可再生，纠倾工程只许成功，不许失败。塔体高大，倾斜已进入临界状态。塔下操作，特别是在塔北与塔东的操作具极大的危险性，文物及施工安全风险均较大。

考虑到塔身倾斜是由于地基浸水湿陷产生不均匀沉降所致，故反其道而行之，在塔的少沉侧采用“水浸法”促使湿陷迫降，达到纠倾的目的。同时也考虑到，塔下土体经过千余年的重压固结，其密实度已相当高，现场土样试验也表明，塔下土体水浸速度相当缓慢。鉴于此，塔体纠倾采用完全的浸水方案并不理想。在综合分析各方面因素的基础上，技术人员决定改用“成孔-软化”的技术方案。基本思路是先在少沉侧(南侧)塔下钻一排孔，再注水以软化孔间土，迫使塔南侧产生不均匀下沉以促使塔身回倾。

6.4.4 塔体加固纠倾

古塔病害治理分塔体加固与纠倾两步进行，先加固、后纠倾。

1. 塔体加固

为防止古塔纠倾过程中整体开裂，首先对古塔基础进行加固，增强塔下部整体稳定，其次对塔体的1～3层用槽钢、木板和拉杆钢筋进行临时捆绑加固，每层加固2道，对加固拉杆应力在塔体纠倾过程中的变化实施了全过程监测。

由于古塔下部破损、剥蚀严重，为加强塔体下部的整体性，防止塔体纠倾实施过程中塔下部的局部损坏，古塔纠倾之前对塔底也进行了适当的永久性加固，纠倾前对西侧及南侧地梁提前进行浇筑;纠倾后再浇筑东侧及北侧的地梁,四梁最终形成一个交叉封闭的圈梁,见图 6.4-2～图 6.4-5。

图 6.4-2　古塔纠倾加固

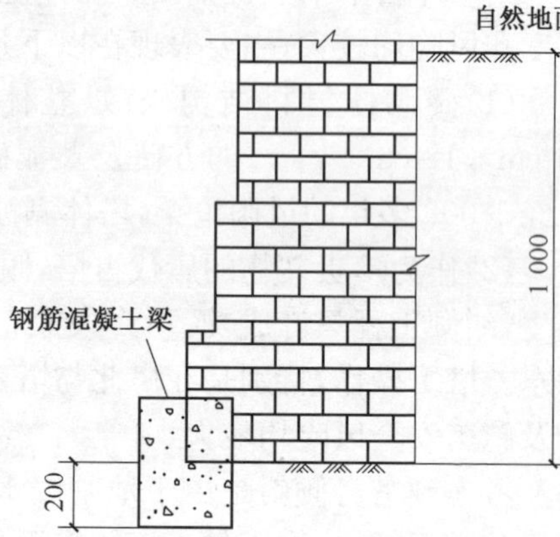

图 6.4-3　塔底加固示意图(mm)

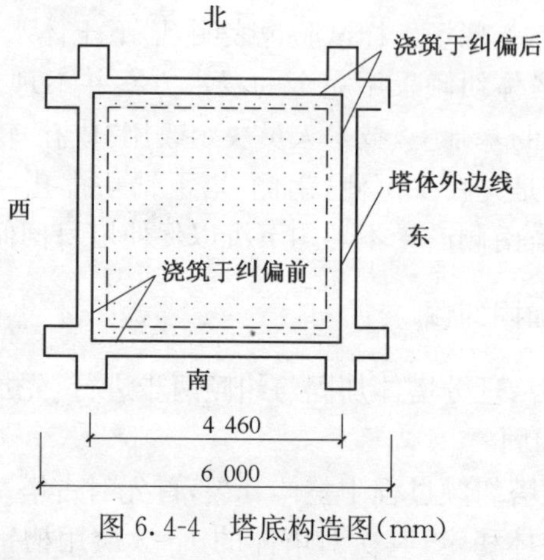

图 6.4-4　塔底构造图(mm)

2. 塔体纠倾

在塔下距塔底约 1 m 处打一排孔,孔径 100～120 mm、孔间净距 100 mm,孔与水平面的夹角控制在 10°左右,孔深度依理论分析结果以进入塔边线 2/5 左右为宜,见图 6.4-5。孔大小与数量以当孔间土体塌落后,塔南侧边沿下沉不超过20 mm为控制条件。

原计划用百米钻成孔，试钻中发现塔基下面分布有三层漂石土垫层，漂石厚度约20 cm（直径），一层漂石一层土交替填筑，土层厚度约 30 cm；同时也探明，塔基除外放二个台阶外别无其他构造。由于漂石层的存在，给钻孔带来很大的困难，该层致密，颇费钻头。最终下挖一定深度，避开漂石层，采用洛阳铲人工成孔，这样既解决了钻进难的问题，也减少了对塔体的振动影响。成孔后观测 48 h，若塔身未发生变形时，遂按设计向孔内注水以软化孔间土。注水 48 h 后观测，显示塔体开始缓慢向南侧回倾，大致经过 36 h，塔回倾过程又逐渐趋于稳定，于是进行第二轮“成孔-软化”工序。成孔仍在原孔位置处进行，孔深度则随塔重心回移而逐渐缩短，共进行了 8 轮类似工序。

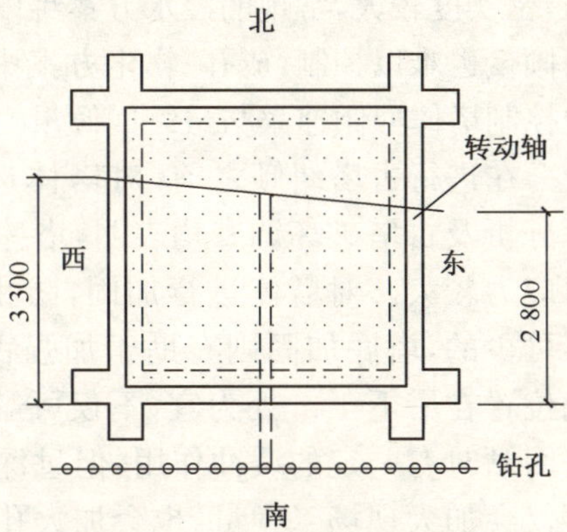

图 6.4-5　布孔示意图（mm）

6.4.5　塔体纠倾效果

2001 年 7 月进场，9 月底第一阶段结束，10 月 21 日复测表明，塔尖南北方向由原来 1 620 mm 的偏移量缩小到 620 mm，回倾了 1 000 mm，矫正 61％；塔尖东西向回倾 520 mm，矫正 70％，预计在以后的一段时间内，塔体还可回倾 100～200 mm。至此，古塔处于安全状态，千年古塔扶正了。

6.4.6　结 束 语

眉县古塔始建于唐代，年代久远，塔体较大，剥蚀严重，整体性较差，且倾斜严重，通过对眉县净光寺塔纠倾的研究与实施，为我国砖石古塔的保护积累了极其宝贵的经验。在技术措施方面，成孔渗水、软化迫降的技术方案是可行的，塔下土体一般经过长期重压，密实度较大，常规的浸水方案难以奏效，且浸水周期较长，塔体回倾量也难以控制，成孔-软化方案中浸水是辅助性的，可以有效地控制塔体回倾速率与最终回倾量。

在进行古塔纠倾之前，对塔体进行加固是必要。根据有限元分析及古塔破坏调查均表明，塔体倾斜及回倾中，其中轴面处剪应力较大。对塔体进行加固，防止回倾中塔体开裂变形是必不可少的，塔底加固则有助于加强古塔底部的整体稳定性。成孔位置在塔下 1 m 处为宜，不仅可避开漂石层的干扰，也可使古塔回倾时有一定的缓冲作用，但过深的成孔位置也是不可取的，不仅会加大现场工程量，也会加大孔两侧土体抗剪作用。

6.5 南京定林寺塔纠倾加固工程

6.5.1 工程概况

定林寺塔位于南京市江宁区东山镇方山北麓的定林寺内，方山海拔 209 m，方圆 3.3 km^2，周围是一片平原，山顶较平坦，远望敦厚方正，因形似方印，故名方山，又名天印山。该塔始建于南宋乾道九年(公元 1173 年)。历史上屡经兴废，明代曾全部被毁，后经重建，恢复原貌。清咸丰年间再次被毁殆尽，清光绪初年重建，到 20 世纪 50～60 年代又陆续受损。定林寺塔为七级八面仿木结构楼阁式砖塔，高约 13 m，底层较高，边长 1.46 m，直径 3.45 m。底层和二层内部为方形，三层以上则为圆筒形。在第五层设木架以承刹杆。底层仅南面开门，中央有石雕须弥座，东、西、北三面有佛龛。其他各层均四面开门。塔身用砖砌成仿木结构的柱枋、斗栱。因年久失修，腰檐、塔顶及塔刹已毁。定林寺塔为南京历史最久的楼阁式砖塔，该塔造型美观，雕刻精细，建造形式独具一格，堪称珍物。1982 年被列为江苏省级文物保护单位。见图 6.5-1、图 6.5-2。

历经数百年风雨沧桑，如今该塔破损严重，摇摇欲坠如悬卵，塔顶已偏离塔基中心向北倾斜约 1.6 m，倾斜度已达 7°59′，因其

图 6.5-1 南京定林寺

图 6.5-2 东方比萨斜塔—定林寺塔

倾斜度超过闻名于世的意大利比萨斜塔(意大利比萨斜塔倾斜度为 5°多),故被称为“南京比萨斜塔”。纠倾加固前塔顶、塔刹、腰檐均已毁坏,八面伸出的角梁也有不少断缺,塔壁佛龛中的佛像已无影踪,不少灌木、藤萝却在塔身上深深扎了根。

塔倾斜于何时无从考证,1996 年做了一次测量,其倾斜度为 7°。2001 年南京市文物局委托东南大学对方山定林寺塔进行了系统监测、钻探、测绘,并制订纠倾加固维修方案。经过将近一年的工作,东南大学确定塔向西北方向倾斜 7°59′。

6.5.2 塔身倾斜原因

东南大学鉴定与加固技术研究中心于 2001 年 4 月份进场,分 3 个阶段展开工作。第一阶段对塔进行了长达半年的变形监测,即在塔顶、塔的四周布设了几十个测点,用经纬仪每隔 20～30 d

观察一次，结果发现该塔继续倾斜，平均每月下沉 0.66 mm，月倾斜量为 52″，如不及时加固，该塔很快就可能偏离重心而倒塌。第二阶段寻找该塔倾斜原因。从地质角度对方山的地形、地貌、地层作勘查，在紧靠塔周围作钻探，一直钻探到稳定基岩面。通过钻探发现，该塔正好建在一个断层破碎带上，古塔南侧为火山岩体，地层稳定，北侧为堆积层，两个土层不均匀，就会产生不均匀的沉降。加上山北修筑公路，筑路切坡产生新的临空面，影响了山体稳定，使堆积层向北缓慢滑移，造成塔身倾斜速度加快，这是古塔变形的主因。找到成因后，在第三阶段东南大学加固技术研究中心制订了部分纠倾、基础加固方案。

6.5.3 纠倾加固方法

2003 年 3 月 18 日纠倾加固工程正式开工。

加固纠倾方法如下：

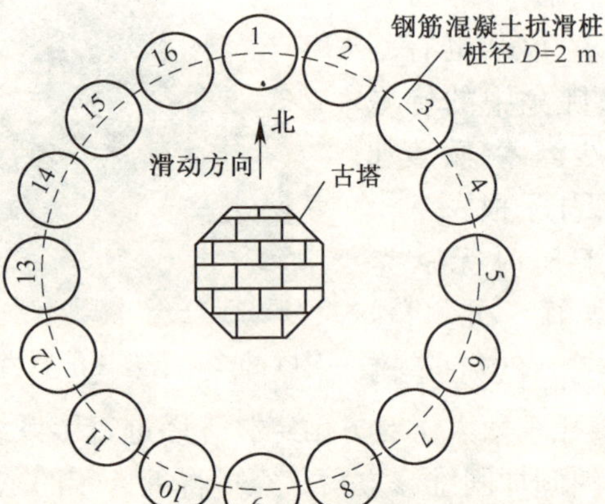

图 6.5-3 坡体加固示意图

(1)治理滑坡，稳定坡体。古塔建在山坡上，山体滑坡是古塔倾斜的主因，坡稳则古塔稳，因此纠倾加固古塔前，首先必须治理山体滑坡。为此，在古塔周围 3 m 处布设了 16 根钢筋混凝土抗滑桩，直径均为 2 m，并嵌入岩石，形成一个圈。抗滑桩采用人工挖孔，放置钢筋笼，再浇灌混凝土，阻止坡体向下滑移。见图6.5-3。

(2)裂缝灌浆，稳固塔基。通过压力灌浆的方法把塔基下松散的火山岩浇铸成一个整体，一方面填充空隙，减少雨水下渗；另一方面也使塔基下松散岩体胶凝，增加了整体性，提高了承载能力。

(3)掏土迫降，适度纠倾。在古塔倾斜反方向的地下掏土，实施迫降法纠倾，在动态控制中使定林寺塔的倾斜度不断减少。在确保安全的前提下，为最大限度保持“斜塔”的原始风貌，定林寺塔将不必恢复到垂直状态，而是保持5°25′的倾斜角度，使其斜而不倒，保持倾斜才有历史沧桑感和残缺美。

(4)修补塔身，延年益寿。纠倾加固后，将对塔身的险情进行维修，堵住塔刹部分的空洞，做好防水工作，但对塔刹、塔檐、平座等均不再复原。

另外，塔边的定林寺遗址也已发掘完毕，当地政府将用有机玻璃遮盖定林寺遗址，便於游人参观，而在寺后15 m处复建当年的定林寺大雄宝殿。

6.5.4 纠倾效果

纠倾工作结束后，经过3个多月的观测，塔身的倾斜度保持了稳定，南京方山定林寺塔纠倾成功，其倾斜度由最大时的7°59′变为5°25′，古塔再无倒塌之虞，但仍保持“世界最斜古塔”的纪录。

6.6 昆明妙湛寺金刚塔纠倾加固工程

6.6.1 工程概况

妙湛寺金刚塔又名“穿心塔”，座落于中国西南部云南省昆明市东郊的官渡镇，它是中国现存年代最久的一处砂石构筑的典型喇嘛式佛塔。1996年国务院公布金刚塔为全国重点文物保护单位。见图6.6-1。

图 6.6-1　妙湛寺金刚塔

妙湛寺金刚塔建于明天顺二年(公元 1458 年),清康熙三十五年(公元 1696 年)和 1982 年曾进行过两次修葺。该塔由墩台、主塔和四小塔组成,整体用规则砂石砌筑。塔基呈方形,高 4.8 m,边长 10.4 m。基台下有东、西、南、北四道券门十字贯通,可供人通行。基台上建有五座佛塔,属于金刚宝座式塔。基台中部为主塔,通高 16.05 m,塔座为方形折角须弥座,四角各雕有力士像 1 尊。四面石上均雕刻有反映佛教内容的狮、象、孔雀、迦楼罗等形象。须弥座上为七层石雕莲瓣的覆莲座,上承覆钵形塔身。塔身四面均开有壶门,内刻石佛像一尊。塔身之上有方形须弥式塔脖。塔刹上有十三天相轮、伞盖、垂八铃铎和四天王像。再上为石制圆光,四面有小铃铎。刹顶为宝瓶、宝珠。整座石塔典雅壮观,主塔与小塔之间布局协调,雕工细腻。

元明时期(公元 13 世纪～17 世纪)出现了一些为简化礼佛而兴建的过街塔和门塔,反映了佛塔逐渐世俗化的趋势,妙湛寺金刚塔就是其中的典范,对研究喇嘛式佛塔建筑的发展具有重要意义。

妙湛寺金刚塔是金刚宝座塔中现存最早实物,为金刚宝座塔及喇嘛塔的传播、发展研究提供了实物遗存,具十分重要的历史价值。金刚塔造型别致,雕刻题材与众不同,不雕菩萨、不示法器,仅雕金刚界五部主佛的座骑,重点突出对五佛的表现和供养,体现了金刚塔宗教内容与艺术造型和谐统一的表现形式。金刚塔还是官渡古镇的标志性建筑，具有十分重要的景观价值。

6.6.2 病害现状及原因分析

1. 病害现状

墩台现地面低于周围地面 1.6 m，在地下水位线 260 mm 以下，造成塔基长期浸泡在水中。墩台墙壁八十年代用水泥勾缝。“十”字券洞基本完好。墩台上栏杆基本完好，北侧为清代维修时更换。主塔覆钵有裂缝，塔尖向东南偏斜 240.5 mm，其他完好。四角小塔除西北角小塔宝盖残 1/3 外，其他完好。塔体表面均有不同程度风化，主塔风化尤为严重。

2. 病害原因分析

造成现状的原因主要为：塔基为浅埋毛石（片筏）基础，未放脚，自现地面下埋深仅 140 mm，地基土为三合土，土中夹杂螺壳，垫层厚度为 1.50～2.00 m，四周放脚 400 mm。地下水位高，地下水类型为上层滞水—潜水型，年水位变幅主要受大气降水控制，丰水季节场地地下水位会上升，反之枯水季节水位降低。地基垫层下有软弱下卧层，该土层为高压缩性、欠固结状，在地下水及上部荷载作用下长期变形，地基的沉降量较大。沉降过程中，由于存在不均匀性，致使塔尖产生偏斜。不仅如此，随着塔附近螺峰村城乡建设发展，村中废土倾倒于古塔四周，抬高了自然地坪，更显现塔基处的低洼，增加了塔基周围的汇水量。

6.6.3 纠倾加固工程设计

金刚塔重量 13 500 kN，重心低，体积不大，塔尖偏离240.5 mm，考虑采取整体顶升，尽最大程度减少对金刚塔塔体的干预，保存金刚塔的价值，彻底解决长期水浸、沉降问题，顶升过程中同时纠倾。其基本思路是，在保证塔不受任何损坏的前提下，将塔在原位置顶升 2.6 m，再在塔底重新换上地基。具体步骤为：现状加固→降水→基础托换→顶升→就位，其核心是基础托换，并全程进行监测。

（1）现状加固：为确保顶升过程中塔体安全，需对金刚塔先进行整体加固。采用加槽钢“圈梁”、拱形钢架、斜向钢架支撑的方法。同时用钢板封护附属文物。

(2)降水:采用深层搅拌桩止水帷幕挡水,然后坑内分步降水,对塔身沉降进行观测,确认无安全隐患后再进行下一步降水。

(3)基础托换:①制作静压桩,以此作为本顶升工程的支撑结构。②制作托架,顶进混凝土空心箱梁,顶进过程中做好观测,发现偏差及时纠正。开挖中间券洞下基础,扎筋,将箱梁内部用钢筋混凝土灌实并现浇托梁混凝土。③浇筑钢筋混凝土承台及承台梁。

(4)顶升:托换完成后,在承台梁与托梁间安放千斤顶。金刚塔本身重量约 13 500 kN(含基础),加上托换后托架的重量 7 000 kN,顶升重量共约 20 500 kN。沿塔基周围共布置两组千斤顶,每组各 18 台 2 000 kN 液压千斤顶,两组轮流工作,可满足顶升要求。

凡放置千斤顶处,托梁相应位置预埋钢板,千斤顶与承台梁(垫块)之间放置承托板,以防止混凝土局部受压破坏。

顶升时各千斤顶要保持同步,每顶升一个行程,在托板和底板间放置垫块,每个塔座下布置四个垫块,并在千斤顶下放置垫块,再进行下一行程的顶升。垫块采用高标号混凝土制作。

(5)监测:整体顶升移位时,应对外加动力各作用点实际施加力进行观测记录,根据外加动力变化判断顶升时的异常情况。同时采用直尺、经纬仪,对顶升过程中的建筑物偏位进行监测,利用水准观测监控基础沉降。同时加强上部结构观测,及时发现安全隐患。

(6)就位:将塔体顶升至预定位置后,做金刚塔的新基础。拆除槽钢箍及封护钢板,十字券洞地面及塔四周 5 m 范围内做石板地面硬化。

6.6.4 整体顶升可靠度分析

(1)本工程托板厚度为 1 000 mm,为板跨的 1/12,可充分满足顶升时的刚度要求，确保金刚塔在顶升时塔身结构不会因变形而损坏。

(2)本工程托换过程对原基础不造成削弱，不会影响塔身的结构安全。

(3)加大了顶升力，并增设侧向型钢支撑，共设两组 18 台 2 000 kN液压千斤顶，使得在顶升过程中可轮流倒换千斤顶，防止千斤顶同时回油对上部结构产生震动；同时做好油泵与千斤顶的合理配置，保证各千斤顶顶升速度均匀、同步，确保结构安全。

(4)在实施过程中对塔体进行全程监测，及时发现安全隐患，及时采取措施予以解决。

(5)根据勘察报告，金刚塔基下有软弱下卧层，塔呈整体均匀沉降，实施整体顶升后，金刚塔重量靠底板及静压桩支撑，不会产生不均匀沉降及整体沉降。

6.6.5 纠倾加固工程实施

经过详尽周密的勘查、评估、设计之后，金刚塔顶升工程全面实施。金刚塔整体顶升工程由河北省建筑科学研究院承担，工程于 2001 年 12 月开始实施。

整体顶升的过程：先给塔上钢架，对塔体进行保护性加固，在塔的周围建立防水设施，打好工程基础，然后将早已做好的混凝土箱梁顶入塔的底部，置换出泥土，浇筑成托梁，以承压桩为基础，逐步向上顶升。

实际操作非常复杂，惊险不断。比如开挖承抬桩的地基时，为防止塔底下的土溢出，又临时加打了钢板桩。由于需要整体平稳抬升，18 个千斤顶得同时发力，几十名工人需要高度配合。18 个液压千斤顶旁又放上 18 个辅助性的螺纹千斤顶。每抬升 10 cm 后，要重新浇筑支撑点，因此进展缓慢。

下沉过程中金刚塔已向东南角有些倾斜，顶升过程中逐步进行了纠倾。到今天为止，经严密测量，塔已完全处在了水平面上。通过仔细观察，塔身严丝合缝，没有丝毫受损的痕迹。

2002年7月顶升成功，原位顶升高度2.6 m，达到了设计要求。顶升后解决了塔基长期浸泡问题，达到了设计预期目的，至今未见变形。维修后的金刚塔，向社会全面开放，对弘扬民族传统文化，增强民族凝聚力具有重要意义。

6.6.6 收获与启示

昆明妙湛寺金刚塔，借鉴现代建筑成功的顶升移位技术，采用整体顶升方法，依照现状加固、降水、基础托换、整体顶升、就位等步骤，实现了安全平稳顶升，解决了塔基长期浸泡、下沉问题，达到了对金刚塔保护的目的。

近年来，随着科学技术的发展，一些成熟的新技术在我国文物建筑保护陆续得到推广应用，如砂浆锚杆用于敦煌等石窟加固工程，环氧树脂等化学药品用于文物建筑构件加固等。

而建筑物顶升移位技术能否用于文物建筑保护呢？回答是肯定的。妙湛寺金刚塔整体顶升保护正是应用成熟顶升技术的尝试，其成功实施也证明了顶升技术可以用于文物保护。

建筑物平移技术用于文物保护的时间比顶升略早，1999年广西北海因道路调整贯通，广西自治区文物保护单位“英国领事馆”被迫平移让路。至今建筑未见新的变形，说明平移是成功的，这表明顶升平移技术完全可以用于文物保护之中。

文物保护中顶升移位技术与以往方法相比具有以下优越性：

1. 彻底解决水患问题

我国现存文物建筑多历经几百年甚至上千年的历史，随着时代的发展，四周建筑地面的升高使文物建筑处于低洼地势的现象普遍存在，这需要解决建筑四周排水问题；另外地下水位升高，危及文物建筑基础安全，需要解决阻水或隔水问题。

以往文物建筑解决排水问题，主要是在建筑物四周做排水沟，接至市政排水管线或将水引至较远处渗井，这对于解决大气降水能起到一定作用，但尚未从根本上解决水患，如遇暴雨，雨水不能及时排走，建筑物仍有可能遭水浸泡。另一种方法是拆除重建，即将文物建筑解体落地保护，垫高地面，重做基础，再修复建筑。这种方法虽能彻底解决水患问题，但类似于将文物建筑拆除搬迁，以牺牲建筑的文化价值为代价，一般不主张采用。

近来，又有方案考虑采用旋喷桩或粉喷桩构筑地下挡水墙的方法解决地下水升高的影响，但构筑挡水墙后，文物建筑如同放在“花盆”当中，大气降水不能排走，地下水渗透仍无法解决。

而采用顶升技术，将文物建筑自基础处切断，上部结构不受损伤，可以最大限度保存文物建筑的历史信息及其文化价值。

2. 应用广泛，前景光明

随着现代化建设的高速发展，城市改造、道路拓宽项目增多，尤其在一些老城的改造过程中，经常遇到文物建筑。按以往方案，文物建筑不得已要解体搬迁，文化价值要受到损失。采用平移技术，建筑整体“搬迁”，可保存其文化价值。

从以上分析可知，顶升移位技术在文物保护中应用范围很广，在文物建筑遭受水患，旧城区改造、道路拓宽中都可以应用。采用顶升平移技术“搬迁”这些文物建筑，可以尽最大限度保存其历史信息、文化价值。

由此可见，顶升移位技术在文物保护中具有广泛地应用前景。

6.7　江苏常熟聚沙塔纠倾加固工程

6.7.1　工程概况

聚沙塔原称“聚沙百福宝塔”，位于梅李镇东梢，临常浒河，始建于南宋绍兴年间。八面七层，高 22.68 m，重约 300 t。系仿木塔楼阁式砖木结构。现为省级文物保护单位，见图 6.7-1。

清代塔檐、塔顶残毁，塔身逐渐破败倾斜。市、镇两级政府在 1993 年主持完成塔身纠倾扶正工程，1997 年又完成全面修复工程，2000 年基本完成建造塔苑工程。

千年古镇梅李，自古为常熟东部重要的交通枢纽，素有“东乡十八镇，梅李第一镇”的美誉，聚沙塔是镇上的一座标志性著名古塔。梅李原地处长江江滩，聚沙塔作为镇江之宝，镇潮水冲激，故取名“聚沙塔”。据史料记载，此塔为南宋绍兴年间(公元 1131 年～1162 年)，邑人钱道者所建。

图 6.7-1　聚沙塔

1991 年 10 月，常熟市人民政府将聚沙塔列为市级文物保护单位。1995 年 4 月，被江苏省人民政府列为省级文物保护单位。

聚沙塔塔身为青砖扁砌实墙，塔室为正方形，底层正方位开门，其上各层相闪二门二窗。以上施腰檐平座，低层有副阶周匝，翼角起翘。塔内有楼板及扶梯，可盘旋而上，直至塔顶，系仿木塔的楼阁式砖木混合结构。聚沙塔下原建有“法云禅寺”，北有古银杏两棵，高过于塔。后寺院塌毁，银杏尚存一棵。塔四周也是荒滩废墟。1986 年 11 月起，梅李镇人民政府依塔修建农民公园，公园取古塔之名为“聚沙园”，经过数年的建设已颇具规模。

6.7.2　古塔变形倾斜状况

聚沙塔历经风雨，几经修葺。明崇祯年间重修，换塔顶钵体。清康熙年间又换刹杆下的横木。乾隆三十一年(公元 1766 年)僧雪林与里人邓氏兄弟三人集资修寺塔。清道光十年(公元 1830 年)，楼梯楼板及毛檐走廊被为野火所废，仅存的顶上三层也日益残破。宣统三年(公元 1911 年)六月十五日，塔顶最上部被台风吹坠，与宝顶同时坠下有铜小佛十八尊、抄经一部、塔图一帧，惜于 1937 年沦陷时遗失，塔身自此也逐渐倾斜。1981 年 11 月 10 日，常熟县文物管理委员会为减轻塔顶负荷，雇人将倾斜的覆钵和塔刹取下。铁铸的覆钵上有阳文三行:“大明崇祯十年(公元1637年)岁次丁丑四月吉旦众信重修。”承托刹杆的大栱下刻的铭文为:“大清康熙岁次丁未(公元1667年)仲夏吉日众信重修”(覆钵、塔刹等文物现都保存在聚沙公园内)。残破的聚沙塔第七层塌掉一半,其余各层也均有不同程度损坏。墙壁内外留有部分粉刷的灰浆残迹,有土红色及白灰浆两种,土红色符合宋代《营造法式》所谓“丹粉刷屋舍”的制造方式。塔底层陷入泥土1 m多,塔内成为空筒体。塔虽破残,却保留了南宋流行于南方的塔形制和部分较完整的构件,这对研究江南宋塔具有较高的价值,尤其是其“须弥座”(底座)部侧的精细原砌筑件,据文物部门考证,在全国古塔中,实物尚未发现有第二例,仅有书籍记载,由此可见聚沙塔独特的历史文物价值。

1992年对聚沙塔进行检查与测量时,发现塔身倾斜已越来越严重,倾斜方向为北偏东12°,偏离中心达1.325 m,比1987年测量数据又增加了23 cm。百姓心目中的圣物千疮百孔,危在旦夕,抢救古塔已是迫在眉睫了。

6.7.3 纠倾加固

1993年4月14日,梅李镇、市文化局同浙江建筑技术发展中心签订了纠倾合同,由浙江建筑技术发展中心承担聚沙塔的纠倾和加固工程。5月9日,浙江省余姚市华夏建筑公司开始了古塔纠倾加固工作。

1. 加固

原先的塔基部分堆土较高,待挖去1 m左右的堆土后,塔体四周露出青石块的原貌。墙体的八个面中,有的面是整块的青石,有的是二块拼成,每块石块高度在75 cm左右、厚约30 cm、重约2 t。根据初步探挖发现,聚沙塔似一个上细下粗的圆筒竖在地上,既没有地下基础,也没有比墙体更开阔的平板结构,如此不可思议的建筑设计,令人惊叹古人的智慧。底座边泥土挖去后,施工人员在第二、第三、第五层塔体四周分别竖木板,用钢缆捆上,然后从钢缆上向西南方向及左右 45°分别拉三道风缆，以便在纠倾时稳定塔体。同时，将二、三层塔身上门窗洞用砖块侧封，增强塔身的整体稳定性。为了保持塔的稳定性，施工人员为聚沙塔浇筑了钢筋混凝土基础：施工人员在离塔体四周 1.5 m 处向下挖掘，一直挖到比塔基底低 20 m，在挖好的空穴中紧靠塔体扎好直径 16 cm 的螺纹钢梁架，然后浇筑混凝土体。为确保安全，施工分四次进行，八个墙面对称，二个面为一组，交互进行浇筑混凝土。浇好的混凝土体呈斜坡状，内侧厚达 65 cm，离塔 1.1 m 的厚度为 20 cm。混凝土体与塔基融为一体，塔基的直径也从原来的 4.15 m 扩大到 6.35 m，整个支撑承受面从原来的 17.2 m^2 扩大到 40.3 m^2。在浇筑好的混凝土体的八个面上，每面各钻三个直径各为 30 cm 的垂直孔，共 24 个孔。通过垂直孔用钻机向下钻 6 m 深的洞，再把石子填入洞中，将水泥浆用高压压入洞内灌满，形成"树根桩"，以此来增强地基耐力。由于塔身向东北方倾斜，因此又在这一方增加了 5 个"树根桩"。

2. 纠倾

纠倾工作必须做到万无一失，否则就会彻底毁掉这一历史文物，造成难以弥补的损失。市、镇两级领导及施工单位倾注全力，围绕安全问题一再讨论方案，共同对纠倾方案和具体实施计划进行了详细的研究，决定纠倾采用"沉井"方法，在保证东北方位塔基地面相对稳定的前提下，使相对方位的地面下沉，由地表的变化使倾斜的塔体复位。施工人员按照规划方案，在离塔 1.5 m 的西南角设主井，左右 45°各分设沉井一个。根据选定位置，先浇筑一个直径 2 m 的混凝土圆圈，上面砌好井壁，井壁朝塔面留几个孔洞，然后在圆圈内向下挖去泥土，使之逐渐下沉，到 6 月下旬，三个沉井到达了预定深度。在井里通过井壁上的孔洞向塔基方向钻挖，去除少量泥土。在施工中，发现塔基底下有"梅花桩"，取土受阻。专家和技术人员研究后决定加深沉井，一直到 6 m 深时，才顺利从塔基底取土。

1993 年 7 月 21 日，发现塔体上绷紧的钢缆变得宽松了，说明斜塔已经开始复位。此后,施工人员开始严格控制地表变化程度,每天三次用仪器进行监测。到8月17日和8月23日,主井两侧的沉井完成作业被填实。9月2日,根据塔五层顶部中心挂下的垂球指向测量,与塔底中心点仅北偏1.5cm,经过140天的日夜施工,聚沙塔纠倾和基础加固工程竣工。牵挂人心的斜塔终于挺直了身躯。聚沙塔的纠倾成功,为全面修复奠定了基础。三年后,古塔仍保持了纠倾效果,1997年虽然遭遇11号台风但也未差分毫。在国家文物局、省、市有关部门的支持下,梅李镇人民政府决定全面修复聚沙塔。中国文物考古研究所、浙江省文物考古研究所、常熟市文管会联手设计修复图纸。图纸按照南宋时代江南古塔的大致形制和残存的聚沙塔身设计,效果尽可能接近原造时风貌。这一方案经审核被采纳。

3. 塔身修缮

1996年7月25日,举行了隆重的开工典礼,拉开了重现古塔风采的序幕。

修塔人员首先围绕塔身搭建了高约24 m的竹架,竹架上天桥从地面盘旋到顶,施工时可到达塔外墙的任何一个部分。在竹架上看塔体,发现其破损程度远比在地面看严重得多,特别是塌掉半的第七层,随时都有解体的可能。根据国家文物局关于文物修复必须"修旧如旧"的原则,又要保证施工中古塔的安全,技术人员经过多次实地考察,确定了修复方案和步骤。在第五层顶部陷进部位,加浇混凝土腰箍,以稳定第六层墙体,并拆除解体后残存的第七层,然后再修复墙体。墙体修复工艺精细,每道墙角自下而上都是圆形扁砌砖,顶部有"斗";墙面有棱角分明的凹凸结构。要用形状各异的砖块补上去,这些砖块要用切、割、凿、削、磨多种工艺加工,加工后的砖块补上去后要与原来的角面相吻合。在修补墙面的同时,还要在墙体里同步安装木箍方和腰檐平座的木结构主件。经过四个月的精工细作,墙体的修补工作顺利结束。木斗栱"一斗三升",每个墙角上,角料斗栱"一斗三升",均与墙体壁栱里外相应,基本恢复了聚沙塔原有的建筑风格,初显聚沙塔"小巧玲珑”的古建筑艺术魅力。

墙体修补后，安装塔刹。承托塔刹的横梁用进口木料，名叫“沉水梢”。这种木材十分坚硬，斧子砍上去溅出火星，而其木屑放在水里会下沉，故得此名。这块上好木料制的横梁上刻上了“公元一九九七年初夏常熟市文物管理委员会、梅李镇人民政府重修”字样。塔刹杆用的是从阿根廷进口的单根柳桉木，制成后规格定长13m、顶端直径20cm、底端直径为33cm，按计划于1997年4月18日就位。在建筑工人精心操作下，塔刹顺利到位，稳坐在第五层横梁的预定位置上。装好的塔刹从第五层横梁中间直指蓝天，主体覆钵也固定其上。覆钵上的七个相轮和葫芦头全部套在塔刹杆上，相轮上垂下八根铁链，分别系在八只檐角上。这些铜铁铸件总重量达2 t。

聚沙塔结顶后，从上往下修复，先修走廊、塔檐屋面。随着施工的顺利进行，聚沙塔新貌逐渐显露。1998年3月21日，梅李镇举行聚沙塔修复竣工验收仪式，专家组对修复工作给予了肯定，确认达到修复要求，并对聚沙塔二级防雷系统、防火、防水、防蚁、控制登塔负荷等方面提出了建议意见。修复后的聚沙塔，七级巍巍、八面玲珑、翼角舒展、层次分明，每一角悬挂的铜制风铃在风中发出清脆悦耳的铃声。底层地面铺有大青方砖，八根支撑立柱为一体的青石条，南北两个入口处建有木制踏步。走入塔内，有木梯蜿蜒盘曲向上。从每层木制平台上，可从相门走到外廊平座。拾级而上，每登一层，都有不同的景观。在最高层上，虽不能直腰，但放眼远眺，古镇梅李尽收眼底，展现新姿的古塔与塔前古银杏遥相呼应。

6.7.4 聚沙塔影，点缀江山

为优化环境，保护古塔，梅李镇人民政府又把建造环塔塔苑列为实施项目。目前已基本建成。塔苑正门朝北临池，门前为古银杏广场。正门内立有照壁，苑内绕塔四周地面铺小青砖，外围围墙，墙内边斜坡和坡下草坪茵茵，其间错落栽着广玉兰、枫树、山茶等，场边间有石栏凳，供游人小憩。绕过古塔，两边设相通围廊，边设古色栏杆，围廊壁上嵌砌刻有热心捐资修塔者姓名和历代咏梅李诗词的大理石碑。塔之南有石碑二块，左为残碑，右为重修古塔铭记。从塔苑殿门拾级而上，进塔苑殿厅，厅内四周沿壁设大型展屏，上有昔日梅李十八景、古文物、聚沙塔修葺记载及照片；厅后门正中，放有巨大旧铁钵，为原来聚沙塔顶覆钵。过展厅后是鹅卵石小道，两棵小银杏已高过层顶，迎面有罗汉松似在欢迎宾朋到来，间有草木点缀其中，一派宁静安祥的景象。待到月洒满苑，塔四周和银杏树二侧的射灯映照，古塔玲珑剔透，古树绿影摇曳，宛如人间仙境，见图 6.7-2。

图 6.7-2　虞山十八景之一——聚沙塔影

2000 年 11 月，“聚沙塔影”被评为新“虞山十八景”之一。

6.8　青海化隆县阿河滩清真寺宣礼塔地基加固

6.8.1　阿河滩清真寺及自然地理环境

1. 阿河滩清真寺概况

阿河滩清真寺座落在青海省化隆县甘都镇阿河滩村，是本地撒拉族祖先先在明代末期建造的古老寺院，迄今有 600 多年的历史。该寺集藏式建筑，汉式建筑和伊斯兰建筑艺术为一体，是清真寺建筑群中甚为罕见的建筑工艺，其规模仅次于原循化街子清真大寺。

寺院坐西朝东，南北宽 34 m、东西长 57 m，占地面积 1 938 m^2。寺院主要建筑有：照壁、正门牌坊、宣礼塔（亦称唤醒楼）。寺内正西为大殿，南北两侧为两层楼房及并列平房。门前第一重建筑为照壁，青砖青瓦、云龙翘脊，长 11 m、宽 5.5 m；第二重建筑为正门牌坊，是古代汉藏牌坊式砖木结构建筑，南北总长

16 m、东西宽 8 m、高 9 m、建筑面积为 368 m^2。正门牌坊共三层三檐，中间高两侧稍低，底层为大门顶端，三檐建筑既各自独立、自成体系、又相互依托，不可缺一，饰以飞檐走壁、云龙花草，颇为宏阔，气势雄伟，是西北地区清真寺建筑中甚为罕见之建筑，见图 6.8-1。第三重建筑为一座独立的宣礼塔(唤醒楼)，砖木结构，共三层。底层墙体用大青砖方砖砌筑，角上有 6 个支撑木柱，塔截面呈六边形，周长 30 m，高 5 m。二层和三层为木质阁楼式结构，各饰以龙首飞檐。塔体总高 18 m，气势雄宏，直插云天，见图 6.8-2。

图 6.8-1　寺院正门木牌坊

在伊斯兰教的发展史上，阿河滩清真寺是甘都乃至化隆、青海地区最早修建的伊斯兰宗教活动寺院。在中华民族的建筑史上，阿河滩清真寺是在西北地区独具匠心、具有显著民族特色、元代历史特点、宗教特色和地域风格的古汉藏牌坊式砖木建筑。该清真寺的建筑风格长久以来在广大群众、国内

图 6.8-2　阿河滩清真寺宣礼塔图

外学者和西北地区有着广泛而深远的影响。解放前为甘都镇唯一大寺，现为阿河滩、管巴、牙路乎、苏合加、合什加等村的中心大寺，常有一千多人参加宗教活动。据当地人说，自该寺建起后，因未遭到过天灾人祸的破坏，迄今仍保持着原状。经省、县两级文物保护单位考证，阿河滩清真寺于 1987 年列为县级文物保护单位，1988 年被省政府列为省级重点文物保护单位。

目前，照壁已弯腰弓背岌岌可危，随时有倒塌的危险；正门牌坊因年久失修，基座动摇、险情明显，加之涂漆油画脱落，显得苍凉衰败；而唤醒楼现也因众多原因，其塔身出现多处裂缝，并向北东方向严重倾斜。为保护国家悠久的历史文物，保护群众的生命安全，急需对阿河滩清真寺进行抢修，尤其是唤醒楼更需要更换其损坏部分、坚固其基础，否则随时有倒塌的危险。根据业主要求，首先对古塔进行抢险加固。

2. 自然地理环境

化隆回族自治县位于青海省东部，距西宁市 110 km，境内重山峻岭、沟壑纵横，其地势北高南低，呈现阶梯状，由西北向东南递减。全境东西长 98.5 km，南北宽 48.5 km，总面积 2 740 km^2，最低海拔 1 884 m，最高达 4 484 m，平均海拔一般在 2 600～2 800 m 之间，自治县首府驻巴燕镇，海拔 2 873 m，年平均气温 2.2 ℃，年平均降雨量 472 mm，极端气温最高达 31.8 ℃，最低达零下 29.9 ℃，无霜期 88 d。

化隆回族自治县的地震基本烈度为 7 度。

3. 地质环境条件

从区域地质资料得知，化隆回族自治县位于化隆盆地、山麓堆积的阶地上，堆积层厚较大。堆积层下为第三系上新统临夏组(N2l)。

①堆积层：厚度、组成成分、松散及潮湿程度不详。

②基岩岩层：基岩层主要为临夏组(N2l)地层，其上部为浅红色、橘红色、灰紫色砂砾岩、泥岩互层，局部夹不稳定泥灰岩，顶部含石膏及盐类；下部为深红色、砖红色砂砾岩、泥岩互层；总厚

510～1 126.5 m，与下伏白垩系河口群呈角度不整合接触。

③本工程区内地下水的埋深、水质情况、对混凝土是否有腐蚀，需要在做详细的地质勘察。

④化隆县甘都镇位于白垩系以来形成的陆相断陷盆地，区内主要分布有拉鸡山—循化—东乡的正断层，甘都镇就位于该断层的北侧。

4. 地基基础概况

通过查阅《青海省区域地质志》可知，阿河滩清真寺座落于化隆盆地的堆积层上，该地层主要由砂砾岩、泥岩互层组成，表层为黄土。古塔柱井石呈圆形，直径约为 0.55 m，埋深约 0.65 m。

6.8.2 古塔变形现状

根据现场踏勘，古塔基础、护台及一层墙体均有裂缝产生，裂缝系拉张性质，为基础产生不均匀下沉所致，塔院排水不畅，塔院北东侧地势低洼，降雨时有积水迹象。具体变形情况如下：

塔刹：塔刹歪斜，明显倾向北东方向，材质风化严重，摇摇欲坠，见图 6.8-3。

木檐：由于长期经受雨水渗入，古塔阁楼挑檐木板、楼体部分木头及大部分椽子腐烂变质，瓦片破碎、刮风下雨时有碎块掉落，对游人安全构成威胁。

塔身：通过对塔身裂缝的调查发现，古塔塔身多处出现裂缝，最大缝宽约有 2 cm，裂缝长 1.0～1.8 m，见图 6.8-4。

古塔塔基护台：变形现已非常严重，砖体间裂缝宽约 2.5 cm、长约 80 cm，局部护台的砖体已被压碎，基本与护台脱离，见图 6.8-5、图 6.8-6。

塔体倾斜：目前古塔塔身已向北东方向倾斜，且倾斜严重。由于古塔下部砖砌体遭受了严重的破坏，其强度降低，在长期的偏心荷载作用下，古塔的倾斜将会随着偏心荷载的增大而增大，如再不采取加固措施，随时有倒塌的可能。

图 6.8-3　塔刹变形情况

图 6.8-4　塔身一层层砖墙裂缝

图 6.8-5　第一层砖墙裂缝

图 6.8-6　塔门拱顶及拱角裂缝

6.8.3　古塔变形原因分析

通过现场调查得知，古塔下部 6 根木柱除个别有裂缝外，其余基本完好，并未出现变形，特别是柱底与基石接触部位干燥，未见潮湿腐朽现象。砖砌墙体与木柱结合紧密，共同承受上部荷载，未产生脱节分离迹象。所以，倾斜的原因不在塔身，问题出在地基，古塔变形的主要原因如下：

(1)塔院排水不畅，造成局部积水下渗，软化地基土体，产生过量下沉。古塔东北侧地势相对低矮，降雨后雨水在此处汇集、下渗，软化下部泥岩，造成不均匀沉降。

(2)承受上部荷载的六根柱子基石截面偏小，基础未扩大，且直接座落在泥岩地基上，在不浸水条件下，基石下的泥石承载力是够的，一旦遭雨水浸泡，便产生软化，承载力降低。

(3)塔体楼阁挑檐木板经历 600 年风雨侵蚀，材质已严重腐朽老化，难以承托其上碎裂的砖瓦，遂产生坍落掉块现象。

根据以上原因，为了保证古塔的长期稳定和安全，对古塔地基及塔身进行加固和修复、改善其受力状态是完全必要的。

6.8.4 塔基加固设计

根据业主要求，本次设计主要针对古塔(唤醒楼)基础不均匀沉降，承载力不足等现象进行加固处理，防止古塔倾斜继续恶化。塔体木结构更换、牌楼及颇具民族风格的油漆彩绘等修复另行设计。

古塔的加固工程属文物修复工程，具有很强的特殊性、要求高、难度大，在施工过程中不能造成新的破坏、增加不稳定因素等。因此，古塔的加固工程，必须选择科学的施工工艺和方法，需精雕细琢、精心施工。

针对本古塔的特点和所存在的问题，对古塔地基及护台的加固设计了两套方案。

具体加固措施如下，见图 6.8-7、图 6.8-8：

(1)对塔基护台基础进行加固：沿塔基护台周边布设钢管桩，钢管桩分垂直钢管桩和倾斜钢管桩，交叉布设，间距 50 cm，钻孔直径 130 mm，砂浆强度 M25，注浆压力 0.2～0.5 MPa。

(2)塔基护台加固：ϕ10 钢筋沿塔基护台外侧围箍一圈(将垂直钢管桩外露段围箍在里面)，围箍 3 道，间距 20 cm，然后将钢管桩外露段、围箍钢筋用 C25 混凝土浇筑一体，做联系梁Ⅰ，梁宽 40 cm、高 70 cm。

(3)柱底石基础加固：在塔内每相邻两根柱子之间布设两根垂直钢管桩，将柱底石基础扩大，并将柱基石、钢管桩外露段与联系梁Ⅱ浇筑成一体，使柱子的基础成连续扩大基础，系梁Ⅱ梁宽 60 cm、高 60 cm。

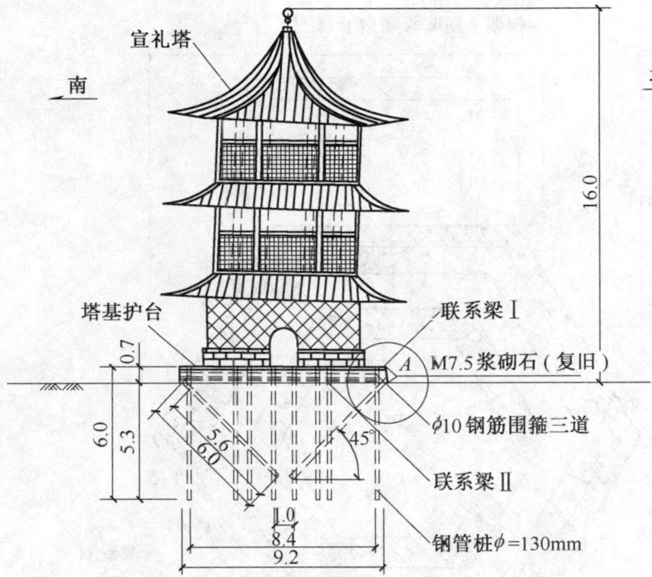

（a）宣礼塔地基加固立面图

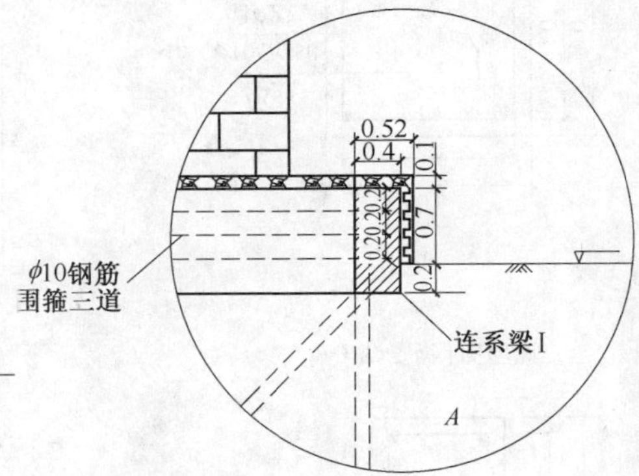

（b）A点大样图

图 6.8-7　古塔地基加固立面图（m）

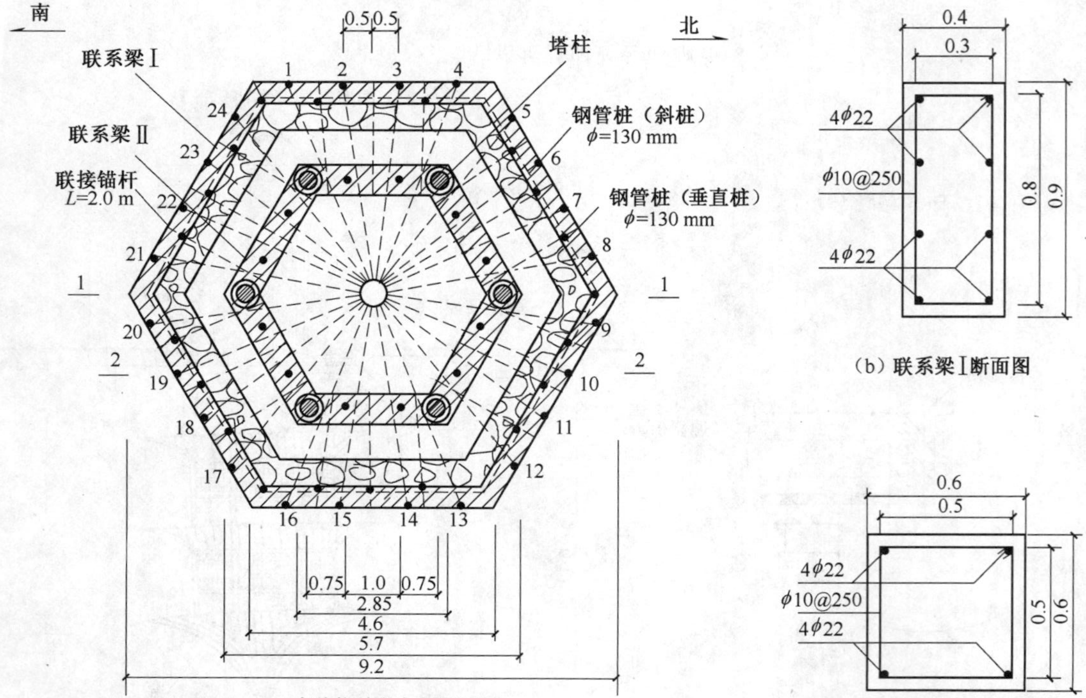

（a）宣礼塔地基加固平面图

（b）联系梁Ⅰ断面图

（c）联系梁Ⅱ断面图

图 6.8-8　古塔地基加固平面图(m)

(4)锚杆横穿塔基护台,将联系梁Ⅰ和联系梁Ⅱ连接。

(5)塔身修复:对立柱的裂缝、塔体的裂缝进行嵌补和修复。

6.9 北京万松老人塔地铁下穿加固及纠倾方案

6.9.1 工程概况

图 6.9-1 北京万松老人塔

万松老人塔位于北京市西城区西四南大街 41 号旁门,砖塔胡同东口南侧 15 m 附近。塔高约 15.9 m,塔院东西长 22.4 m、南北宽24.0 m,其中建筑面积 24.5 m^2,塔体目前已向东偏南倾斜约 13‰。砖塔的东北角位置有一简易生活用房,砖塔东侧约 2.9 m 位置地下存在一南北走向的防空洞(无基础),截面尺寸为 1.5 m×1.8 m,结构类型为拱顶直墙全砖结构,防空洞洞顶覆土厚度约为 1.8 m,砖塔场地内约 10 m 长度仍然空置,没有处理回填。根据地铁 4 号线设计图,砖塔位于灵境胡同—西四站区间盾构隧道东西线之间,在平面位置上砖塔东侧与右线隧道重叠 1.2 m。

据史料记载,万松老人塔为纪念金元间的佛教大师(属佛教支派曹洞宗)万松老人 81 岁圆寂后所建,佛塔所在地“砖塔胡同”也因此而得名,相传砖塔胡同之名也始于元代,是北京最古老的地名之一。万松老人塔始建于元代(公元 1246 年),距今已有 760 多年的历史，坐西朝东，中轴线上有山门、砖塔。原塔为八角七级密檐式砖塔，清乾隆十八年（公元 1753 年）重修时加高至九级，塔上嵌有石刻一块，上书“乾隆十八年岁次癸酉谷旦康亲王永恩奉敕重修”。民国十六年（公元 1927 年）由叶恭绰等人重修，辟大门并书石门额“元万松老人塔”。新中国成立之后，1986 年有关部门对万松老人塔进行修缮时发现清塔内包着元塔。万松老人塔是目前北京城区仅存的一座砖塔，密檐下不施斗栱，为叠涩封护檐，顶部为尖形筒瓦顶，最上为刹座和宝珠，保存了金元时期密檐式佛塔的风格。此塔玲珑别致、与众不同，是北京的一处街景，今天这座历经几朝几代的古塔仍矗立在北京繁华的西四大街旁，给人一种回顾历史、展望明天之感。

万松老人塔是北京市重点文物保护单位，近几十年来因周边环境因素的改变及自然营力的作用，加剧了万松老人塔的倾斜变形及塔体损坏，特别是 2008 年 6 月地铁 4 号线右侧隧道从古塔下方穿过，成为影响万松老人塔长期稳定的潜在威胁。

6.9.2　场地工程地质条件

万松老人塔所在场地地形平坦，自然地面绝对高程在50.01～50.32 m之间，根据万松老人塔管理委员会提供的相关技术资料，场地地层自上而下依次为第四纪杂填土、粉质黏土、黏土、粉质黏土。

（1）杂填土：灰黑色，松散，稍湿；自然地面以下约 0.8 m 深度范围内，以建筑垃圾为主，其下以粉质黏土为主，夹有灰土和碎砖块；层厚 4.0～4.8 m。

（2）粉质黏土：褐黄色，稍密，可塑～软塑；局部夹薄层粉土，平均含水率为 20.6%；层厚 1.9～3.2 m；中间有粉细砂夹层，呈褐黄色，松散，稍湿，层厚在 0.3～0.5 m 之间。压缩系数 0.194～0.638 MPa^{-1}，平均为 0.266 MPa^{-1}，压缩模量 $E_0=2.75$～8.2 MPa，平均为 5.3 MPa，属中压缩性土。

（3）黏土：褐黄色，稍密，可塑，局部夹少量钙质结核，有铁质锈斑；平均含水率为 30.2%；层厚 2.6～3.4 m；

(4)粉质黏土:褐黄色,中密,可塑软塑,局部夹薄层粉土或粉细砂,平均含水率为23.9%;该层埋深未被完全揭露,最大揭露厚度3.6 m;

根据《岩土工程勘察报告》,万松老人塔场地内8 m深度左右,存在一上层滞水,水量不大。

6.9.3 北京地铁4号线下穿古塔加固措施

1. 地铁4号线与万松老人塔的关系

地铁4号线近南北走向,与西四南大街近乎平行,见图6.9-2。在断面上,隧道拱顶距地面16.0 m,距塔地宫约10.3 m;在平面上,左线隧道距塔基6.4 m,右线隧道与塔基重叠1.2 m,左右隧道净距11.0 m,相对而言右线隧道对古塔影响较大。所以,轨道建设管理公司将万松老人塔确定为地铁4号线四大特级风险源之一,并要求施工单位在该段采用影响最小的盾构法施工。

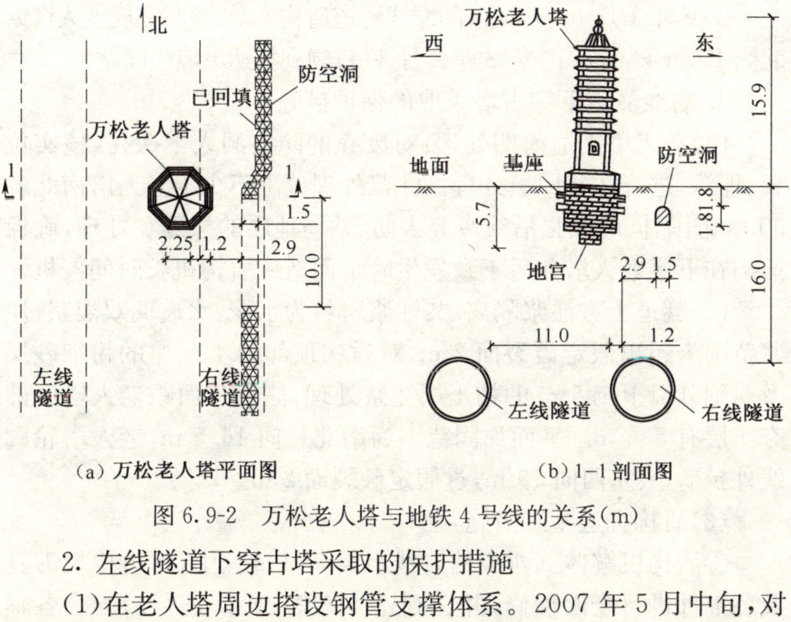

(a) 万松老人塔平面图　　(b) 1–1剖面图

图6.9-2　万松老人塔与地铁4号线的关系(m)

2. 左线隧道下穿古塔采取的保护措施

(1)在老人塔周边搭设钢管支撑体系。2007年5月中旬,对塔周边的民居进行拆迁,拆除面积达800 m^2。同年7月完成对万松老人塔的评估，评估报告指出塔院允许沉降不超过 15 mm。8 月请有文物资质的设计单位完成地面临时支护保护方案设计，主要在塔四周搭建多层钢管架进行支撑围护，钢管架与塔体间垫以软木板。

(2)旋喷咬合隔离桩加固。2007 年 12 月，在隧道左线与塔之间，采用旋喷桩进行隔离加固。

(3)对膨润土浆液进行了改良，并与泡沫联合使用调试出优化配比。

(4)对老人塔南北 75 m 范围内洞顶土体进行了二次及多次补浆措施。

与此同时，通过有效调节盾构施工参数，尽量将影响降低到最小，左线盾构下穿万松老人塔南北 75 m 范围内施工参数：平均速度55 mm/min、推力 23 000 kN、上土压 64 kPa、每 1.5 m 注浆量 3 m^3、泥浆量 3.8 m^3。

2008 年 1 月 10 日，该区间左线隧道盾构安全、顺利完成老人塔南北侧 150 m 隧道施工，2008 年 2 月 20 日顺利抵达灵境胡同站。

3. 右线隧道下穿古塔采取的保护措施

(1)老人塔周边前期处理：对废弃的防空洞人工探孔，核实位置、埋深，进行注浆回填处理。注浆处理范围不少于老人塔南北各 50 m 范围，同时加强沿线废弃人防、软弱地层的探测和处理，确保盾构在下穿老人塔前后不致发生险情而造成盾构机长时间停机。

(2)隧道上方注浆隔离层：注浆材料为水泥、水玻璃双液浆，注浆范围为超出假定破裂面 2 m，对盾构顶部约 4 m 厚的粉细砂层及粉细砂以上 1.5 m 的粘土层注浆处理，注浆顶面距老人塔底部夯实层有 5.5 m。平面加固范围为南北长向 16.5 m，老人塔轮廓线外扩 5 m、东西向 19 m，过假定破裂面 2 m。

(3)盾构掘进施工措施：

①盾构机解体到西四站右线组装调试过程中，对盾构机刀具及各部件进行全面检修，并在到达老人塔 50 m 进行后配套各辅助设施进行检查，确保盾构在下穿万松老人塔南北 50 m 连续

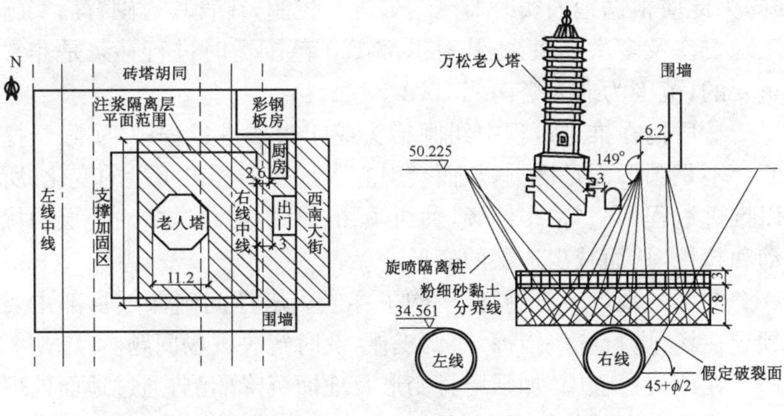

（a）注浆加固平面图　　（b）注浆加固剖面图

图 6.9-3　右线隧道上部注浆加固图(m)

推进。

②在施工前,对项目部管理人员、盾构机操作手等进行古建筑物保护措施中要点的培训,严格控制盾构施工参数,精心操作。

③建立对古建筑物沉降观测、监控体系,在施工过程中对古建筑物设点进行定期监测。设定监控预警值,古建筑物沉降严格控制在允许沉降值之内。

④在下穿万松老人塔前,根据上区间施工经验和数据,调试出土体改良添加剂(泥浆和泡沫)最优注入率和比例,有效的减少盾构掘进对地层的扰动、提高挖掘土的可排性、增加地层的润滑性,保证盾构顺利推进,从而有效控制地面沉降。

⑤同步注浆参数的优化:根据地表沉降监测数据的整理、归纳和分析结果,进行同步注浆参数调整和优化,并定时对浆液质量进行检查。

⑥加强盾构掘进施工参数的控制和管理,保证施工中盾构推力、扭矩、速度、注浆量、注浆压力主要参数的匹配、协调,同时保证盾构掘进施工连续、匀速进行。

⑦盾构通过后,由于应力松弛的影响,地层还会发生固结沉

降，为此应根据地面实时监测结果进行控制，在管片衬砌背后实施跟踪二次及多次补浆，尤其对拱部 120°范围适时进行补浆是非常重要的，范围为老人塔南北 75 m。

⑧盾构在推进过程中纠倾抬头或叩头推进过程中，实际开挖断面不是圆形而是椭圆，从而会引起附加变形和出土量的变化，所以推进过程中坚持“小纠倾，勤纠倾”的原则，尽量减少对地层的扰动和超挖，从而减少地层的变形。

⑨加强现场值班制度，盾构下穿老人塔期间确保项目部主要领导在场，进行统一指挥、协调工作，及时解决现场问题。

在施工过程中，加强塔身变形及地面沉降监测，通过地面处理和盾构施工参数控制等措施，地面沉降控制良好，沉降最大值为 3.8 mm。图 6.9-4 为盾构通过万松老人塔后地面及塔身监测点沉降累计值。

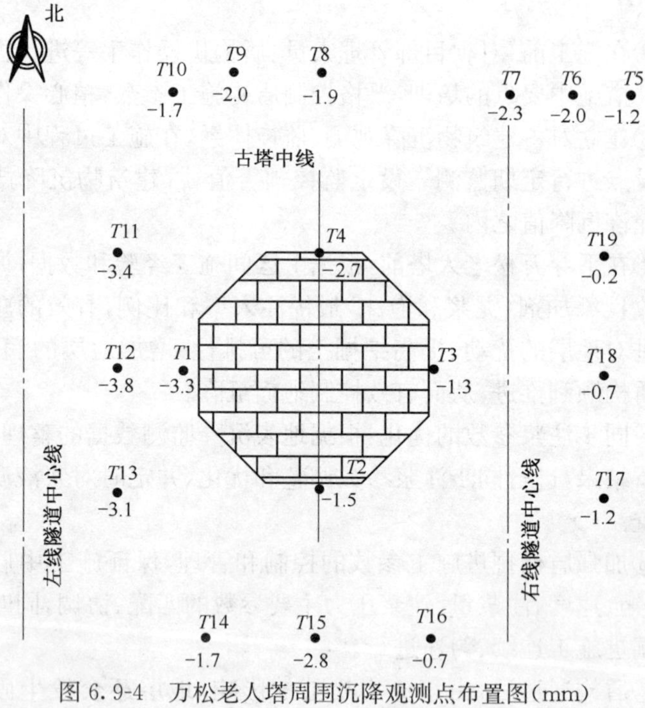

图 6.9-4　万松老人塔周围沉降观测点布置图(mm)

在地铁 4 号线顺利穿过万松老人塔之后，北京市西城区文化委员会对万松老人塔院重新进行规划，委托中铁西北科学研究院对古塔进行地质勘察和测量，查明古塔倾斜度及倾斜原因。

6.9.4 古塔倾斜原因分析

万松老人塔历经数朝数代，至今已有 760 多年的历史，在这个慢长的过程中经历的环境变迁都已无法考证，塔体从何时开始发生倾斜？与唐山地震有无关系？均未见文字记载。总之，万松老人塔目前已经产生了严重的倾斜变形，经现场测量发现，该塔基础与塔身的倾斜变形不一致，塔基的倾斜率为 13.2‰，而塔体倾斜率为 24.8‰，倾斜方向基本相同。

根据现场勘察分析，万松老人塔倾斜原因主要有以下几个方面：

(1)万松老人塔的基础坐落于粉质黏土上，虽然地基承载力能够满足塔体上部结构荷载的要求，但由于地基持力层范围内有上层滞水存在，而且上层滞水在场地内分布不均，东侧含水量大、西侧含水量小，这可能是导致地基产生不均匀沉降的一个原因。

(2)在万松老人塔东侧不足 3 m 处有一防空洞，开挖防空洞必然引起塔基东侧土体侧向应力松弛，而且防空洞废弃后为水的聚集和集中下渗提供了便利条件，这是造成塔基产生不均匀沉降的主要因素。

(3)万松老人塔的塔体倾斜率比基础倾斜率大 11.6‰，但塔体结构完整、无裂缝和局部压碎现象。据此推测，塔体倾斜在建造中就已形成，致使塔体上部结构的重心与塔基形心严重偏离，使塔底应力分布不均。久而久之，引起塔基产生不均匀沉降，进而导致倾斜进一步加剧。

(4)北京地铁 4 号线右线隧道从塔基下东侧穿过，或多或少的加剧了万松老人塔的倾斜变形，这很可能是今后影响塔体稳定的最不利不因素。

6.9.5　纠倾加固措施

由于万松老人塔的倾斜主要是由于上部结构垂直度误差与地基不均匀沉降所致，而上部结构垂直度误差较难调整，因而只能通过调整地基不均匀沉降量使塔体回倾至既定目标。

根据万松老人塔的倾斜方向、差异沉降量并结合以往的纠倾经验，将基础以中性轴为界分为两部分，一部分为迫降区、一部分为相对不降区，见图 6.9-5。

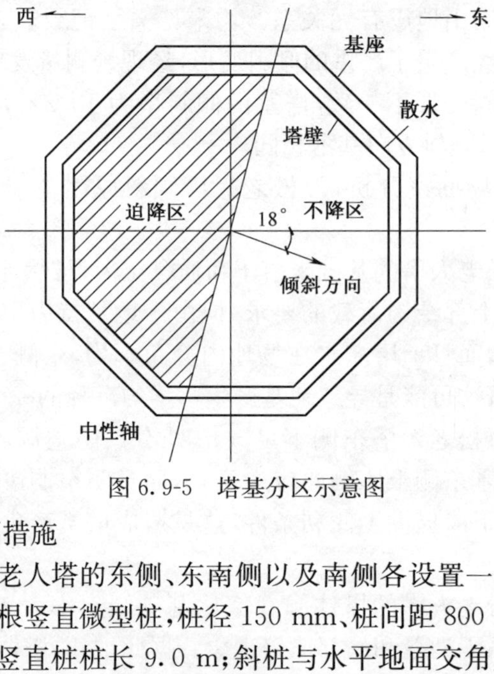

图 6.9-5　塔基分区示意图

1. 加固措施

在万松老人塔的东侧、东南侧以及南侧各设置一排 4 根斜孔微型桩与 4 根竖直微型桩，桩径 150 mm、桩间距 800 mm，斜桩桩长 10.4 m、竖直桩桩长 9.0 m；斜桩与水平地面交角为 60°，桩位与塔体相距 3.2 m，平行塔体边墙。桩体采用 3 根 ϕ25 钢筋与 1 根 ϕ50 钢管焊接而成，从孔底到孔口高压注入水泥砂浆，水泥砂浆强度不低于 M25，浆液材料的配比：水泥∶砂∶水＝1∶1∶(0.45～0.48)，注浆压力不小于 0.25 MPa。微型桩施工完成后，采用钢筋混凝土联系梁将微型桩上端连成一个整体，梁用 C20 混凝土浇筑，截面尺寸为 0.5 m×0.4 m，见图 6.9-6。

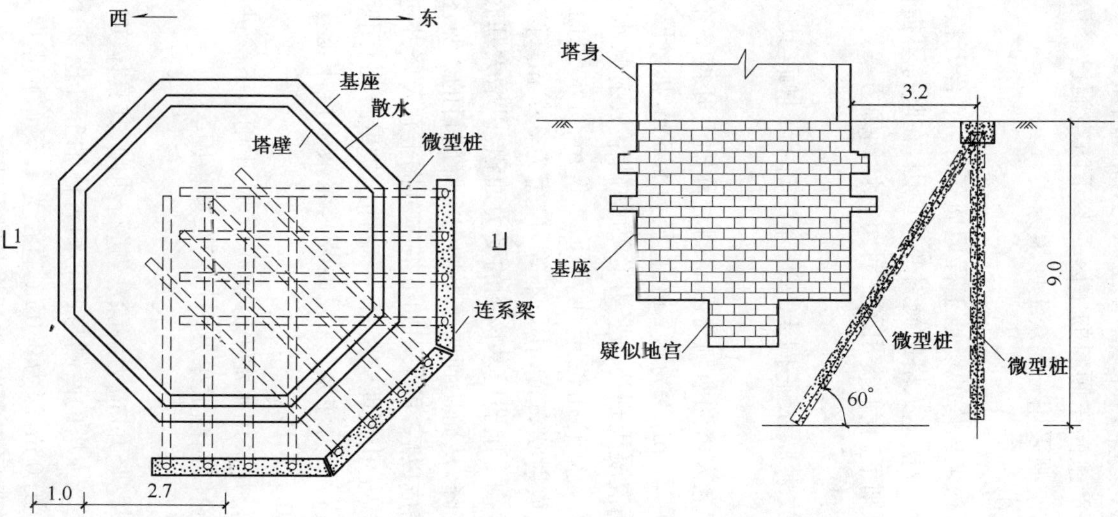

（a）平面布置图　　（b）1—1 剖面图

图 6.9-6　万松老塔止倾加固示意图(m)

根据现场地质调查，万松老人塔东侧的防空洞有一段空置，洞内易积水，积水下渗，导致塔基土软化，加剧塔基的不均匀沉降，这可能是古塔产生向东倾斜的主因。鉴于防空洞已经废弃，因而可以对该段防空洞采用三七灰土回填夯实。

2. 纠倾措施

根据万松老人塔的场地工程地质条件，结合万松老人塔的基础形式，针对万松老人塔的倾斜变形原因，在坚持不损伤地宫及上部结构的原则下，我们提出了三种可行性纠倾方案。

方案一：

采用"放射状水平掏土"迫降法进行纠倾，其具体实施方案为：

在万松老人塔的西侧与西北侧对称轴上开挖 2 个圆形竖井，与塔体相距 1.0 m，深为 7.7 m、直径为 1.5 m，护壁厚为 15 cm，采用 C20 钢筋混凝土现浇。竖井作为基础下放射状水平掏土纠倾的作业通道，掏土孔位于地宫下 0.5 m 的水平面上，孔径为 110 mm，呈放射状布置，孔长不等，最短为 3.7 m。该纠倾方法的核心是通过掏土削弱塔基该侧的受力面积，以增大基底应力，促进该侧地基沉降，从而达到调整不均匀沉降的目的。见图 6.9-7。

纠倾完成以后，可采用如下措施对掏土孔及竖井进行处理：

(1)对掏土孔预埋注浆管，一端伸出护壁外，封闭竖井护壁，向掏土孔内进行压力注浆(水泥砂浆)，浆液强度不低于 M25，注浆压力 0.2～0.5 MPa。

(2)对竖井采用水泥土夯实回填，防止雨水下渗进入地基弱化其强度，以确保纠倾成果及塔体的长期稳固。

方案二：

采用开挖竖井"应力解除法"进行纠倾，其具体实施方案为：

在万松老人塔的西侧与西北侧对称轴上开挖 2 个圆形竖井，与塔体相距 1.0 m，深为 9.0 m、直径为 1.5 m、护壁厚为 15 cm，采用 C20 钢筋混凝土现浇，靠近塔体半侧井底向上 1.0 m 范围内不做护壁，留做塔体基础下软弱地基土的流动空间。该纠倾方法的

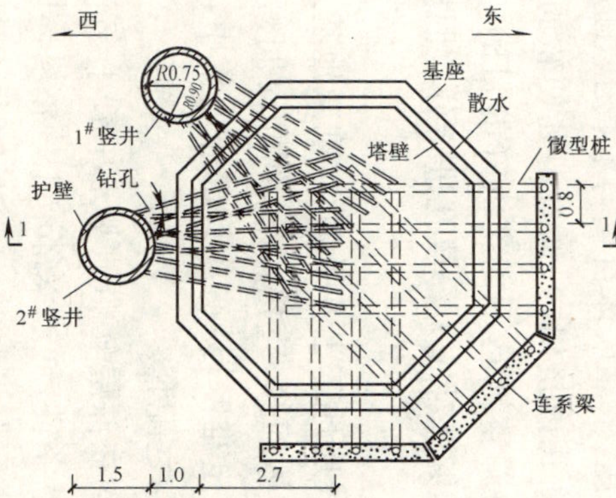

（a）纠倾加固工程平面布置图

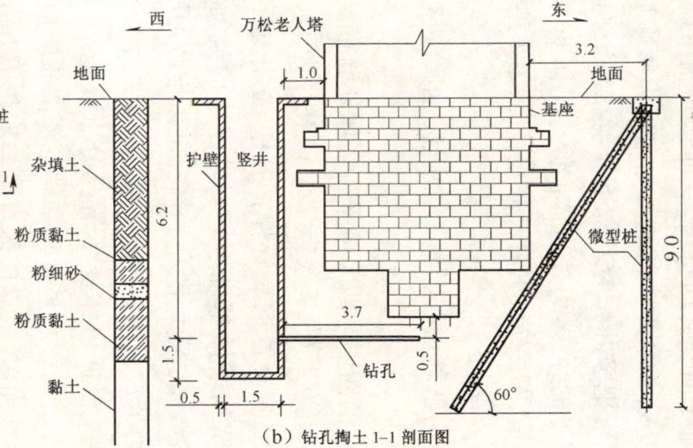

（b）钻孔掏土 1-1 剖面图

图 6.9-7　纠倾加固方案一示意图(m)

核心是解除基础下深部软弱地基土的侧向应力，通过塔体自身的荷重迫使软弱地基土向竖井内挤出，从而达到调整地基不均匀沉降的目的。如果基础下深部软弱地基侧向应力解除后，仍然无法达到纠倾目标，还可把竖井作为基础下放射状水平掏土纠倾的作业面，采用人工掏土的办法，迫使塔体回倾。见图 6.9-8。

纠倾结束后，宜采用石灰土对竖井进行分段回填夯实处理。

方案三：

采用钻孔“应力解除法”与“堆载加压法”组合进行纠倾，其具体实施方案为：

在万松老人塔的西侧与西北侧平行塔体外墙布置 1 排垂直应力释放孔，与塔体相距 1.0 m，深为 9.0 m、孔径为 150 mm。孔口至 7.0 m 深度范围内设置钢套管保护孔壁，防止缩孔与塌孔，孔底 2.0 m 范围内留作塔体基础下软弱地基土的流动空间。在应力释放孔成孔之后，根据孔内的积淤情况辅以堆载加压，加压范围在塔体墙壁与应力释放孔之间，紧贴塔壁，宽度为 0.8 m，最大堆载压力为 60 kPa。根据塔体变形情况分三级施加，每级压力为 20 kPa。该纠倾方法的核心是解除基础下深部软弱地基土的侧向应力，同时辅以堆载加压，依靠塔体自重与堆载压力迫使塔体基础下深部软弱地基土向钻孔内挤出，并通过清孔使软弱地基土不断向孔内挤出，从而达到调整地基不均匀沉降的目的，见图 6.9-9。达到纠倾目标后，用石灰土对应力释放孔进行分段回填夯实即可。

方案比较：

方案一从基础下浅层地基土着手，通过削减地基土受力面积，调整地基应力，迫使塔体回倾，直接可靠，纠倾时间短。但在狭小空间内水平掏土，有一定难度，易造成局部应力集中，而且需要有完善的安全防护措施与之配套。

方案二与方案三均在深层软弱地基土中着手，充分利用地基深部有软弱夹层的自然条件，通过深部取土调整塔体的地基应力，安全稳妥。但方案二需要开挖竖井，工作量较大、工期较长。而方案三则不需要开挖竖井，施工占地小，可与塔院建设同时进行。

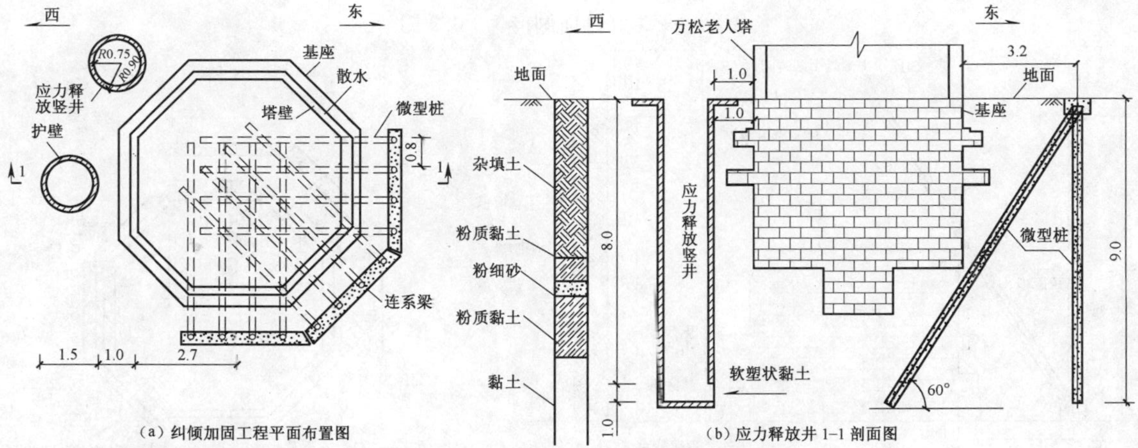

（a）纠倾加固工程平面布置图　（b）应力释放井 1–1 剖面图

图 6.9-8　纠倾加固方案二示意图（m）

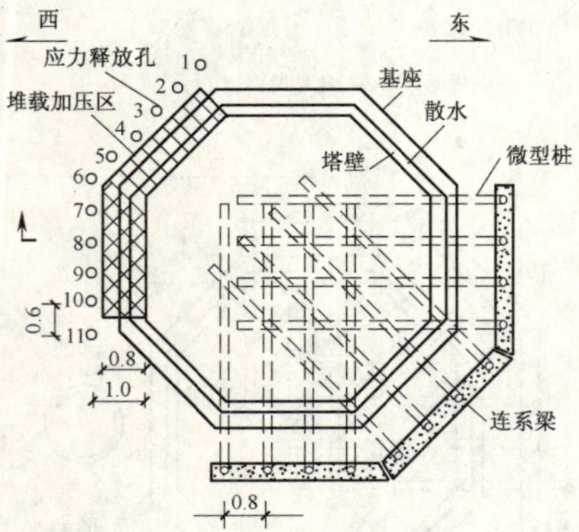

(a) 纠倾加固工程平面布置图

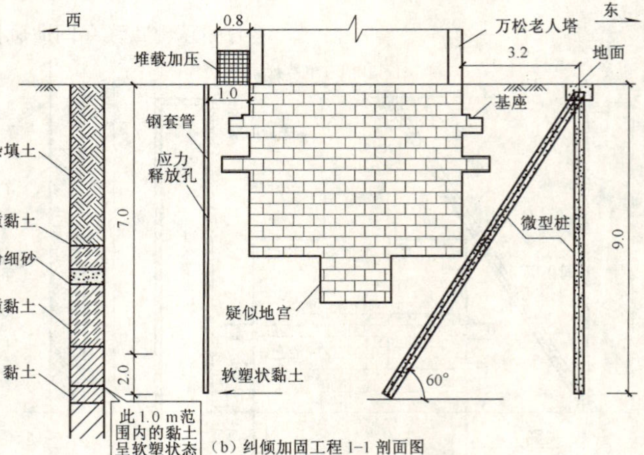

(b) 纠倾加固工程 1-1 剖面图

图 6.9-9　纠倾加固方案三示意图

综合考虑万松老人塔的现状、塔的结构形式及地基条件，方案三更为省时省力、安全可靠，不但能够实现既定目标，而且不会造成应力集中，没有任何负作用。因此，我们推荐采用第三种方案对万松老人塔进行纠倾加固。

6.9.6 变形监测

鉴于万松老人塔的文物价值，万松老人塔纠倾加固工程的实施必须慎重，应加强纠倾过程中的塔体变形监测，至少采用两种以上的监测手段，以保证信息的准确、及时、全面，真正实现动态化设计、信息化施工。

1. 沉降观测

在万松老人塔四周建立至少 8 个沉降观测点。在纠倾期间，每天至少观测一次，由专人负责，并及时绘制沉降—时间变化曲线，分析塔体的变形及其发展变化趋势。

2. 倾斜观测

采用经纬仪投点法，在塔体相互垂直的两个方向上建立观测点，至少 4 个。在纠倾期间，由专人负责，每天至少观测一次，并绘制塔体宝顶的回归迹线，分析塔体的回倾变形及其发展趋势。

沉降观测与倾斜观测应能够形成对比，并应进行对比分析，全方位撑控塔体的变形信息，以便及时对纠倾方案进行调整，更好的指导纠倾工作的开展，使塔体能够安全、平稳、线性的回倾，顺利实现纠倾目标。

6.9.7 掏土注浆及竖槽回填

纠倾完成以后，可采用如下措施，对地基进行加固处理：

(1)对掏土孔预埋注浆管，一端伸出护壁外，封闭竖井护壁，向掏土孔内进行压力注浆(水泥砂浆)，浆液强度不低于 M25，注浆压力 0.2～0.5 MPa。

(2)对竖槽采用水泥土夯实回填，防止雨水下渗进入地基弱化其强度，以确保纠倾成果及塔体的长期稳固。

6.9.8 施工注意事项

1. 东侧及东南侧微型桩

(1)微型桩要严格按照设计图纸施工,准确定位,成孔倾角误差在±2°,确保成孔时不破坏塔体及地宫。桩径偏差不得超过±1 cm,桩长不低于设计值。

(2)微型桩钻孔时,应密切关注进尺及地层变化,在条件允许的情况下,应尽可能采取措施减小钻孔对地基的扰动。

(3)制作微型桩时,三根钢筋与钢管应焊接牢固,焊缝错开至少0.5 m。钢管桩每3 m焊3个成120°的对中支架,避免钢管直接接触孔壁而生锈。

(4)钢管底部加工成花管形式,底端设置缺口,采用返浆式压力注浆,注浆时封堵孔口,保证浆液充满每个钢管及孔内空隙。注浆过程中避免浆液外溢而污染环境,减小机械噪音对周围居民的干扰。

(5)微型桩在完成钻孔后,应及时插入钢管注浆,施工应隔孔进行。

2. 应力释放孔

(1)应力释放孔应当准确放线定位并跳孔施工,先施工单号孔,再施工双号孔。

(2)在钻孔时,孔口至7.0 m深度范围内,应跟管钻进,钢套管留在孔中,直至纠倾完成后方可拔出,以免缩孔、塌孔等现象产生。

(3)应保证钻孔深度。在钻孔过程中,地质人员应进行地质编录,核对地层岩性,如发现与勘察情况不符,应及时与监理及设计人员联系,以便及时作出设计变更。

(4)钻孔至设计深度后,应定时定点清孔,确保孔底空间;而且应根据监测反馈的塔体变形信息,对清孔顺序及孔号进行调整。

(5)纠倾结束后,应采用三七灰土,每0.5 m为一层,分层回填夯实,防止雨水等灌入。

3. 堆载加压

(1)在应力释放孔成孔之后,方可进行堆载加压。

(2)堆载加压应严格按照设计的范围,分层分级进行,不可一次堆载到位。

(3)实施信息化施工。整个纠倾过程必须安排专人负责变形监测,及时反馈塔体沉降变形信息。根据具体变形情况调整堆载压力的大小、范围,在塔体设计回倾量剩余 15 mm 时,停止纠倾,留作自沉,并加强观测。

6.10 北京妙应寺白塔病害勘察及加固方案

6.10.1 妙应寺及白塔概况

妙应寺白塔座落在北京市西城区阜成门内大街妙应寺院内,始称“释迦舍利灵通宝塔”,于元八年至十六年建造(公元 1271 年～1279 年),为元世祖忽必烈亲自勘察选址,经帝师八思巴推荐,由泥泊尔工艺家阿尼哥设计建造。此塔为供奉释迦牟尼舍利而建,又作为政权和神权的象征而“坐镇都邑”。白塔为元代大都城唯一完整的遗存和标志,是我国现存元代保存最完整的一座覆钵式喇嘛塔,1961 年被列为全国第一批重点文物保护单位,见图 6.10-1。

图 6.10-1 北京妙应寺白塔

北京妙应寺白塔建成730余年来，历代王朝均对其进行过修缮，表明对白塔的敬仰和重视程度。在白塔寺大事记中清楚的记录了白塔不同时期的修缮情况，统计起来前后共有17次，新中国成立以后至2002年就修缮过6次，其中三次修缮属于抢、排险性质。从图6.10-2中可看出，近年来，维修周期愈来愈短，维修频率愈来愈大，说明白塔病害也日趋严重。

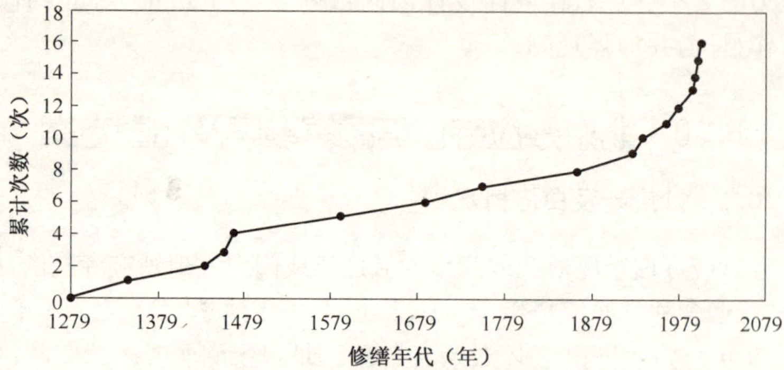

图6.10-2　白塔修缮次数累计曲线

妙应寺白塔地处北京市中心繁华地段。北京市的西侧、北侧和东北侧，群山环绕，东南是缓缓向渤海倾斜的大平原。北京平原的海拔高度在20～60 m，妙应寺白塔所在的海拔高度为50 m左右；其场地地貌属于永定河冲积扇区域，地势平坦、建筑密集、树木繁茂，是一个对外开放，供游人参观、瞻仰的胜地。

近些年来，由于环境条件和自然营力的变化，妙应寺白塔出现了一些倾斜、下沉等变形迹象，直接影响到白塔的整体稳定。

6.10.2　白塔病害勘察情况

为查明白塔周围的地层土性、承载力和地下水分布情况，查清白塔基础、围墙和角楼基础的结构类型、材料、宽度、埋深等，白塔病害勘察共布设钻孔4个（ZK1～ZK4），探井3个（TK1～TK3），其平面位置见图6.10-3。

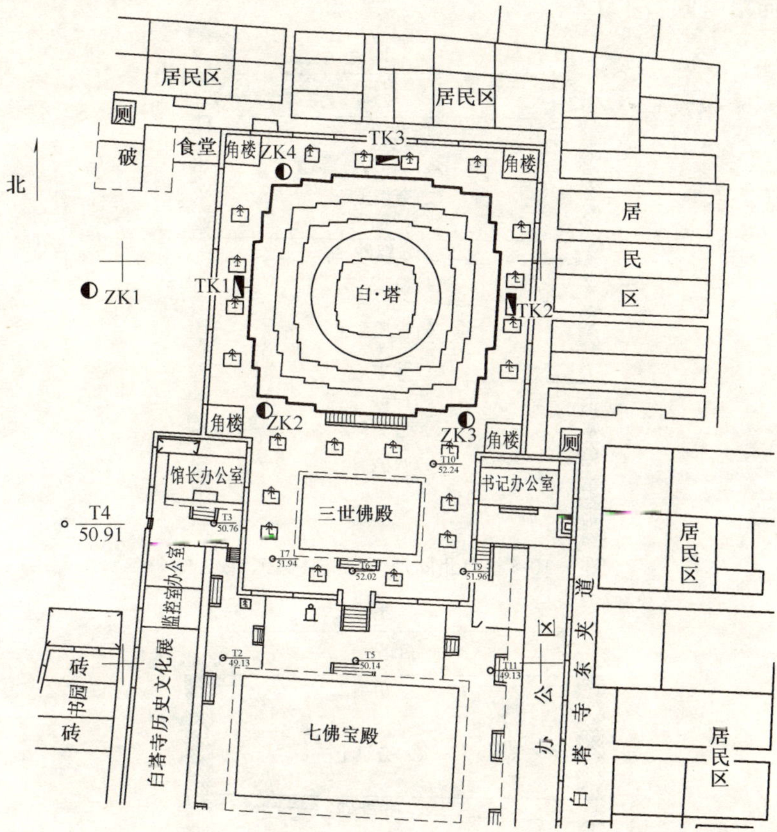

图 6.10-3　钻孔及探井布置平面图

1. 场地地层情况(图 6.10-4、图 6.10-5)

①杂填土:从地面砖以下 0～0.5 m 深度处,以粉土为主,夹有灰土和碎砖块。土层平均含水率为 10.5%。

②压实填土:从 0.2～6.0 m 深度处,以粉土为主,土质均匀;平均含水率为 17.6%;地基平均承载力为 325 kPa。其中 3.5～5.5 m 范围内每隔 20 cm 均匀出现一层碎砖铺垫层。塔的东、西、北三侧的三个探井内的砖铺垫层均有向塔身倾斜的迹象:TK1(西侧)向塔身倾斜了 14°,TK2(东侧)向塔身倾斜了 11°,TK3(北侧)

向塔身倾斜了 15°。

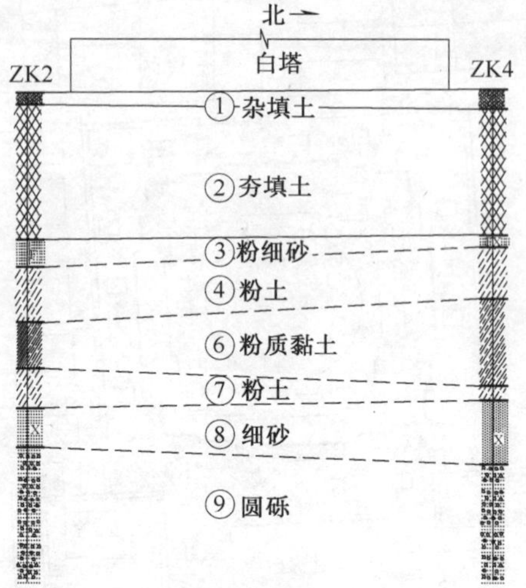

图 6.10-4　南北向地层分布图(ZK2-ZK4)

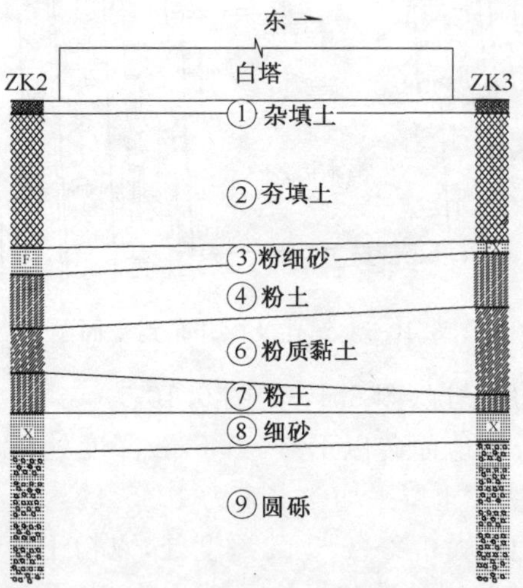

图 6.10-5　东西向地层分布图(ZK2-ZK3)

③粉砂或细砂:5.8～7.1 m 和 12.6～15.2 m 两层;褐黄色,稍湿,中密,局部夹薄层粉土或粉质黏土。平均含水率 19.1%,地

基土平均承载力为 338.73 kPa。

④粉土：6.3～9.3 m 和 11.2～12.8 m 两层；褐黄色，稍湿，稍密，局部夹少量钙质结核，有铁质锈斑；平均含水率为 23.3%，地基土平均承载力为 259.05kPa。

⑤粉质黏土：8.5～12.1 m；褐黄色，软塑～流塑状，局部夹薄层粉土或粉细砂土；平均含水率为 27.9%，地基土平均承载力为 238.42 kPa。

⑥圆砾：13.9～20.0 m；杂色，湿，密实，呈亚圆状，以粉细砂及粉土充填，最大粒径约 70 mm，磨圆度较好，级配一般；平均含水率为 8.6%，地基土平均承载力＞500 kPa。

本次勘探仅在塔院西北角 ZK4 钻孔 8.5 m 处发现地下水，稳定水位 10.6 m；其余钻孔和探井(含塔院外 ZK1 钻孔，30.0 m 深)内均未发现地下水；在 ZK4 钻孔 11.0 m 深处采集了水样，经化验分析与生活用水基本相同。

2. 白塔的基础类型及埋深

白塔基础为青砖砌筑而成，底面埋深 1.47 m(标高 50.87 m)，基础的侧立面呈“凸”字形，基础顶面与地坪以上 3.18 m 高的台座连成一个整体，未发现塔周基础有变形迹象。基础底面以下为人工夯填土垫层，厚度 4.0 m 左右，见图 6.10-6、图 6.10-7。

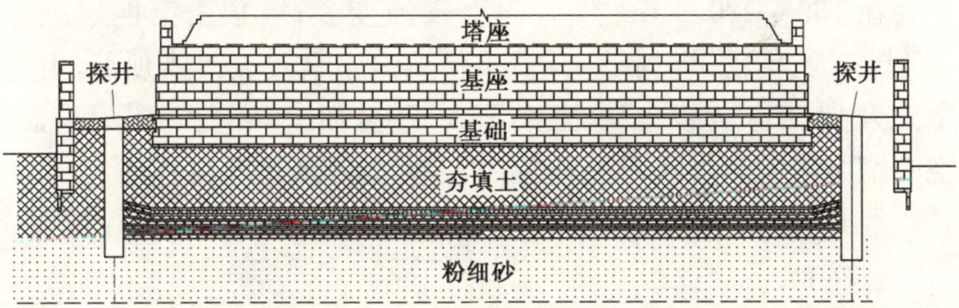

图 6.10-6　基础及台座剖面图

3. 白塔的塔身结构及各部分几何尺寸

(1)塔身外部结构

妙应寺白塔由四部分组成：即塔基、台座、塔身、塔顶。每部分

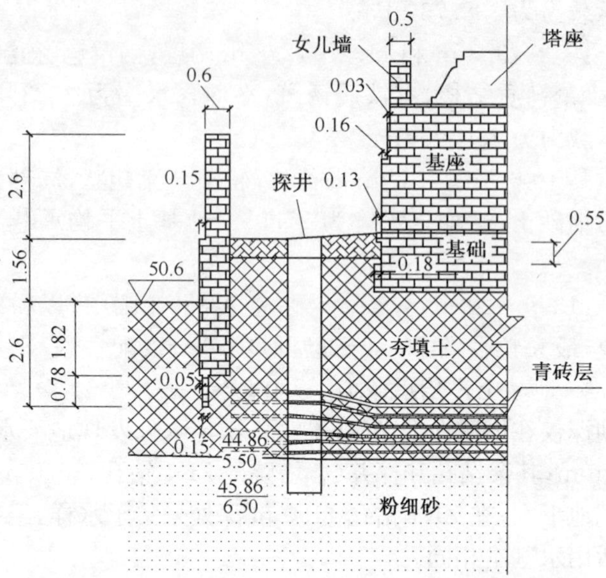

图 6.10-7　白塔地基基础示意图(m)

还可再细分为:台座由三层须弥座组成,每层须弥座立面呈“凸”字形,东北、西北、东南、西南等 4 个大角中每角含 5 个对称分布的折角,共 20 个折角;塔身由覆钵体组成,覆钵体呈圆鼓状,上大下小,直径在 18.3～20.0 m 之间,向上逐渐变大;塔顶由第四层须弥座、十三天、华盖、塔刹组成,第四层须弥座紧接覆钵体顶部,上连十三天,十三天为锥台状、上小下大、重叠而上,再上一层为华盖。空心镏金塔刹直接座落于华盖之上,形成圆锥式塔顶。

经现场实测,白塔地面以上的总高度(不含避雷针)为51.383 m。

白塔的几何尺寸及有关示意图见图 6.10-8～图 6.10-11。

根据现场实测:若以白塔基础平面形心及对称轴作为基准,其上部结构(覆钵体、十三天等)在东西方向是轴对称的,在南北方向并不对称,其中覆钵体向北偏移 83 cm、十三天相对于覆钵体又向北偏移 21 cm,见图 6.10-9。这是建造白塔时人为误差?还是建

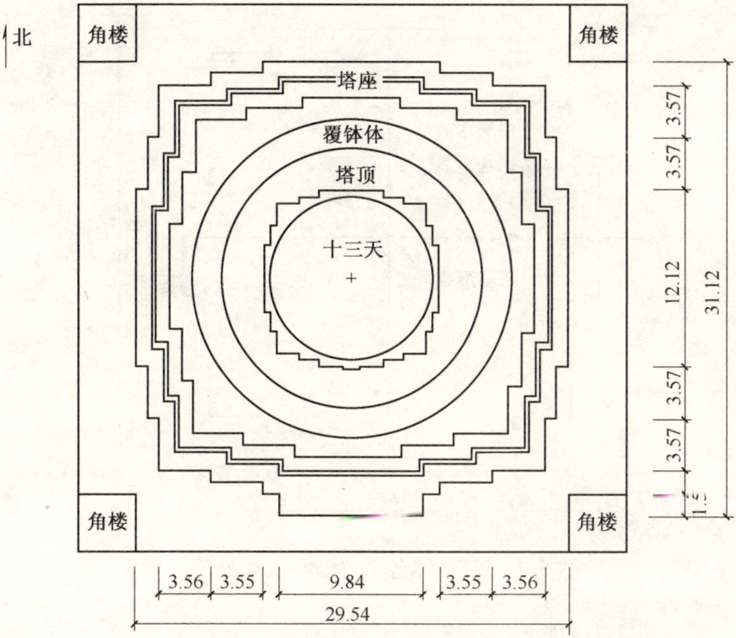

图 6.10-8　白塔平面图(m)

造师另有所想？目前还不得而知。但有一点是肯定的，白塔覆钵体形心、十三天形心与基础底面形心在平面上投影并不重合，或者说三者不在一条中垂线上，均向北偏移，这意味着白塔在建造时就存在着重心偏差，全塔综合重心有一定的偏心距，其偏心弯矩为35 500 kN·m。

(2)塔体及内部结构

据小孔径钻探得知，覆钵体为砖砌体，表层为水泥砂浆抹面，砖砌体的含水量由表及里逐渐增大，最高达25%，均超过塔身青砖的饱和含水量，这表明塔身内部湿度较大，经现场测试塔中洞室内的湿度为97%～99%RH，当时塔外的大气湿度仅有51%RH。

孔内摄像资料显示，塔体内部为一正方形洞室，覆钵体顶部以上的洞室随着塔体外形的变化而变化，近似锥筒向上收敛，至十三

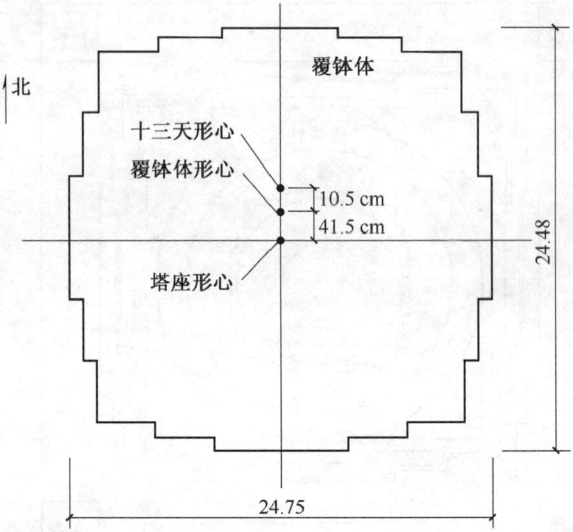

图 6.10-9　塔体各部位偏心示意图(m)

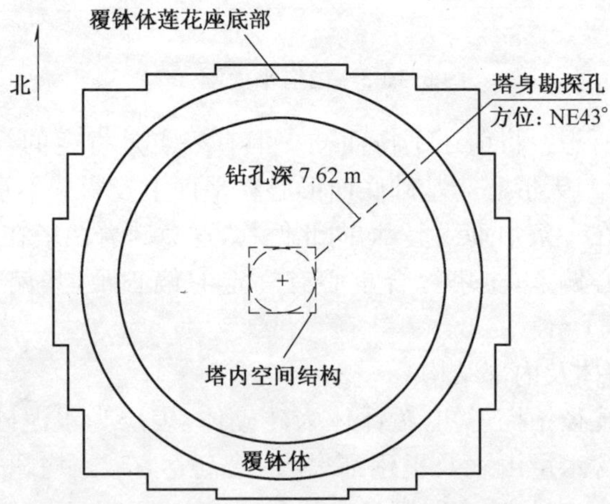

图 6.10-10　覆钵体内洞室示意图

天内。洞室内堆积的杂物肉眼难以辨认,估计可能是塔内的悬梯腐朽坍塌,夹带供品堆积而成。洞室四壁可见圆型孔洞,洞口镶有铁篦物，疑似以前的通风道，现已被堵死。推测可能是民国时期修补塔体时，在覆钵体外围作了钢围箍，抹了一层水泥砂浆，将通风口堵塞。

通过计算，白塔的总重量约为 256 608 kN。

6.10.3 白塔变形及病害调研

1. 塔身倾斜情况

从地基砖铺垫层变形来看，砖垫层面均有向塔身内斜的迹象，其中西侧探井（TK1）内的砖铺垫层向塔身倾斜 14°，东侧探井（TK2）内的砖铺垫层向塔身倾斜 11°，北侧探井（TK3）内的碎砖铺垫层向塔身倾斜 15°，表明白塔自建造至今，地基曾发生较大压缩变形及不均匀沉降，且西北侧沉降量大、东南侧沉降量小。

根据塔院地坪高程测量结果，白塔四周地坪呈现东南高、西北低的趋势，高程相差 3～5 cm。

测量第三层须弥座四个角顶面高程得知，东南角比西北角高 9.5 cm，正好与地基、地坪测量的变形趋势相一致，表明白塔的台座和基础均有向西北方向倾斜的迹象。但是从白塔第四层须弥座四个角的顶面高程来看，其西北角又比东南角高出 2.0 cm，呈现出西高东低的趋势，表明第二层和第四层须弥座及其中间的覆钵体向东倾斜。

从倾斜变形情况来看，整个白塔从避雷针底部到台座下的现有地坪(51.383 m)形心的倾斜方向为 NE51.25°，偏移量为 110.7 mm，其倾斜率为 2.15‰，在国家相关规范规定的允许倾斜量范围之内。而白塔的第三层须弥座和第四层须弥座连同中间的覆钵体的形心倾斜方向为 NE70°，偏移量为 212.9 mm，其倾斜率为 12.50‰。避雷针根部与第三层须弥座形心的倾斜方向为 SE18°，偏移量为 48.1 mm，其倾斜率为 1.26‰。避雷针根部与第四层须弥座形心的倾斜方向为 SW58°，偏移量为 219.7 mm，其倾斜率为 10.59‰。这些表明，白塔各层的倾斜率并非一致，且方向也各有差异，见图 6.10-11。

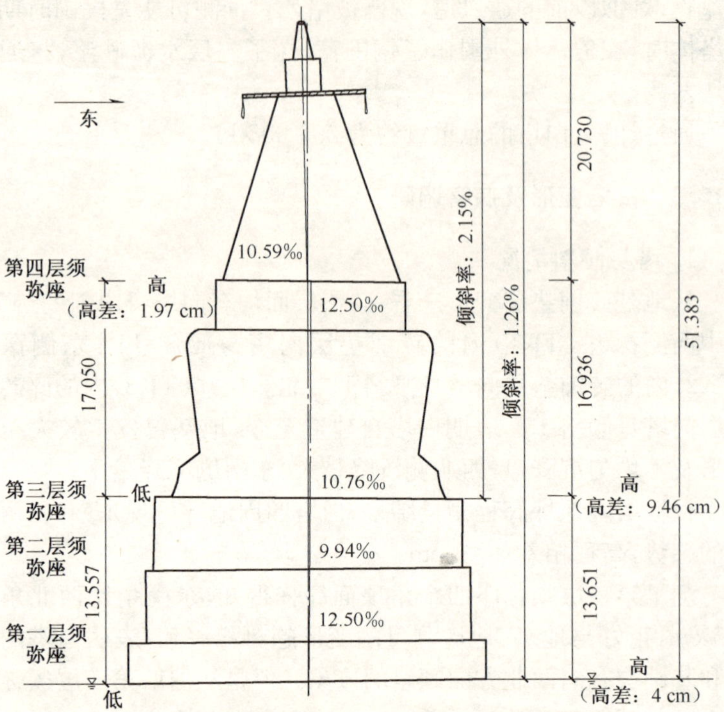

图 6.10-11　白塔各部位尺寸及倾斜率图示(m)

另外从塔身各部位的变形裂缝来看，整个白塔风化掉块、酥碱、空臌、开裂等现象到处可见，尤其是西侧和北侧的几条较大的裂缝仍有继续扩展蔓延的趋势。

2. 水及地下管道调查

(1)地下水

本次勘察在最深的钻孔 ZK1 中(30 m)未见地下水，但在塔院内西北角的 ZK4 钻孔中 8.5 m 深度处发现了“地下水”，其稳定水位为 10.6 m。经分析认为：该钻孔中的“地下水”属于地表水和生活污水下渗至地基土中所致，应为上层滞水。

(2)地表水

白塔塔院及围墙内的地坪普遍比围墙外地面高出 1.5～

2.0 m，且在塔院内的东、西、北三侧围墙下均预留有排水孔，通常塔院内的大气降水通过排水孔向围墙之外排泄。2005 年 7 月以后，白塔管理处因顾及到周围居民的投诉，将北侧和东侧围墙下的排水孔封堵，导致塔院排水受阻，降雨时，塔院西北侧的地坪积水深厚，往往只能通过人工向塔院的南侧和西侧清扫，并经西侧排水孔和南侧的排水沟排至围墙之外。

勘察期间正好遇到夜晚突降暴雨，塔院北侧低凹处积水深达 20 cm，次日早上就渗透得所剩无几了，可见塔院地面排水不畅，地表汇水大部分渗入地下。

(3)地下管道分布

此次调查，在塔院的南侧未发现有管道渗漏水的问题，且现有管沟距白塔均较远。白塔的东、西、北三侧上下水管和检查井问题较多，且距白塔较近，其中一处上水管渗漏严重，多处污水井被堵塞，估计 ZK4 钻孔中发现的“地下水”与生活污水及上水管道泄露有关。地下管道分布见图 6.10-12。

3. 通气孔疏通调查

白塔台座四周每个边上留有 2 个方形通气孔(共 8 个)，孔边长约 12 cm，距地面高约 1.5 m。在调查过程中，我们对台座各侧的通气孔(除南侧外)均进行了探测和疏通，以便弄清其深度、走向及其完整程度，并做好现场记录。疏通时发现，各通气孔中潮气较重，湿度达 78%RH 以上，并有湿气冒出，测试时孔外大气湿度为 51%RH，现场发现多数通气孔已被堵塞，塔内的水蒸气很难排出。

4. 塔身钻孔调查

塔身钻孔调查是塔内结构调查的一个重要环节，经业主和上级主管部门同意，专门在覆钵体的东北角(即 NE42°)处，垂直于塔体外墙面向塔心方向钻入了一直径为 45 mm 的小孔，钻进时采集岩芯，以便弄清塔体建筑材料的类型，材质、含水程度以及塔体内的结构状况。钻孔具体位置选在覆钵体中间向下 1.0 m 左右处，为避免钻孔期间雨水灌入塔内，钻孔以仰角为 10.8°的方向钻进，孔位位置及钻进方式，见图 6.10-13、图 6.10-14。

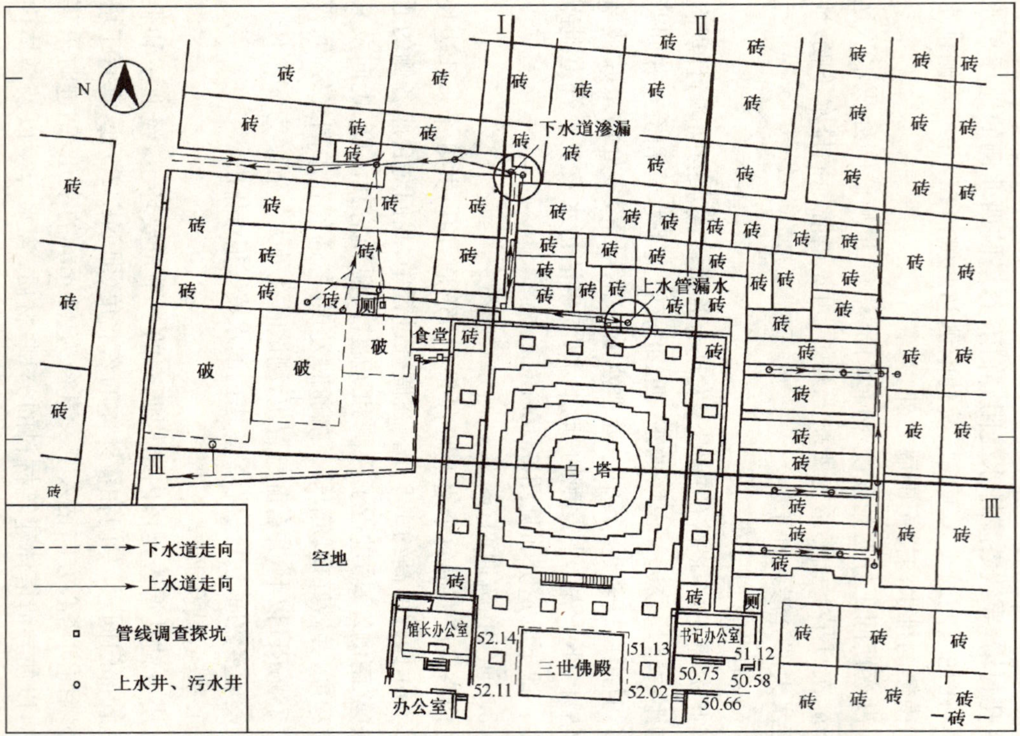

图 6.10-12　白塔周围管道分布图

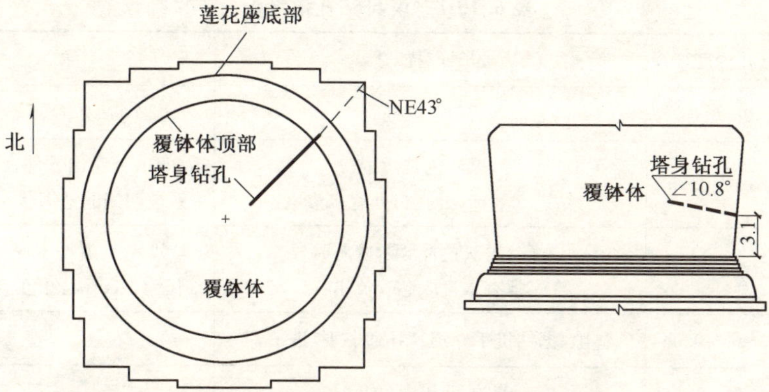

图 6.10-13　塔身钻孔位置示意图

图 6.10-14　塔身钻孔示意图

塔身墙体岩芯鉴定对在覆钵体上钻孔时采集的墙体岩芯芯样逐段进行了现场鉴定，其结果见表 6.10-1，芯样的容重和抗压强度试验是在实验室内完成的。

根据芯样鉴定结果分析，塔身覆钵体为青砖砌体，砂浆为石灰浆，异常潮湿，青砖的饱和含水量为 19%～25%（室内试验测得），现场实测含水量在钻进 1.5 m 深度以后均在 21%以上，也就是说，覆钵体砖砌体含水量基本处于饱和状态，见图 6.10-15。钻孔总进尺为 7.64 m，覆钵体的墙厚为 7.5 m。

表 6.10-1　塔身钻孔记录表

钻孔深度(m)	岩样描述	备　注
0～0.01	石灰、麻筋	
0.01～0.058	砖，黑灰色，含石灰， 钻进 5.8 cm 处孔口处有水渗出	0.5 m 处钻出铁件， 系被切割的钯锔状
0.058～0.894	青砖，黑灰色，潮湿，取芯时， 常有水自取芯管流出	0.69 m 处遇一木块 (长约 1 cm，褐红色)
0.894～0.944	缝隙，据钻机手介绍："扑通一下，进了。"	
0.944～1.260	青砖，浅黑色，饱和	
1.260～6.270	青砖，黑灰色。潮湿，手摸有水。 钻头越来越湿	其中 3.763～3.815 m 为浆块，钻进困难
6.270～6.370	缝隙，未钻即进，钻机手说"突然进了 10 cm"	
6.370～7.640	青砖，黑灰色。湿，手摸有水印。钻头带水	其中 6.90～6.96 m 为 浆块，坚硬，钻进困难
7.640～12.103	约 4.5 m 长的洞室	

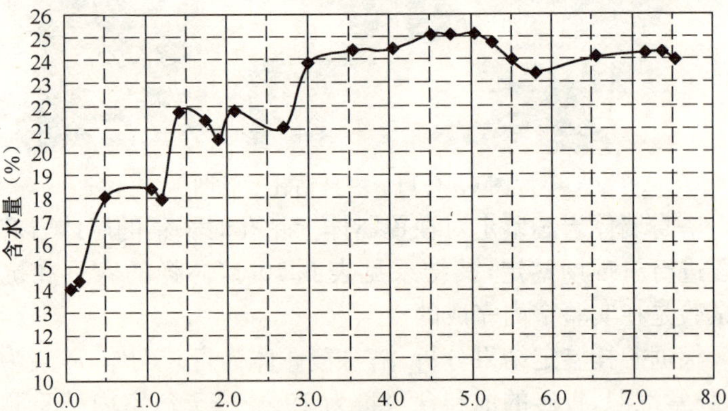

图 6.10-15　钻孔砖样含水量随深度变化曲线

室内试验测得覆钵体青砖的干密度为 1.62 g/cm^3，饱和状态下的密度为 1.94 g/cm^3。

同时，我们还利用覆钵体处的钻孔，对塔体中心洞室的干湿程度进行了全天候跟踪监测，共监测了 7 d。监测结果为：塔体内的湿度基本保持在 97％～99％RH 之间，而此时塔外的空气湿度却只有 51％RH，这表明塔内的空气湿度远大于塔外湿度，塔内空气流动性极差。

5. 塔身变形调查

在勘查方案中，对塔身现状调查的计划方案是：拟采用长镜头摄影的方式，对塔体每个部位进行拍照，然后放大分析，测量、记录，弄清塔体表面现状。见图 6.10-16。后来，由于塔身钻孔方案得到了批准，所以我们在白塔的东北侧搭设了脚手架，充分利用脚手架攀登到塔身的各个部位进行调查，更直观、更详细对塔身变形的调查是自下而上进行，见图 6.10-17。

(1)台座变形

台座调查发现其东、西、北三侧条石出现压裂、外挤变形迹象，局部出现脱皮、掉块、产生酥碱。台座顶上的女儿墙与第二层须弥座间的人行过道处杂草、灌木丛生。同时须弥座表层水泥砂浆抹面普遍存在着空臌、脱皮现象。

台座顶第三层须弥座上枋表面折角处有多条裂缝，裂缝走向均垂直于塔身，且呈放射状，尚未贯通。

(2)覆钵体变形裂缝

经调查，覆钵体空臌现象严重，几乎蔓延整个覆钵体的表层，中间部位更显突出，手按似有“一触即溃”的感觉。

覆钵体顶部的平台上有 4 道较长的裂缝，以第四层须弥座底部为中心呈放射状分布，主要集中在塔的西侧，平均裂缝宽度为 1～2 mm，其中沿西侧避雷针地线处的裂缝宽度达 4～5 mm，见图 6.10-18。降雨时，雨水可沿此裂缝灌入塔内洞室。

(3)塔顶裂缝调查

塔顶的变形主要出现在(第四层)须弥座的顶部，西侧和东北

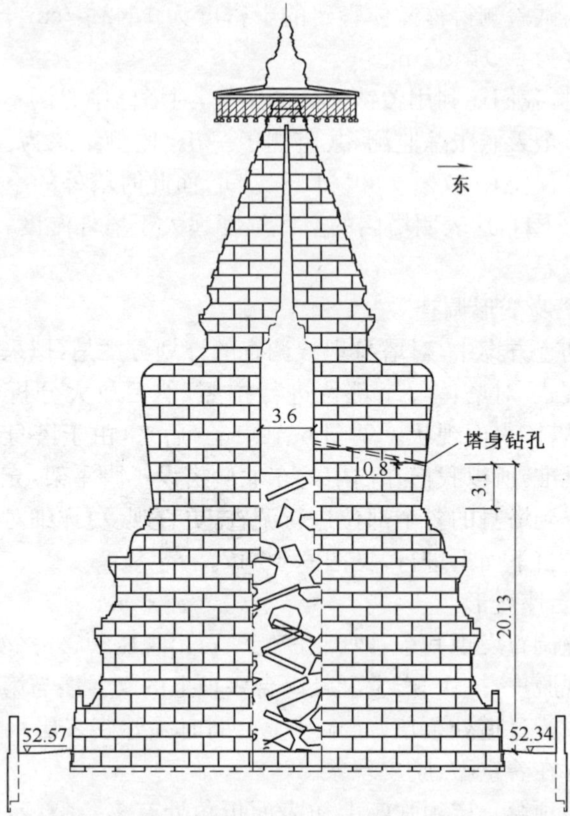

图 6. 10-16　钻孔探测塔内洞室示意图(m)

侧有两条宽大且局部贯通的裂缝，并伴有空臌、脱皮现象。其中西侧裂缝宽度达 10 mm 之多，南北横向局部贯通第四层须弥座，垂直向贯通上枋。据有关资料介绍，该两处曾发生过坍塌事故，已被修补过，现为新产生的变形裂缝，第四层须弥座束腰部位亦有脱皮现象，见图 6. 10-19。

综上所述，本次勘察虽然调查内容较多，但归纳起来，白塔的病害主要体现在以下几个方面：

①塔基产生不均匀沉降，塔体倾斜变形逐渐加剧，且各部位倾斜方向和倾斜率不尽相同，呈现出扭曲等复杂变形迹象。

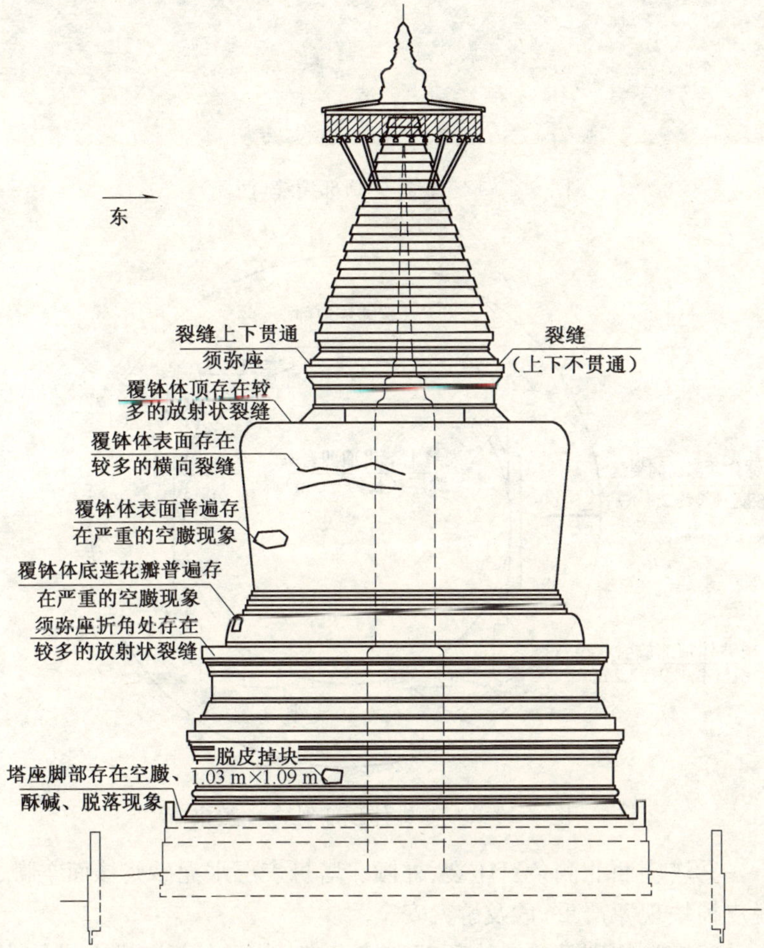

图 6.10-17　塔身变形调查示意图(南立面)

图 6.10-18　覆钵体顶部裂缝(西侧)

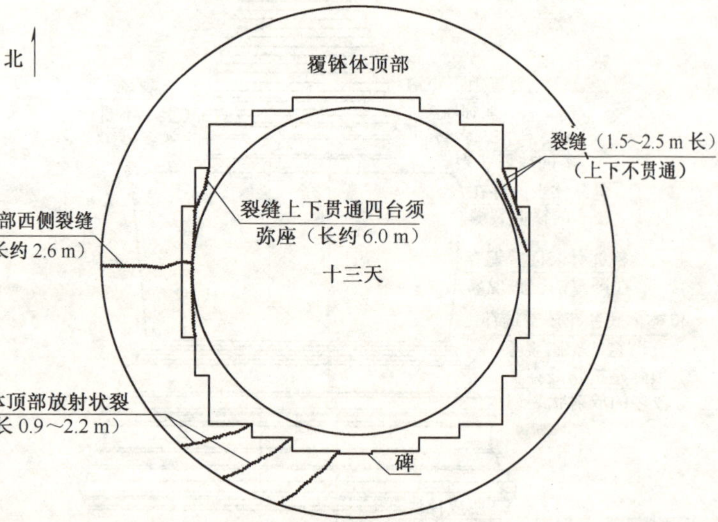

图 6.10-19　覆钵体顶部裂缝示意图

②塔座西北侧条石压裂、外倾。塔身表层水泥砂浆抹面空臌、脱皮掉块现象严重,危及游人安全。

③塔身特别是覆钵体顶部裂缝发育,为雨水下渗进入塔体内部提供了通道。

④塔体内部湿度过大,排气通道堵塞,砖砌体内部裂缝及材料老化,强度衰减。

6.10.4 白塔病害原因分析

白塔从建成至今已有730余年的历史，历经数次时代变迁、加之风吹日晒、雨水冲蚀等自然风化作用，特别是文革时期人为破坏和唐山大地震等的影响，已是伤痕累累。尽管历代王朝不惜重金进行修缮加固，但由于受其周围环境条件和自然营力的变化，病害现象依然十分明显，主要原因如下：

1. 水是白塔病害的"罪魁祸首"

(1)塔院北侧地势低，加之原有的排水孔被封堵，造成地表泾流不畅，大量雨水下渗，软化白塔地基土，使承载力下降。与此同时，雨水和雪水还会从覆钵体顶部的裂缝直接进入塔身及塔中洞室，使风化作用加剧，建筑材料强度衰减。

(2)白塔东、北及西三侧市民居住拥挤不堪，排水系统失效，环境持续恶化。特别是上水管道常年泄露，生活污水管道年久失修、早已丧失排污功能。加之西北角附近的食堂、公厕等每天产生大量生活污水全部渗入地下，造成白塔西北角形成上层滞水。这些生活用水经年不断渗入古塔地基，同大气降水一样，降低了土体强度和承载力。

上述两种水的作用结果，导致白塔地基土局部软化、承载力降低，产生不均匀下沉，进而引起古塔倾斜。

(3)水通过塔体裂缝、地下渗透两种渠道进入白塔内部洞室或地宫，易进难出。夏天高温下，塔内产生大量水蒸气，原有通风道无法排出，砖砌体本来还具有一定的透气性，但由于民国时期修缮时，在白塔外层涂抹了一层水泥砂浆面层，水蒸汽无法顺利排出，造成白塔内部湿度增大，破坏和腐蚀塔内设施和供奉物，浸润砖砌体，致使砖体达到饱和含水量后强度降低。由于塔体四周日照强度不同，南边相对蒸发快、北边蒸发慢，因此造成北边砖砌体的湿度大、强度低。

(4)基座顶部女儿墙与塔身间的人行过道内排水也不通畅，该人行过道路面凹凸不平、且常有积水现象，导致杂草、灌木丛生。

久而久之，积水渗入塔体内，随着草木根系的生长，加速了塔体的风化剥蚀、冻胀裂缝，降低了塔体建筑材料的抗压强度，持久的威胁着白塔的安全。

2. 地基土中存在软弱夹层

在地面下－8.5～－12.1 m 深度范围内有一层粉质黏土，含水量均达 27%，最高达 30%，呈软塑流塑状，形成软弱夹层。承载力仅为 227.13～259.39 kPa，小于相应深度处地基土应力分布值(275.73 kPa)，白塔重量大、承载力要求高，经计算塔基承载力大小或等于 301 kPa，方能满足白塔稳定性的需要。因此可知，地基土中的这一软弱夹层，随着地表水及生活用水的不断下渗，承载力严重不足，这是造成白塔产生倾斜的内因。

3. 塔身建筑材料的逐渐老化

塔身砖砌体材料含水量过大，风化作用加剧，导致其自身强度大幅度降低。由于塔体各部位材料老化程度不同，南侧好、北侧差，此为塔体裂缝变形、臌胀掉块的主要原因，也是塔身下沉、倾斜变形的又一重要原因。根据对塔身钻孔采集的青砖芯样进行的含水率和抗压强度试验结果分析，覆钵体自孔深 1.5 m 起含水率就已超过 19%，最大达到 25%，砖砌体含水量越大，其强度越低。

4. 地震及其他自然灾害的影响

1976 年的唐山大地震对白塔造成了极大的损坏，使塔体的倾斜变得复杂，1978 年管理部门对白塔覆钵体以上进行全面修缮和补强。根据测量和地基解剖资料对比分析，白塔在建造时曾经向西北方向倾斜过，但后来受唐山大地震的影响，白塔覆钵体又整体向东北(NE70°)倾斜。而第四层须弥座至避雷针底部，又向东南方向(SE18°)倾斜。这就使得对白塔测量结果呈现出折曲变形状态。

6.10.5　白塔病害整治方案和建议

根据目前白塔病害现状，提出对白塔进行整体加固和维修方案的建议如下：

1. 疏导排水措施

在塔院围墙西侧和北侧的职工食堂、公厕以及居民生活用污水池附近紧挨围墙处局部做两道排水沙井，以便将围墙外地表水和居民生活用水以及管沟的渗漏水通过排水沙井排放到卵石层中，排水沙井以三角形布置，间距 3.0 m、排距 1.0 m，直径为 168 mm，深度进入卵石层不小于 2.0 m。

在塔院内北侧，同样做 3～5 口排水沙井和一条贯通的排水暗沟，二者均应隐藏在地面砖之下。排水沙井的直径仍为 168 mm，深度应进入卵石层不小于 2.0 m，以排除北侧和东侧的地表水。排水暗沟主要分布在白塔东、西、北侧，东侧暗沟于东南侧的现有排水沟相连，北侧和西侧的暗沟顺坡至西侧围墙下排水孔处，并排至塔院以外。这项工作可在塔院内的地基处理工程完成后进行，见图 6.10-20。

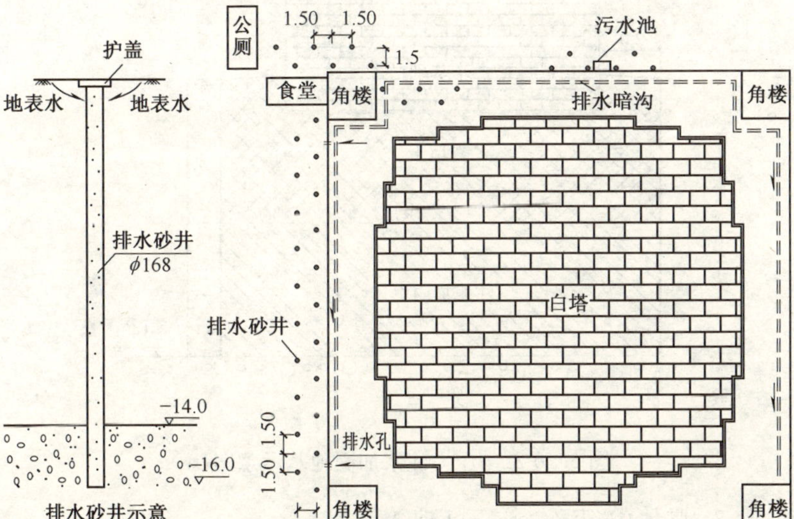

图 6.10-20　排水砂井平面布置(m)

塔座顶部女儿墙内的人行过道应进行找坡抹平，局部进行补强加固，并疏通周围排水孔，保证塔座顶部女儿墙内人行过道的排水畅通。

2. 地基加固处理

(1)对白塔地基中软弱地层进行注浆加固,加固范围为白塔现有基础向外 2.0 m 以内,加固深度为地坪以下 5.5~14.0 m 范围内,见图 6.10-21。施工时,先完成塔基一周的帷幕注浆施工,再进行塔基以下的注浆施工。

(2)采用树根桩和压力注浆两种方法同时进行加固,加固范围为白塔现有基础向外 1.0 m 以内,加固深度为地坪以下 5.5~14.0 m 范围内。树根桩布置在白塔四周,桩距为北侧和西侧 1.0 m、南侧和东侧 1.5 m。树根桩之间再加 1~2 根生石灰桩。施工时,先完成塔周的全部树根桩和生石灰桩后,再进行塔底软弱地层的整体注浆加固施工,见图 6.10-22。

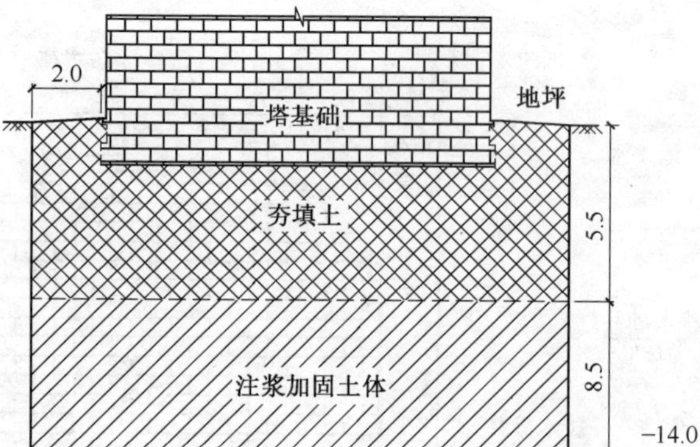

图 6.10-21 压力注浆加固地基示意图(m)

3. 塔体内部湿气疏干处理

在塔身的覆钵体和十三天上各钻 3~5 个排气孔,可采用自然疏干的方式,排放塔体内的湿气,提高砖材的强度。同时,在塔体下部彻底将台座一周的原有 8 个通气孔疏通,若不能全部疏通时,建议在北侧通风口安装排气扇,从根本上改变塔内的干湿现状。

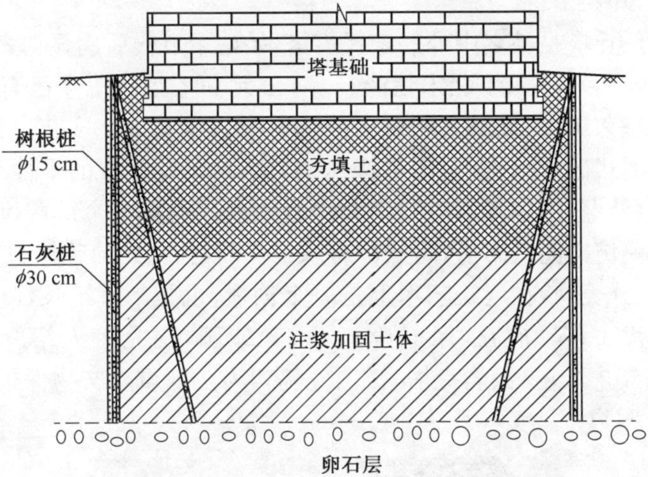

图 6.10-22　树根桩(石灰桩)及压力注浆加固地基示意图

4. 塔身维修

对覆钵体顶部的裂缝用聚氨脂进行灌缝处理,对损坏严重和空臌明显的地段以及裂缝集中的部位,拟采用局部植筋挂网补强等方式进行维修加固,以降低对白塔的维修频率,提高加固维修质量。

对台座及须弥座等破坏严重的外表(掉块、脱坡等),在进行凿除修补以后,尚应作防风化和防剥蚀等处理。

6.11　苏州虎丘塔地基加固

6.11.1　古塔概况

虎丘塔位于苏州城西北郊,距市中心 5 km。相传春秋时吴王夫差就葬其父于此,葬后 3 日,便有白虎踞于其上,故名虎丘山,简称虎丘。此山高仅 36 m,但古树参天,周围有不少名胜。山小景多,是虎丘的一大特色,特别是千年虎丘塔矗立山上,使虎丘自古以来就是著名游览胜地,宋代大诗人苏东坡说过:“到苏州不游虎丘者，乃憾事也。”

虎丘塔是驰名中外的宋代古塔，始建于五代后周显德六年（公元 959 年），落成于北宋建隆二年（公元 961 年），距今已有 1 000 多年悠久历史，比意大利著名的比萨斜塔早建 200 多年。该塔为仿楼阁式砖木结构，全塔七级八面，高 47.5 m。塔的平面呈八角形，由外壁、回廊与塔心三部分组合而成。虎丘塔全部砖砌，外形完全模仿楼阁式木塔，每层都有八个壶门，拐角处的砖特制成圆弧形，十分美观，在建筑艺术上是一个创造，也是十世纪长江流域砖塔的代表作。虎丘，风景幽奇，风光如画，观光游人络绎不绝。1961 年虎丘塔（云岩寺塔）被国务院列为全国重点文物保护单位，见图 6.11-1。

图 6.11-1　苏州虎丘塔外景

虎丘塔是一座砖结构的塔，但形制属仿木构的楼阁式塔，这是源于印度的佛教建筑塔与中国汉代兴起的多层木构楼阁相结合的产物。初期中国佛塔的一种主要形制即是方形多层的木构楼阁式塔。史载，三国时的苏州已有佛教的塔，从佛塔建造历史分析，此时苏州的塔应当是方形、多层木构的楼阁式塔。江南潮湿，木材易腐、易蛀、易燃，故在虎丘塔之前的所有的苏州佛塔都未能保存下来，只能从历史文献中觅得一点踪迹。

随着社会生产力的发展，在佛塔的建造材料上，条砖逐步取代了木材，从南北朝开始已用条砖建塔，但真正成熟地运用条砖建塔已到隋唐时代，建于唐代初期而留存至今的西安大雁塔、小雁塔即是确切的物证。特别是大雁塔，也是一座大型、多层的仿木构楼阁式砖塔，它与虎丘塔有着承前启后的联系。

虎丘塔为套筒式结构，塔内有两层塔壁，仿佛是一座小塔外面又套了一座大塔。其层间的连接以叠涩砌作的砖砌体连接上下和左右，这样的结构，性能上十分优良，虎丘塔历经千年斜而不倒，与其优良的结构是分不开的。塔身平面由外墩、回廊、内墩和塔心室组合而成。全塔由 8 个外墩和 4 个内墩支承，内墩之间有十字通道与回廊沟通，外墩间有 8 个壶门与平座（即外回廊）连通。自虎丘塔之后的大型高层佛塔也多采用套筒式结构，而当代世界上的高层建筑也多采用套筒结构，这足以显示出中国古代建筑匠师们的智慧和技巧了。

6.11.2 古塔倾斜变形情况

新中国建立后，古老的虎丘塔似乎再也承受不了历史沧桑的磨难，塔体已倾斜弯曲、浑身裂缝、残破不堪，岌岌可危。1953 年的一天，虎丘山寺院住持楚光突然听到虎丘塔东北角的封门处轰然一声巨响，砖石崩裂满地，千年古塔似乎在发出即将倒塌的信号。

苏州政府有关部门在计划抢修之前，首先邀请了文物专家前来实地考察，为了能全面了解虎丘塔各层的结构情况，专家们从塔的底层进入，然后逐层勘察，直至塔顶。登上第七层，由于塔刹部分毁坏无存，顶部已变成一个空洞，抬头可以看见蓝天白云。当时一起登塔的人都感到风声呼号，整个塔身似乎都在摇晃，好像随时都会倒塌。

1956 年至 1957 年，苏州有关部门开始了抢修虎丘塔的工作。首先对塔身进行了加固，即在每层塔身加钢箍三道，并在每层楼面的东西方向和南北方向加置十字钢筋，与塔身钢筋拉结在一起；然后对塔体裂缝和塔壁缺损部位喷灌水泥砂浆进行修补。

这次抢修，还在塔的二、三、四层的楼层窨穴中发现了越窑青瓷莲花碗、楠木经箱、刺绣经帙、檀龛宝相和石函、经卷、经袱、钱币和铜镜等一批五代至北宋初年的文物，为研究虎丘塔和五代、宋初的苏州历史提供了大量珍贵的实物资料。特别是越窑青瓷莲花碗，碗身和承托都由大瓣莲花图案组成，犹如出水芙蓉，造型精美，釉色滋润，为青瓷中的极品，现已定为国家一级文物。

70 年代末，有关专家对虎丘塔进行现场调查，测得塔身向东北方向严重倾斜，塔顶偏离中心线已达 2.31 m，倾斜率达到 48.7‰，同时发现底层塔身产生不少裂缝，成为危险建筑而封闭，停止开放。

虎丘塔倾斜历史悠久。根据实测塔的中心线是一条折线形抛物线，由此可见，早在建塔之初，塔发生倾斜；于是在建造第二层时重新校正呈铅直；当塔继续发生倾斜后，建造第三层时又校正呈铅直……，依次类推，成为抛物线状态。为了矫正塔的重心，明崇祯年间修缮时，工匠们有意将第七层往相反方向倾斜，以至形成了今天虎丘斜塔的奇观。

虎丘斜塔是现存最古老的砖塔，也是至今唯一保存的五代建筑。塔身设计完全体现了唐宋时代的建筑风格。虎丘斜塔被尊称为“中国第一斜塔”和“中国的比萨斜塔”。

6.11.3 古塔倾斜原因分析

虎丘塔以山而得名，虎丘山是由火山喷发和造山运动形成，为坚硬的凝灰岩和晶屑流纹岩，山体走势为西南—东北方向，山顶岩面倾斜，西南高、东北低。虎丘塔地基为人工地基，由大块石组成，块石最大粒径达 1 000 mm。人工块石填土层厚 1～2 m，西南薄、东北厚。下为粉质黏土，呈可塑～软塑状态，也是西南薄、东北厚，底部即为风化岩石和基岩。塔底层直径 13.66 m 范围内，覆盖层厚度西南为 2.8 m、东北为 5.8 m，厚度相差 3.0 m。塔基土厚薄不均、塔墩基础设计构造不完善，这是虎丘塔发生倾斜的根本原因。见图 6.11-2。

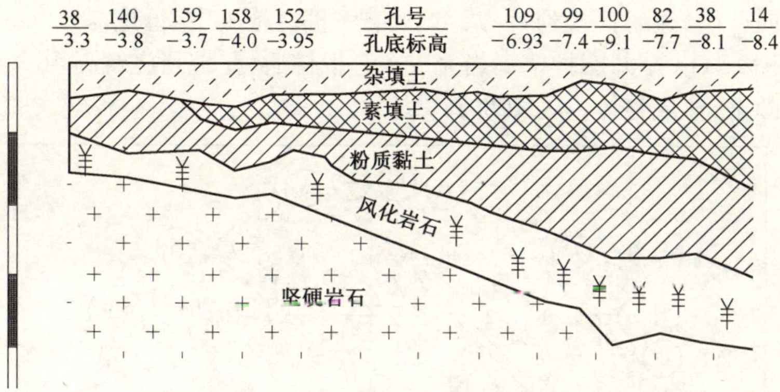

图 6.11-2　虎丘塔地基地质情况

此外，南方多暴雨，源源雨水渗入地基石填土层，冲走块石之间的细粒土，形成很多空洞，这是虎丘塔发生倾斜的重要原因。

在十年“文革”期间，无人管理，树叶堵塞虎丘塔周围排水沟，大量雨水下渗，加剧了地基不均匀沉降，危及塔身安全。

从虎丘塔结构设计上看有很大缺点，没有做扩大基础，砖砌塔身垂直向下砌八皮砖，即埋深 0.5 m，直接置于上述块石填土人工地基上。估算塔重 63 000 kN，则地基单位面积压力高达 435 kPa，超过了地基承载力。塔倾斜后，使东北部位应力集中，超过砖体抗压强度而压裂。

6.11.4　地基加固处理

为保护千年古塔文物，1978 年 6 月在国家文物管理局和苏州市人民政府领导下，召开了多次专家论证会，决定对虎丘塔进行地基加固，鉴于当时的技术条件，未对古塔进行纠倾加固。

1. 不稳定斜坡加固

首先在塔四周建造一圈桩排式地下连续墙，其目的为减少塔基土流失和地基土的侧向变形。在离塔外墙约 3 m 处，用人工挖直径 1.4 m 的桩孔，深入基岩 50 cm，浇筑钢筋混凝土。人工挖孔灌注桩可以避免机械钻孔的振动。地基加固先从不利的塔东北方向开始，逆时针排列，一共 44 根灌注桩。施工中，每挖深 80 cm 即浇 15 cm 厚井圈护壁。当完成 6、7 根桩后，在桩顶浇筑高 450 mm 圈梁，连成整体。见图 6.11-3。

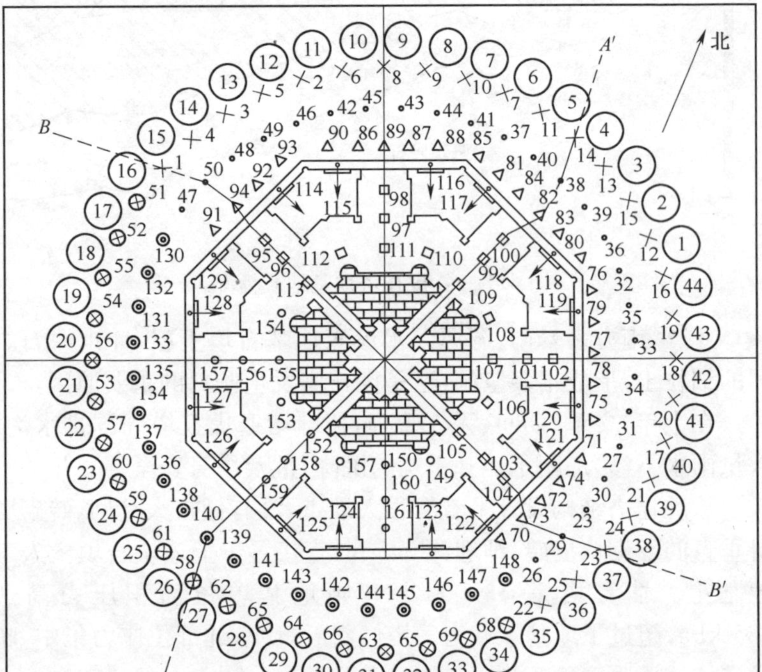

图 6.11-3　虎丘塔地基加固平面布置图

2. 塔基注浆加固

采用钻孔注浆和树根桩加固塔基。钻孔注水泥浆位于第一期工程桩排式圆环形地下连续墙与塔基之间,孔径 90 mm,由外及里分三排圆环形注浆共 113 孔,注入浆液达 26 637 m^3。树根桩位于塔身内顺回廊中心和八个壶门内,共做 32 根垂直向树根桩。此外,在壶门之间 8 个塔身,各做 2 根斜向树根桩,总计 48 根树根桩,桩直径 90 mm,安设 3ϕ16 受力筋,采用压力注浆成桩。

总之,采用了“围、灌、盖、调、换”的加固技术,以强化地基为主、塔体纠倾为辅,基本控制了塔基沉降,稳定了塔身倾斜,为保护人类文化遗产提供了有益的借鉴。

虎丘塔地基加固工程,由上海市特种基础工程研究所改装了 XJ-100-1 型钻机,并用干钻法完成,效果良好。

雄伟的虎丘塔仍然屹立在虎丘山的山巅上,南来北往的过客未到苏州,远远的就先看到了它的雄姿。它是苏州古老历史的见证,是苏州人心中“家乡”的象征。

6.12　意大利比萨斜塔纠倾加固

6.12.1　比萨斜塔概况

举世闻名的意大利比萨斜塔位于意大利西海岸中部美丽的小城——比萨市北部,比萨市靠近罗马与米兰中间的佛罗伦萨市,有铁路相通,交通便利。比萨斜塔是比萨大教堂的一座钟塔,在大教堂东南方向,相距约 25 m。它始建于 1173 年,竣工于 1372 年,施工历时整整 200 年,是世界建筑史绝无仅有的一项“马拉松工程”。比萨塔之所以延长工期,主要是因施工中塔身曾两度发生倾斜,虽经从结构上采取一些补救措施,但仍无法纠正,而一再被迫停工。最终不得不任其带着倾斜而结顶。但斜塔竟然站立了数百年,成为世界建筑史上七大奇迹之一、吸引了无数游客。

比萨斜塔是一座独立的建筑,周围空旷,游人可以环绕塔身行走与观赏。斜塔西侧有一大片四季常青的草地，长达 200 m，景色秀丽。

斜塔呈圆筒形，塔身第一至六层均由大理石砌成，大理石质地优良，每块大理石做得都很规整，不仅高度一致，而且表面做成曲面，拼接而成的塔身为准确圆形。塔基础外伸台阶也同样做成圆形。尤其是塔周围有 15 根大圆柱，砌筑得更加精致。斜塔顶上第七至八层为砖和轻石料筑成。塔身砌体总厚度为第一层 4.1 m，第二至六层 2.6 m。塔身内径约 7.65 m，基础底面外直径 19.35 m、内直径 4.51 m。塔身每层都有精致的花纹图案，整个斜塔是一座宏伟而精致的艺术品，令人赞叹不已。

6.12.2　比萨斜塔的倾斜变形历史

比萨斜塔建造，经历了三个时期：

第一时期：自 1173 年 9 月 8 日动工，至 1178 年。从施工之初就向北倾斜，建至第四层中部，高度约 29 m 时，其倾斜继续发展，因纠正未果而被迫停工。

第二时期：中断施工 94 年后，于 1272 年复工续建。施工时曾企图通过调整承重柱的胖瘦和墙体的厚薄来改变塔身倾斜，但均未获成功。至 1278 年，建完第七层，高度约 48 m 时，塔身转而向南倾斜，乃再次被迫停工。

第三时期：经第二次施工中断 82 年后，于 1360 年再复工，至 1372 年完成第八层（即顶层）钟楼施工。当时塔身第一至七层是向南倾斜，第 8 层则有意建成向北倾斜；塔顶中心点偏离塔身垂直中心线 2.1 m。比萨塔全高 55 m，塔基直径 19.6 m。

自竣工后 600 多年间，它缓慢持续向南倾斜。1930 年以后，比萨塔的倾斜速率加快。至 1991 年，最大沉降 3.0 m、沉降差 1.8 m，塔顶中心点偏离塔身垂直中心线 5.4 m，倾斜度达到 5.5°，比萨塔已岌岌可危。又因其邻近的一座 Pavia 古建筑倒塌，敲响了警钟，意大利政府遂决定关闭斜塔，停止游人参观，并成立拯救比萨塔国际委员会，邀请国际知名专家学者共商良策。从此，比萨塔的安危一直为世人所关注。

比萨塔全塔总荷重约为 145 000 kN,塔身传递到地基的平均压力约 50 kPa,塔向南倾斜,塔顶离开垂直的水平距离已达 5.4 m,倾斜率达到 93‰。我国国家标准《建筑地基基础设计规范》(GB 50007—2002)中规定:高耸结构基础的倾斜,当建筑物高度 H_g 为 50 m<H_g<100 m 时,其允许值为 5‰。目前比萨斜塔基础实际倾斜值已等于我国国家标准允许值的 18 倍。由此可见,比萨斜塔已达到极危险的状态,随时有可能倒塌。

6.12.3 全球征询拯救方案

为了保护这一世界历史文化遗产,意大利政府于 1990 年成立了拯救比萨斜塔国际委员会,由世界级知名的岩土工程师、结构工程师、地质师、建筑师及建筑历史、考古、历史等专业的专家学者组成,意大利土力学家雅苗尔科夫斯基任主席。世界各地专家也纷纷为拯救斜塔献计献策,几十个国家共寄送了近千份纠倾方案。我国著名纠倾专家武汉大学刘祖德教授在详细研究了有关资料后,曾于 1991 年提出了用"地基应力解除法"解决比萨斜塔的问题方案,此后,武汉大学王钊教授向斜塔国际委员会的英国专家 J. B. Burland 教授作了详细介绍。1998 年 7 月,我国著名纠倾专家曹时中曾专程前往意大利比萨市考察,并向雅苗尔科夫斯基建议用中国传统文化中的"以柔克刚"的原则指导纠倾工作。他断言,按照他的方法在 10 个月之内可将倾斜量由 5.4 m 减小至 600 多年前的 2.1 m。

6.12.4 倾斜原因分析

关于比萨斜塔倾斜的原因,引起很多学者的关注。有各种不同的解释,存在着一些争议,早在 18 世纪记载当时有两派不同见解:一派由历史学家兰尼里·克拉西为首,坚持比萨斜塔有意建成不垂直;另一派由建筑师阿莱山特罗领导,认为比萨斜塔的倾斜归因于它的地基不均匀沉降。

比萨斜塔的地基情况及其在建塔受荷后的变化，经过近 100 年以来的多次详勘和分析对比研究，已很清楚。概括地说，整个比萨平原为更新世、渐新世泻湖相沼泽沉积；地下水位在地面以下 1.0 m，地面高出海平面 3.0 m。

21 世纪以来，一些学者提供了塔的基本资料和地基土的情况。比萨斜塔的地基土的典型剖面见图 6.12-1，由上至下，可分为 8 层：

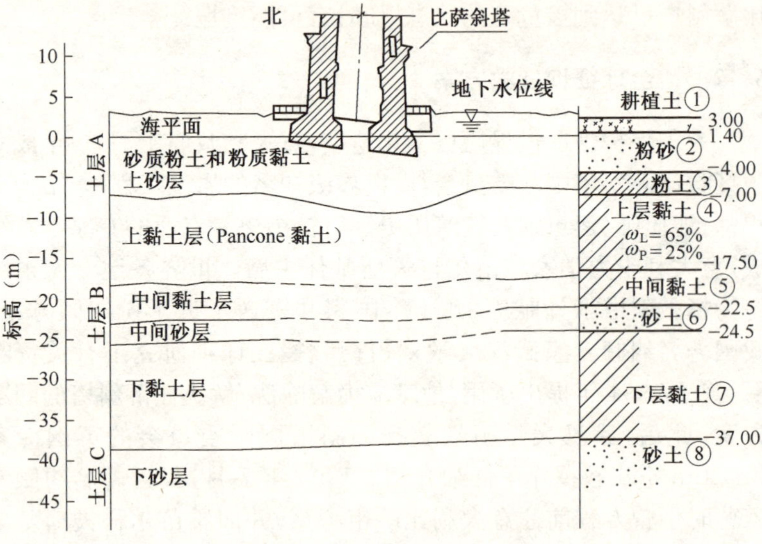

图 6.12-1　比萨斜塔地基土层剖面图

①表层为耕植土，厚 1.60 m；

②第二层为粉砂，夹质粉黏土透镜体，厚度 5.40 m；

③第三层为粉土，厚 3.00 m；

④第四层为上层黏土，厚度 10.50 m；

⑤第五层为中间黏土，厚为 5.00 m；

⑥第六层为砂土，厚 2.00 m；

⑦第七层为下层黏土，厚度 12.50 m；

⑧第八层为砂土，厚度超过 20.00 m。

也有人将上述 8 层土合并为三大层：

土层 A：①～③层为砂质粉质土；

土层 B：④～⑦层为黏土层；

土层 C：⑧层为砂质土层。

地下水埋深 1.6 m，位于粉砂层。

根据上述资料，对比萨钟塔倾斜的原因分析如下：

(1)钟塔基础底面位于第二层粉砂中。施工不慎，南侧粉砂局部外挤，造成偏心荷载，使塔南侧附加应力大于北侧，导致塔向南倾斜。

(2)塔基底压力高达 500 kPa，超过持力层粉砂的承载力，地基产生塑性变形，使塔下沉。塔南侧接触压力大于北侧，南侧塑性变形必然大于北侧，使塔倾斜加剧。

(3)钟塔地基中的黏土层厚达近 30 m，位于地下水位下，呈饱和状态。在长期荷载作用下，土体发生蠕变，也是比萨塔继续缓慢倾斜的一个原因。

(4)在比萨平原深层抽水，使地下水位下降，相当于大面积加载，这是钟塔倾斜的重要原因。在 60 年代后期与 70 年代早期，观察地下水位下降，同时钟塔的倾斜率也在增加。当天然地下水恢复后，则钟塔的倾斜率也回到了常值。

1989 年，Pavia 的市政塔发生坍塌，有 4 人在坍塌中死亡，该事件导致比萨斜塔 1990 年 1 月对游客关闭，也迫使意大利政府于 1990 年 3 月成立了比萨斜塔保护与加固国际委员会，该委员会由艺术、建筑修复、材料、结构和岩土工程方面的 14 名专家组成的多学科的集体。

6.12.5 纠倾加固方法

从建筑物纠倾的角度讲，比萨斜塔纠倾有两大特点，其一是古塔施工工期长，历时 200 年，在施工过程中也偿试纠倾，斜塔南北两侧砌石墙厚度不等可以证明这一点；其二是斜塔是举世闻名的文化遗产，相传伽利略曾在斜塔顶部做过著名的自由落体试验，意大利政府不惜一切代价保护此塔，因此对塔的任何工程措施都是十分谨慎的。

影响比萨斜塔稳定的因素主要有两个：一是结构本身的因素，即砌体结构的脆性破坏；二是地基土的因素，即土的塑性破坏引起倾斜失稳，当然这两个因素也是相互关联、互为因果的。局部砌体产生破坏，倾斜必然加剧，整体失稳的可能性就愈大。倾斜增加不仅导致倾覆力矩增加，而且也会增加砌体结构中的应力，增加了结构破坏的危险。所以，加固措施可以从两个方面着手，即结构措施和岩土工程措施。

刚开始国际委员会主要考虑了以下几种备选方案：①在塔的北边进行加载；②在塔北边的上黏土层中进行真空抽水；③电渗固结法；④基底掏土法。对于上述每一种方法，国际委员会都利用物理模型和数值模型进行了模拟，对电渗固结和基底掏土两种方法还进行了现场原位试验，最终选用了下述的几种工程措施。

1. 塔身局部加固

拯救斜塔国际委员会成立后，通过理论论证、数值模拟、物理模型试验与塔身应力分析等一系列工作，首先认为塔身结构破坏的危险性与地基失稳的危险性同样严重，在正式纠倾之前必须预先加固塔身下部，其措施为：在斜塔的一层檐口至二层周围每隔一定间距绑扎一些重量很轻的预应力钢丝，对下面两层塔身的墙体用预应力环箍进行加固，使砌体结构稳定。

2. 堆载加压促沉

在掏土纠倾之前，还对斜塔基础进行了临时性加固，即在沉降较小的北侧塔基周围浇筑一道混凝土环，在其上堆载铅锭促沉。铅锭分期分批地逐渐增加，先加上去 6 000 kN，之后塔的倾斜度减少了 1/60 弧度，倾覆力矩减少了 10%。到 1995 年，总重量增加至 9 000 kN。堆载促沉后，斜塔 800 年来第一次开始回倾，回倾量为 2 mm。

3. 钢丝绳揽拉保护

为了确保纠倾中万无一失，1998 年 12 月对斜塔进行揽拉保护。在斜塔第三层上安装了两条长 130 m、直径 50 mm 的保护钢丝绳，钢丝绳越过斜塔北侧的建筑物，穿过高出地面约 14 m 的三角架顶部的滑轮，再由铅块拉伸。这一措施是为了防止斜塔在纠倾过程中出现意外，钢丝绳揽拉保护装置见图 6.12-2。

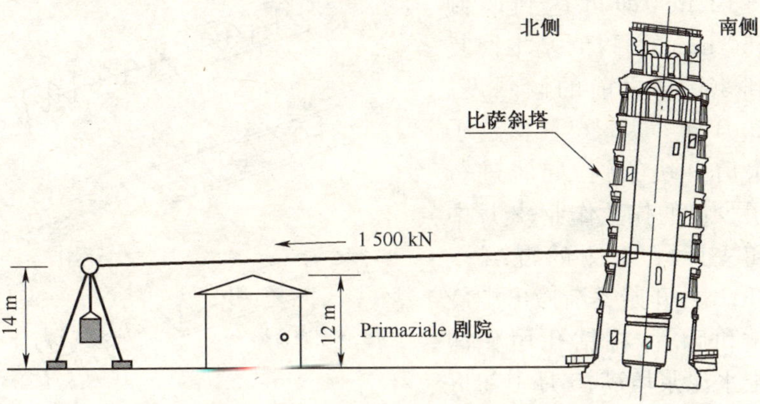

图 6.12-2　钢丝绳揽拉装置示意图

4. 钻孔掏土纠倾

正式纠倾前，先在现场进行了小范围试验。在塔北侧地基下进行了钻孔取十的偿试，试验中掏上采用空心杆连续螺旋钻，螺旋钻内为直径 180 mm 的反旋套管，这样可以确保钻探时对周围地基没有扰动效应。当钻具从空腔拔出时，空心杆内的测试探针则留在空腔中测试空腔的合龙情况，掏土的程序见图 6.12-3。现场试验历时一年多，试验表明，位于 A 土层中的空腔在钻具拔出后慢慢合龙，同时斜塔也有回倾的响应。

在试验成功的基础上，从 2000 年 2 月起，在塔北侧地基安装了 41 台小钻机，正式开始钻孔取土作业。钻孔倾角 22°，深入塔基下 20 m 处的黏土层，每次取出约 1 cm^3 的泥土，每天约取 100 kg，小钻机昼夜 24 h 连续作业，见图 6.12-4。与此同时，技术人员通过 20 个监测器，严密监视斜塔的动静。

截至 2000 年 6 月，在塔北侧共取土 15 m^3，斜塔由南向北回倾了 175 mm，倾斜度已回复到 130 年前的状态。此时，先撤走放置北侧的铅锭 1 700 kN，接着再取土 10～12 m^3，即可达到回倾 450 mm 的目标，基本回复到 300 年之前的倾斜度。2001 年 1 月 16 日移走了最后一块铅锭，同时进行了少量的掏土作业；2 月中旬去除了北侧的混凝土环；3 月开始逐渐撤出螺旋钻和套管，将钻孔用膨润土水泥浆填满；5 月中旬拆除了保护钢丝绳，拆除钢丝绳后导致塔又向南发生了几微秒的旋转，为了挽回这次倾斜，此后又进行了少量的掏土作业。

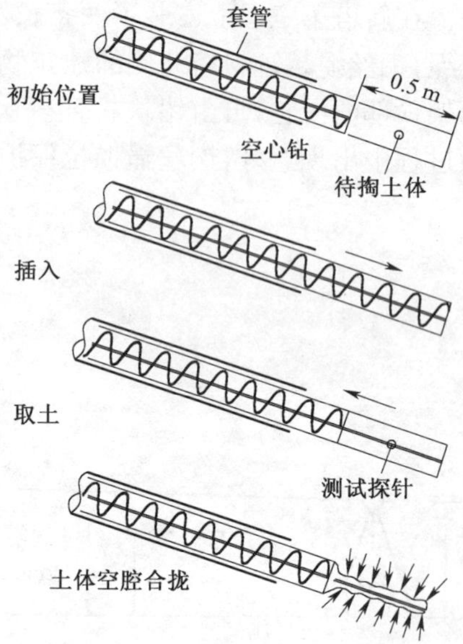

图 6.12-3　钻机掏土原理示意图

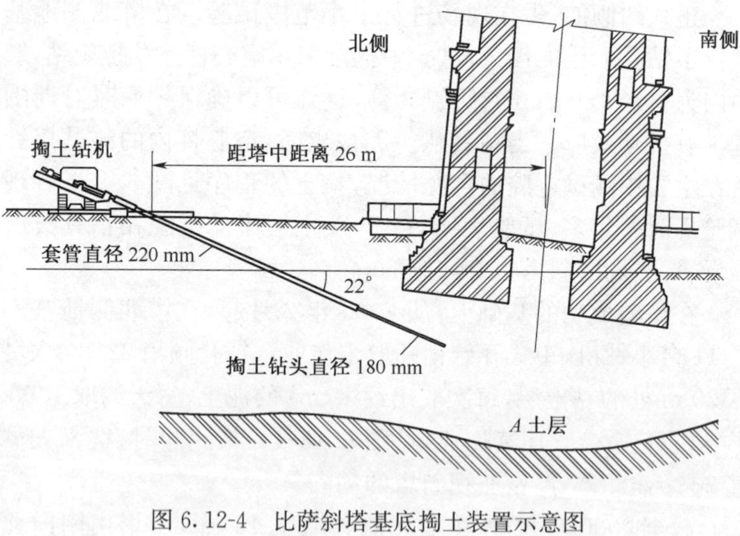

图 6.12-4　比萨斜塔基底掏土装置示意图

5. 排水措施

为了抑制地下水位波动对古塔的不利影响，随后还在古塔的北侧安设了排水系统，其主要目的是减少北侧塔基下土体的孔隙水压力，达到在一定程度上控制塔基不均匀沉降的目的。排水系统由 3 个竖井组成，在每个竖井下还设置了 5 个水平向排水井，每个竖井之间采用排水管相连，最后将水排放到附近的下水道中。

雅苗尔科夫斯基称：如果一切顺利，斜塔在今后几个世纪将不会出现什么问题。为此，意大利公共工程部长宣布斜塔将于 2001 年 6 月 17 日重新开放，供游人参观。自 1989 年以来，为拯救斜塔共耗资 540 亿里拉。

据意大利报纸称，上述钻孔取土的办法，是 40 年前一位意大利工程师发明的。但我国有关专家则认为，该法实属我国刘祖德教授首创的“地基应力解除法”的范畴。在意大利政府向全球征求纠倾方案时，武汉大学的刘祖德教授曾寄去了他的纠倾方案，刘教授的方案是在塔的北侧垂直钻孔掏土，见图 6.12-5。

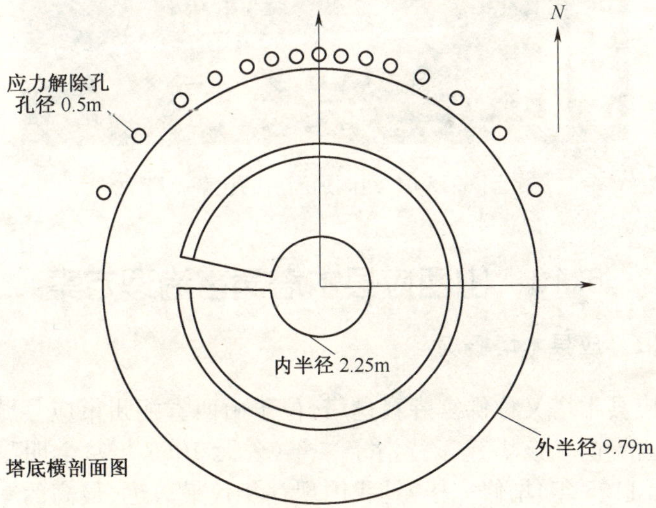

图 6.12-5　地基应力解除法示意图

6.12.6 纠倾后的效果

2001 年中期，拯救工程初见成效，关闭 4359 天的比萨斜塔于当年 12 月 15 日重新开始向游客开放。但是直至 2007 年 6 月 27 日，整个纠倾加固工程才宣布彻底完工。从 1990 年开始至 2007 年彻底完工，这项历经 17 年，耗资 4000 万美元的巨大拯救工程使塔顶偏移量减少了 45cm，回归到 1838 年时的倾斜度，可至少再维持 300 年不倒。纠倾加固后的比萨斜塔见图 6.12-6。

图 6.12-6 纠倾加固后的比萨斜塔

6.13 山西应县木塔病害治理方案

6.13.1 应县木塔概况

应县木塔又称佛宫寺释迦塔，位于山西省朔州市应县城内西北佛宫寺内。该塔建于辽清宁二年（公元 1056 年），金明昌六年（公元 1195 年）增修完毕，是我国现存年代最久远、最高的一座木构楼阁式建筑，也是唯一一座木结构楼阁式塔，文物价值极高。1961 年被列入我国首批国家重点文物保护单位。

应县木塔平面呈八角形，外观为五层六檐，内剖共九层，五个明层，四个暗层，见图 6.13-1。整个建筑由塔基、塔身、塔刹三部分组成。塔基分上下两层，下层为方形、上层为八角形。塔刹由基座、仰莲、相轮、圆光、仰月、宝盖、宝珠组成，制作精巧，与塔身十分协调。塔立面原高 67.676 m，经压沉现高 65.86 m，其中台明高 3.733 m，塔身高 49.027 m，塔刹高 13.100 m，外径 30.26 m，总重量约为 74 000 kN。

图 6.13-1　应县木塔全景

木塔主要功能分为明层和暗层。明层较高，采光通风良好，是主要的活动空间。暗层也称平座层，即结构层，由厚木板及密布交叉梁系组成，刚度大、整体性强，为一几何不变刚体。明层主要构件为柱、梁及斗栱。平座层的荷载通过梁枋传给斗栱，再传给柱。柱网按内外环布置，内环柱共 8 根，设于内八角形各顶点，外环柱共 24 根，均匀分布于外八角形顶点及各边三分点处。各层柱上下相对，但不相接，逐层向内收约半个柱径。柱下端单向或双向开榫口，骑卡在下层（暗层）梁枋上。

应县木塔在设计和施工上独具匠心，整体构架全部用木料建成。木塔在结构上采用的是两个内外相套的八角形框架，而平面分为内槽和外槽两部分，内外槽之间靠各种木料纵横连接，构成了一个刚性很强的双层套筒式结构。塔内上下层的连接采用了叉柱构造的方法，将上层柱的底部十字开口，插在下层柱上的斗栱之间，而且上层柱向内退进半个柱径，从而造成逐层内收的效果，形成一层比一层小的优美轮廓。全塔在结构上没用一个铁钉子，全靠构件互相卯榫咬合。全塔共使用 54 种不同形制的斗栱，种类之多，国内罕见，被称为“中国古建筑斗栱博物馆”。见图 6.13-2、图 6.13-3。

图 6.13-2　木塔斗栱转角

应县木塔是建筑结构与使用功能设计合理以及造型艺术的典范之作。在世界现存古木建筑中，形体如此高大、年代如此久远的古木塔已是孤例。从建筑技艺及建筑材料角度讲，应县木塔凝聚了中国古代匠师们的聪明智慧和创造才能，经历了近千年的风风雨雨和多次地震的考验仍巍然屹立至今，真是中国建筑史上的奇迹。它与意大利的比萨斜塔、法国的埃菲尔铁塔并列为“世界三大奇塔”。

图 6.13-3　木塔连接构造模型

古往今来，观瞻应县木塔成一大乐事，登上木塔凭栏远眺，塞北风光尽收眼底，令人领觉虚无恬淡、幽深静寂。历史上不少帝王将相、官员缙绅、文人墨客、佛门弟子为木塔挥毫泼墨，留下不少赞美佳句。塔上现存 54 面珍贵的匾联，其中明成祖朱棣题的“竣极神工”、明武宗朱厚照题的“天下奇观”笔划苍劲凝重、神韵连贯，为难得的珍品。

6.13.2　应县木塔病害情况

木塔建成至今已有 955 年的历史，历经沧桑，遭受过无数次自然和人为的破坏。元代以后，应县曾发生过十余次较强的地震，其中 6 级以上就有三次。1926 年军阀混战时，木塔中弹 200 余发，至今弹痕仍清晰可见。

针对木塔损坏情况，历史上曾进行过多次维修。已知较为主要的维修有 6 次，平均 150 年一次。其中规模最大的是 1350 年和 1626 年两次大地震(7 度)后的修复加固，基本方法是在主柱周围增设了不少辅柱。

新中国成立后，党和国家非常重视这一“国宝”，多次进行了较为系统的修缮和保护管理。1974 年～1982 年，国家先后多次调拨优质木材，补修更换了楼板、楼梯、围栏，加固了二三层大梁，加固了塔基，补做了十年动乱中被毁坏的各层塑像，并油饰了外部所有的构件。即便如此，以上采取的仅是一些养护性维修，木塔依然存在比较严重扭曲变形“病患”，主要表现在以下几个方面：

(1)木塔整体向北东方向倾斜，一层明层柱头东西向高差为130 mm，西高东低，塔身内外槽柱网倾斜扭曲，其平面分布见图6.13-4。

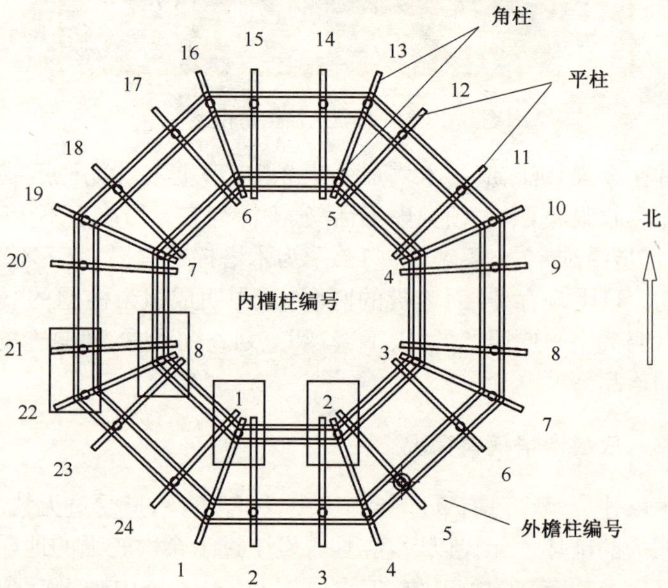

图 6.13-4　塔身内外槽柱平面布置图

(2)塔体一、二、三层铺作节点压缩折断，倾斜歪闪，危及结构安全，见图6.13-5。

(3)塔身下部梁架多处出现水平位移、劈裂把榫，梁的严重劈裂损伤仅平座层内就有20多处。

(4)塔身下部柱额枋木受压严重挠曲，且多处劈裂折断，加之炮击损伤，伤损枋木计 36 根，已属破坏状态，见图 6.13-6。

图 6.13-5　内外槽柱明显倾斜

图 6.13-6　铺作节点压缩折断，构件受炮击严重受损

(5)塔体部分承重构件严重损坏，如内槽角斜华栱折断、部分承重柱受剪切通体劈裂，见图 6.13-7、图 6.13-8。

(6)木塔塔体高度 62.12 m，塔基高度 3.74 m，残损现状高度 65.86 m，加上塔内各层普拍枋节点机承重构件、栱枋、垫木压缩沉降累计值 866 mm，塔院地平面曾被后人垫高，塔基高度较 20 世纪 70 年代降低了 750 mm 左右。

图 6.13-7　木塔承载柱出现通体劈裂

图 6.13-8　承重柱出现通体开裂

6.13.3　应县木塔变形原因分析

变形原因是修缮方案提出的重要依据，原因找到了，修缮方案才能对症施治，有的放矢。

(1)整体倾斜，源于第一层的倾斜，分析认为主要是地基基础不均匀下沉所致。由于缺乏地质资料，有待进一步研究确定。

(2)塔体在第二层处折曲，根据一般常识，塔体向北东方向倾斜，荷载偏心应在北东方向，也就是说南西方向的压应力比北东方向小，那为什么南西方向的结构变形最大，而且破坏相当严重，承重柱倾斜、压裂，就是在均匀受力情况下，自重荷载也不能造成这样严重的破坏，其主要原因是外力的参与，而且这个外力应该是来自北东方向，南西侧承重柱承受的压力突然剧增(自重压力和弯矩带来的压力叠加)，加之北东侧的受拉区由于结构的原因不能承受拉应力，无法缓解受压区的压应力，而且受压区的结构经几百年的压密，已无隙可乘，只能是硬碰硬的破坏构件，首先是压裂，继而是倾斜变形和扭曲。由于立柱与立柱不是轴向受力，很容易向内倾斜，造成塔体折曲。这个外力的最大可能是地震力，而且是多次地震力的影响逐渐造成的，但此推断有待进一步验证，当然也不完全排除与战争的炮击损坏二层南西侧主要承重构件有关。

6.13.4 应县木塔纠倾加固方案

1. 借鉴比萨斜塔，全社会征集方案

为保护木塔安全，从1989年起，我国就开始研究应县木塔的保护工作。1991年，国家文物局批准成立“山西省应县木塔修缮工程领导组”，木塔大修工程正式启动。中央电视台第一频道东方时空栏目曾播出了占塔的受损情况，报道了国家文物局为维护古塔所做的种种努力，以及历次专家会议所提出的一系列加固方案，并向全社会征集最佳维护方案。

木塔维修加固，受到党中央、国务院的高度重视。十几年中，中央财政划拨巨额专款，用于木塔维修前各项科研、勘测等工作。国家文物局、山西省文物局和木塔管理委员会先后组织50多位相关权威专家到木塔现场考察。中国科学院、清华大学、北京大学等

23 家大专院校、科研单位、文保机构、勘察设计单位参与了木塔修缮保护的科研课题研究，完成了《木塔应力测试和安全评估及地震影响分析》等 30 多个勘测、研究项目，提出了落架大修、抬升上部修缮、现状加固、钢架支撑四种类型的修缮方案。有专家称，应县木塔前期勘查研究工作所设置的科研课题数量之多，学科涵盖面之广泛，参与专家规格之高、人数之多，为全国文物保护史上所罕见。有 7 位两院院士在国家文物局、山西省文物局和木塔管委会的组织下，多次赴木塔进行实地考察，共同参与文物保护项目的修缮论证，这在我国文物保护史上尚属首次。针对木塔严重损坏的现状，至 2002 年，全国各地提出了修缮保护方案共 37 个，总体可归纳为以下四大类：

(1)设置钢支撑，现状保存

在塔体内部另设型钢支承结构，在第一至三层平座层底部，分层将塔托起，见图 6.13-9、图 6.13-10，使原损坏较为严重的塔体结构，部分或全部变为非承重结构，原塔成为搁置在钢架上的大型展品。该方案优点是：最大限度保护了木塔全部历史信息，尤其是残损现状，造价最低。其缺点是：内设永久型钢支撑，反差太大，实属另一种结构体系。

(2)落架修缮

在塔四周外设工作平台（加强脚手架），先逐层将木塔解体，对各类残损构件逐根维修加固（包括更换），然后原件原样归位安装。该方案优点是：修复彻底，安全可靠。其缺点是：对这类榫卯结构，拆卸难度大，安装时上下结构也不容易连接复位。

(3)现状加固

在不解体拆卸木塔整体结构的情况下，打牮拨正，对结构弱点和残损构件进行加固或更换。该方案优点是：对塔体结构现状干预较少。其缺点是：施工难度较大，构件修复不可能彻底。

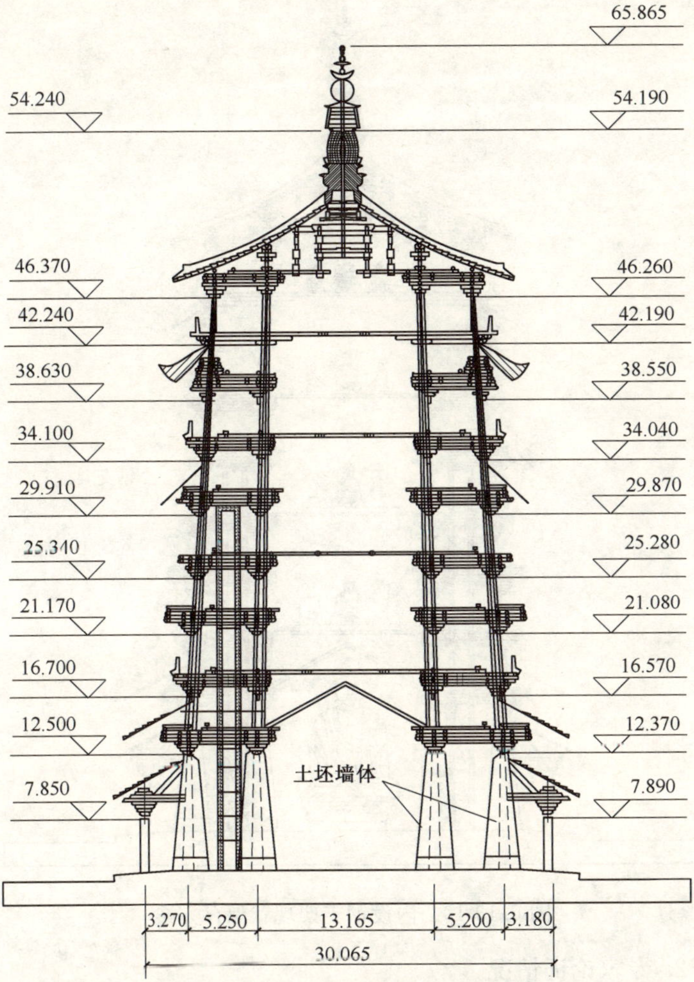

图 6.13-9 应县木塔剖面图（mm）

(4)抬升修缮

采用托梁拨柱方法，将第三至五层好的塔体托起，落架修缮下部第一至二层严重残损构件。该方案优点是：原样保存了大部分好的塔体，彻底修复了损坏结构。其缺点是：抬升有一定风险，上部结构归位有一定难度，见图 6.13-11。

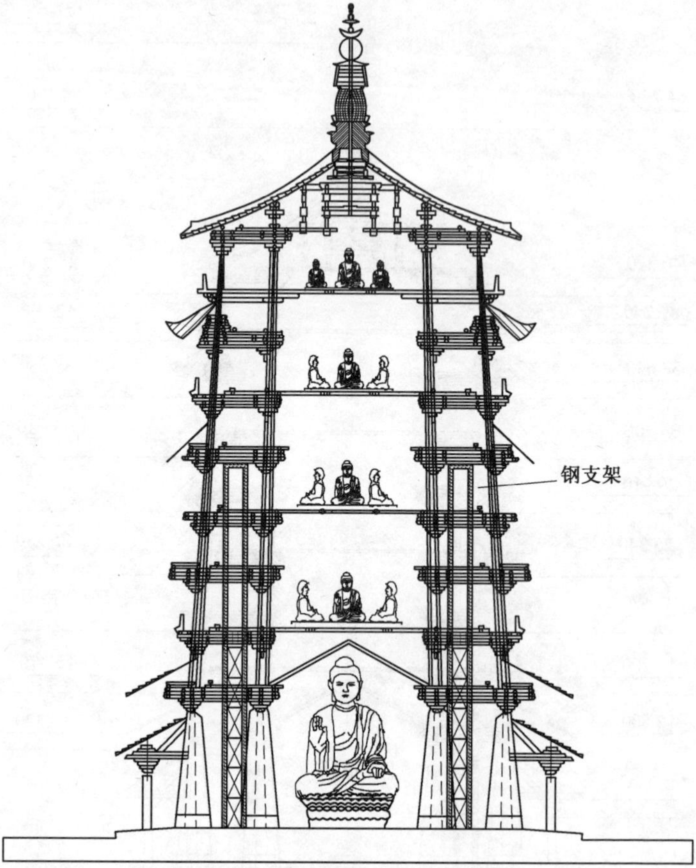

图 6.13-10　内设钢支架现状保存方案

2. 专家论证情况

2002 年 11 月，山西省政府、国家文物局在太原召开木塔修缮保护工程方案评审论证会，中国科学院、中国工程院多位院士和来自全国建筑结构、建筑力学、文物保护等多学科的著名专家 40 多人参加了评审论证。评审论证会围绕应县木塔修缮保护工程，对修缮保护工程前期研究成果进行了综合评估，对提交会议的抬升修缮、落架大修、现状加固、钢架支撑等修缮方案的可行性、可靠性

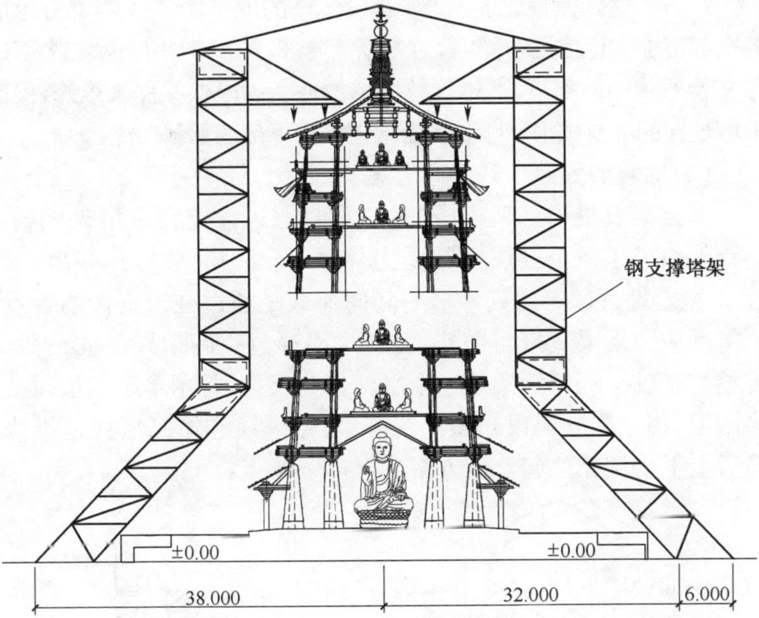

图 6.13-11　抬升修缮方案(m)

逐一进行了评审论证。最后采用投票方式,产生了木塔修缮保护工程总体方案—— 抬升修缮方案,同时建议对木塔进行抗震加固。

经过近 4 年的辛勤工作,太原理工大学建筑设计研究院和山西省古建筑研究所编制了《应县木塔保护工程抬升修缮方案》,东南大学特种基础工程公司和东南大学建筑设计院编制了《应县木塔抗震加固方案》,提交专家再次论证。

(1)抬升修缮方案

应县木塔为"明五暗九",从外观看是五层,各层间夹设暗层,实为九层。由于木塔损坏最严重的是第一层和第二层,第一层因为有墙体支撑稍微好一点,第二层损坏最严重,往上第三、第四、第五层逐渐变轻。该"抬升修缮方案"是从第三层开始,把木塔上半部分用钢架架起来,修木塔下面一层、二层,修完以后再把钢架落下来,按照木塔各层原来的连接方式,把上半部分与下半部分连接。

该方案达到完整地维护上半部分木塔的现状、保留上半部分木塔的全部历史文化信息的同时，对木塔下半部分进行加固维修，在不改变文物原状的前提下，严格保持木塔的原貌、原构、原件来维修，根治木塔现存的主要残损、缺陷，从而增强木塔下部的承载功能。

(2)抗震加固及顶升纠倾方案

本方案着眼于提高木塔的抗震性，通过设置在木塔外围的 8 个钢架组成了一个三层空间受力体系(图 6.13-12)，其宽高比接近 2，稳定性好。考虑到木塔的竖向荷载是通过柱子下传的特点，故将预应力钢梁直接与槽柱连接，进而通过空间钢架将柱子荷载传给桩基础。利用钢架的三个平台作为反力，将木塔第五层以上、第四层、第三层分别顶起逐层维修，对第一层和第二层就地维修，最后上下拼接在一起。该方案具有以下特点：

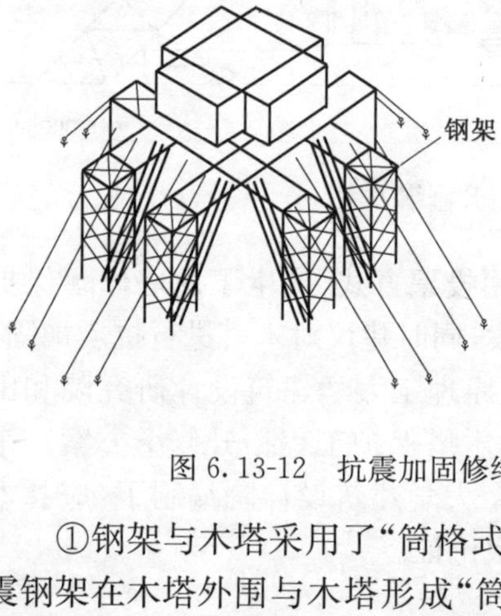

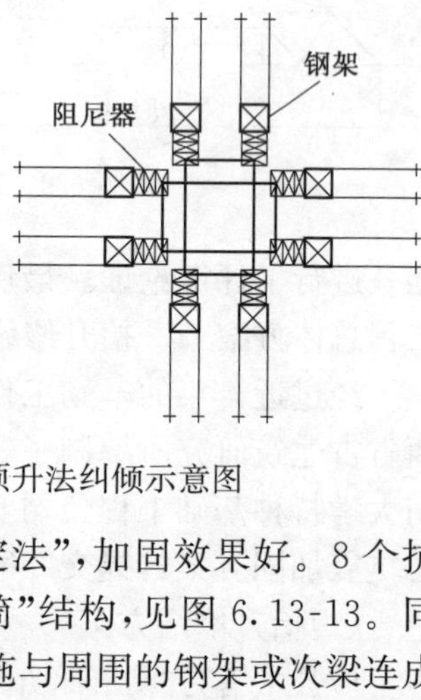

图 6.13-12　抗震加固修缮及顶升法纠倾示意图

①钢架与木塔采用了“筒格式固定法”，加固效果好。8 个抗震钢架在木塔外围与木塔形成“筒中筒”结构，见图 6.13-13。同时每根槽柱通过粘滞阻尼器等固定措施与周围的钢架或次梁连成一体，形成内“网格”。在抗震加固阶段，“筒格式固定”使得木塔的槽柱和塔体都获得了有力的支撑，杜绝了较大变形和倾覆的可能。

②抗震加固效果好。本方案吸收了消能减振方法的优点，采用了“减抗结合”的手法，在传统加固方法中融入现代科技手段。如在钢架和木塔之间安装了多粘滞阻尼器，使得抗震钢架和阻尼

器形成了一个良好的抗震减震体系。这样，由于阻尼器系统调整了木塔的动力特性，从而有效地减小了木塔在地震中的受力。所有这些都可保证木塔在强风、强震中免受损坏。

③钢架抗震加固和顶升纠倾两个阶段的兼容性非常好。钢架的三个平台对木塔起到了“筒格式”固定，这使得抗震加固维持阶段的安全性提高。当进入顶升纠倾维修阶段时，先放松托换平台与钢架在三层处的连接拆除三层以上钢架与外围的联系构件，然后再进行顶升，见图 6.13-13。由于被顶升的主体是上钢架，而三层以上的木塔就像坐在轿中的新娘一样，通过粘滞阻尼器被“筒格式钢架”所固定，因此被顶升的木塔（三层以上）是非常稳固安全的。同时，钢架所形成的三个加固平台，又可以兼做三个顶升施工时的工作平台，这为顶升施工提供了非常便利的条件和良好的工作环境。

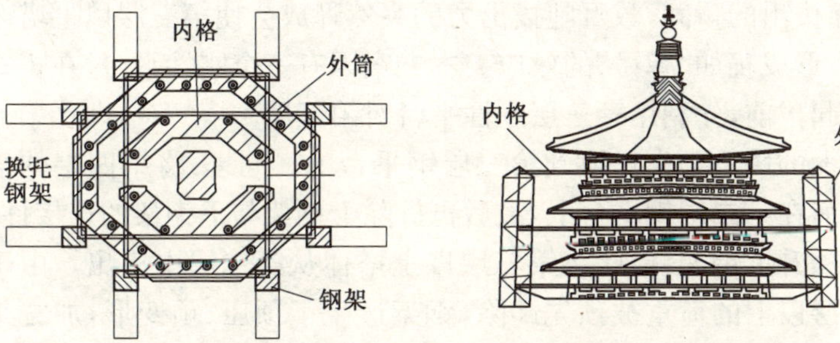

图 6.13-13　抗震加固修缮及顶升法纠倾示意图

④避免了木塔的解体维修。在整个木塔维修过程中，木塔不必全拆除，在第三层以上木塔被顶起之后再利用首层钢平台将第二层吊起。对于木塔的第一层，可在地面上维修，其他各层可以借助水平托换钢梁形成的刚性平台进行维修，就如同在地面上维修一样，整个木塔不必解体。

此外，木塔历经多次维修，横七竖八的杆件较多，受力复杂。本方案在第一至五层处设置了三个刚性平台，可用其对木塔进行各种撑、垫，哪里存在受力隐患，就在哪里设撑、设垫，确保加固时安全可靠。

⑤顶升过程中的可控性好。采用液压系统进行顶升，其可控性非常好，无论是加载的速度，还是顶升力的大小，都可以满足工程的需要。目前，用计算机来控制液压系统的技术已经非常成熟，地震力模拟中的伺服系统就是一个很好的例证。木塔槽柱的榫卯多，结合紧密，加之木塔的变形，榫槽的翘曲，可以想象，要将第三层以上木塔顶离第二层是非常困难的。在这种情况下，采用液压顶升系统是最为合适的。

⑥第三层以上分层卸载，减小顶升起拔时的“弹弓效应”。由于槽柱底端是通过榫卯方式嵌固于多个构件之中，要想将槽柱拔出，除了需要克服上部塔体自重之外，还要额外增加拔出力，据估算将第三层以上塔体拔出将达到数百吨，这一额外的力会引起钢架的压缩、钢缆等固定连接件的变形，这些变形会积累大量的能量，在拔出的瞬间，数百吨拔出力的突然释放会使第三层以上塔体外弹，形成犹如“弹弓”的效应。本方案因有三个刚性平台，在正式顶升起拔前，先利用第三层刚性平台对第五层木塔卸载，即将第五层以上的塔重预先托换到第三层钢平台上。同理，将第四层的塔重卸荷在第二层钢平台上，最后再拆除上钢架与下钢架的连接件，开始顶升上钢架，借此将第三层以上塔体从第二层中拔出。由于第三层以上的荷重被预先卸除，钢架产生了预压、预变形，加之采用液压系统和刚度极大的钢架相结合，在上拔时所产生的“弹弓”效应是非常小的。

⑦方案进行了认真的分析计算和实验研究。本方案历经三年，先后进行了多次方案调整、有限元建模分析，并输入了地震波进行模拟，细致地分析保证了方案的科学性、可行性。

⑧钢架施工安装方便。钢架自身设置有桩基础，钢架构件的尺寸较大，多为大型 H 型钢，并且多数设置于木塔外，安装方便快捷，少量在木塔内部的构件，采用钢缆滑入，施工方便安全。

⑨经济性好。千斤顶为常用设置，由于钢架的受力较为合理，总用钢量不大，仅为 1 300 t，可为国家节省大量建设资金。

⑩维修加固过程对木塔风貌影响小。整个木塔加固维修是个较长的过程，考虑到该工程的重要性和社会影响，在这一过程中，应尽量维持木塔的现有风貌。在本方案中，8 个钢架设置在木塔外围较远的位置，外钢架也没有完全将木塔遮蔽住，最大程度地维持了木塔的现有风貌。这样无论抗震加固阶段持续多长时间，都对木塔的风貌影响不大。

2006 年 4 月，国家文物局在朔州召开“应县木塔抬升修缮方案评审会”。专家们实地考察了木塔现状，听取有关单位的方案介绍，对设计方案进行了认真的讨论，认为《应县木塔保护工程抬升修缮方案》和《应县木塔抗震加固方案》在抬升复位、监测和预计效果等方面的研究尚显不足，关于施工技术与木塔的保护相结合等方面也都还有缺陷，两个方案作为实施方案还不够成熟。由于对木塔目前安全状况的分析缺少全面、权威性的科学论断，因此对于总体方案思路是否采取抬升修缮目前难以确定，有待进一步研究，抬升方案暂缓进行。

(3)牵拉引导纠倾方案

在 2006 年的专家论证会上，国家文物局邀请了中铁西北科学研究院谌壮丽、李传珠及王桢三位专家参加。会后，由中铁西北科学研究院专家经过长期思考提出了一种新的纠倾加固设想：即卸载、整形、牵引、整体纠倾、局部托换、结构加固。其基本观点是，应县木塔是一座经历了 950 多年风雨沧桑、伤痕累累的木结构古塔，除塔体向北东方向倾斜以外，二层以上塔体还产生了折曲和扭曲，变形非常复杂。二层以上塔体的空间位置如不实施塔体整形和整体纠倾进行调整，就很难适应下部塔体的解体修复，上部塔体的复位问题就很难得以解决。应县木塔不是现代钢筋混凝土结构，各部分的尺寸都比较规范，问题的关键不是重量，而是它的材料、结构，以及应县木塔的实际情况。

中铁西北科学研究院专家认为应县木塔的修缮方案，应从木塔的实际出发，根据文物修缮的基本原则，尽可能多的保留历史信息，不到万不得已不采取解体维修的方法。因此，专家建议在原塔基基础上针对木塔的变形迹象，采取相应纠倾扶正措施，进行塔体整形，恢复塔体正常受力状态。通过拆换少量损坏特别严重的构件，补强、加固等综合措施增强塔体的强度、刚度、整体稳定性和抗震能力，避免同类型病害的历史重演，延长木塔寿命。根据这一思路，建议采取以下修缮方案：

第一步：塔体整形，规整二层倾斜立柱，解决二层的折曲和扭曲问题。该步骤是木塔修缮的关键，技术难度大，它决定整个修缮方案的成败。根据木结构易于变形的特点，采用“以柔克柔”的办法，即在卸荷情况下采用群点钢丝绳牵引法，使变位节点沿变位路径的反方向缓慢回归原位。其关键技术是各节点回归变形的协调问题，解决的办法是利用信息反馈系统，随时控制调整各节点的位移量（以变形控制）、位移方向。这个方法最大的优点是既保证了上下各节点不脱位，同时又解决了折曲和扭曲问题，对原结构损伤小，安全稳妥。

第二步：整体纠倾扶正，使塔体回归正位，恢复塔体正常受力状态，根据需要进行地基加固，采用方法可视具体情况选用顶升或迫降法。

第三步：采用局部顶升法拆换损坏特别严重的部件，修复补强残损部件，可采用纳米复合纤维技术。

第四步：结构加固。根据变形原因分析：木塔的变形是由于木塔结构、材料的缺陷，无法承受在外力作用下过大的压应力产生的变形，为避免历史重演，必须相应地采取减压措施：

①限制节点的拉伸变形，由于原结构节点不能承受拉应力、变形随意，不能缓解压应力的负担，因此适当限制拉伸变形是必要的。

②增加结构层柱头的侧向支撑，提高整体结构稳定性。二层立柱倾倒基本上发生在这一部位，明层有地板作为支撑就会好一些。具体作法可参照第一层的方法，也不影响明层空间，对地板的稳定性也是有好处。

③在承重柱底层（基础中）设置缓冲装置，起减震消能作用，可减轻压应力带来的危害。

总而言之，应县木塔的文物价值、木塔结构的复杂性、木塔自身的唯一性以及受到国人的关注程度决定了木塔纠倾加固的艰巨性和曲折性。时至今日，应县木塔修缮方案仍然悬而未决，处于观测阶段。木塔的修缮保护已被列为我国“十一五”期间六大重点文物维修工程，千年古塔的修缮加固亟待社会各界的广泛参与。

6.14 陕西铜川延昌塔纠倾

6.14.1 铜川延昌塔概况

延昌塔（又名万佛塔）位于铜川市新区下高埝乡境内的万佛寺，兴建于宋代。塔高约 20 m，系六面九层实心砖塔，各级均为殿檐式，上边盖有双瓦，下砌椽头斗栱，第二层和第三层砌饰有门与窗户，塔基北面砌有一洞门，古朴雄伟，端庄美观，距今已有1 000多年历史。关于延昌寺，据碑文记载是为纪念 1 500 多年前北魏孝文帝的延昌公主“私遁帝宫，隐迹山野……乃结草为……手塑佛像万尊”为民“以祈保佑”，“国人之敬者感其弃富贵纷华，乐斯贫苦”的感人壮举而建。该寺现已无存，因寺而后建的延昌塔，保存基本完好。该塔及石刻 1957 年 5 月曾被省政府公布为陕西省第二批名胜古迹保护单位之一，现为铜川市新区重要的文物，见图 6.14-1。

图 6.14-1　延昌塔全景

6.14.2 延昌塔病害及纠倾

据当地文物管理委员会介绍，该塔近一二百年来，虽稍有倾斜，但一直稳定。然而近十几年来，塔院被垦为田地，因农民种地浇水导致基底松软下沉，使这座千年古塔倾斜速度不断加快。到2000 年 9 月时，塔顶已向东北方向倾斜 1.5 m，倾斜率已达到75‰，远远超过国家规范规定的 4‰的允许倾斜率，而且不断发展恶化，千年古塔危在旦夕。

铜川市新区管委会闻讯，迅速组织专家会诊，研究纠倾加固方法。由于塔基为黄土，故反其道而行之，采用了“地下注水”拯救方案。2002 年 10 月中旬，在塔身倾斜的相反方向（即西南方）的地面上，每隔 0.5 m 间距，打了 20 余个深孔，孔径 20 cm，向孔内注水让地基湿陷，见图 6.14-2。经过一个多月注水和观察，使该塔回倾量达到 1.0 m。再经 5 个月的观察，确认该塔已稳定下来，且已化险为夷。

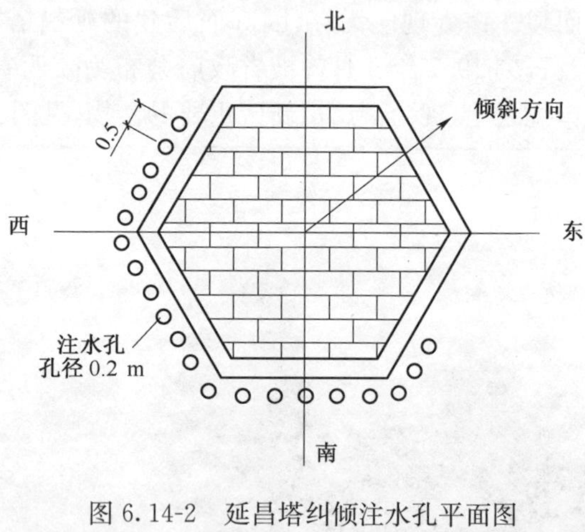

图 6.14-2　延昌塔纠倾注水孔平面图

地基加固方法是在塔身东北方向的麦田里，打孔注入生石灰，以保证该方向地基的稳定。此方法纠倾精度不易控制，故纠倾后的古塔尚存在 25‰的倾斜率，只能保证不再发展恶化。

塔基注水浸润纠倾方法比较适合于湿陷性黄土地基，虽然该方法造价低廉、易于实施，但纠倾精度不高，不是矫枉过正，就是纠倾量不足。此外，在塔基中注入大量水分，对古塔地宫及长期稳定性也无益处。

6.15 四川省中江县南塔震后维修加固工程

6.15.1 中江南塔概况

中江南塔又名联云塔，为四川省文物保护单位，建于明神宗万历三十七年（公元 1609 年），位于中江县城南的铜鱼山顶，海拔高 442.8 m，坐北向南，御马河从塔的东面穿过。南塔所在之铜鱼山为中江名山，是中江古八景之一“三台续脉”之所在，古时在山上曾建有南山寺、奎星阁、龙王阁、林公祠等众多古建筑，民国时期南山寺已倾废，建国初期奎星阁、林公祠亦被毁，文革期间因修公路又拆毁龙王阁，公路将铜鱼山一分为二，现存古建筑仅剩南塔。在中江县民间广为流传“中江好比一只船，南北二塔是撑杆，观音菩萨坐正殿，五百罗汉来拉纤。”说明中江南塔在当地人民心中有多么重要的地位。中江南塔是四川古塔中的杰出代表，它外观线条流畅，自下而上收分柔和，至顶部仍呈圆滑过渡，形成十分自然而又浑圆柔美的曲线。清人楹联“东河水汇西河水，南塔云联北塔云”正是其真实写照。明万历年间知县杨廷干在塔门题联“塔建巽峰天宝地灵开景运，文兴凯郡青云黄甲发长祥”。

2008 年 5 月 12 日汶川大地震中，中江南塔塔刹被震落在塔的东边 10 m 左右处的山坡上，塔体受到了非常严重的破坏。受中江县文馆所委托，四川省文物考古研究院古建石窟研究设计所派员于 2008 年 6 月对南塔进行了现状调查、地质勘察、塔倾斜测量及塔体测绘等工作，编制了《四川中江县南塔震后维修加固方案设计》。

同年 12 月，中江县南塔震后维修加固工程进行了全国范围内的招标。经过招投标，中铁西北科学研究院有限公司承担了项目的施工任务。工程于2009年2月16日正式开工，经建设、设计、施工、监理等各单位的共同努力，工程于2009年9月16日正式完工。

6.15.2 南塔建筑形制

南塔属楼阁式砖塔，坐南向北，平面呈正八边形，通高30.20 m，由塔座、塔身和塔刹三部分组成，其中塔座是用五层条石砌筑的素须弥座，高度1.6 m，直接砌筑在山岩上。塔身共九层，用青砖砌筑，其中前七层可顺时针沿着128级踏步绕塔心室壁盘旋而上。塔内设塔心室共7个，塔心室壁另设小龛，塔心室顶部为叠涩方顶，顶端中心用青砖平铺封砌，筑成层间间隔和塔室地坪。第一层塔身建于须弥座上，方形石柱嵌入作为角柱，拱券门开在北面，另七面开券窗，外设腰檐两重，用砖叠涩而成，出檐0.6 m，上下两重檐之间距离十分接近，远看极佳，产生出很强烈的装饰艺术效果，增加了塔身的秀美。第二层栱券门开在西面，其余七面为券窗，外设腰檐两重，此层和以上各层皆无角柱。第三层栱券门开在东面，另七面开挑砖窗，外设腰檐两重。南塔的窗共两种式样，第三层以上为一种，第一、二层为另一种拱券窗。第四层、第七层开门方向同在北面，第五层开门方向在西面，第六层开门方向在东面。第八和第九层的腰檐为单层，不能上人，没有设门洞。塔的顶部是用砖砌的八边形塔刹座，座上设铁质塔刹。

6.15.3 场区工程地质概况

1. 塔址所处地质环境

南塔塔基下为白垩系下统与新生界上更新统地层，白垩系下统为灰褐色厚层泥质砂岩，岩层倾向185°，倾角5°左右；更新统地层为黄红色粉砂质黏土。

塔基下为一平坦山包，东西约为20 m、南北约50 m。四周隐约可见基岩出露。东面为陡坎，南北地形较平缓。

(1)南塔地基座落在强风化厚层泥质砂岩上。

(2)基岩风化严重，轻触即破碎，且吸水性强。

(3)塔基周边地层无断裂、褶皱，岩层倾角近水平，属较稳定岩层。

(4)塔基无明显沉降，塔体无倾斜歪闪。

(5)塔基直接置于基岩上，但基下岩层风化严重，岩土台垮塌，水土流失严重，这次南塔综合治理中已采取了固坎措施，这次保护方案就不涉及此项。

2. 南塔地基基础形式

南塔自下而上由中风化砂岩、强风化泥质砂岩地基及条石基础组成。据勘察分析：原建塔时首先在天然夷平的泥质砂岩山脊清除表层强风化部分，尔后找平，将中风化泥质砂岩作为地基，故未做地基处理。

条石基础由两层条石搭砌而成，每层厚度范围在 28～35 cm 之间，由勘察资料推测基础为两层条石满铺。条石基础形状同塔身外壁一致为八边形，且扩大了 20 cm 左右，在其西南侧塔基放大达到 50 cm。总体上来说基础完整，条石基础所用褐色砂岩较坚硬，中等风化。

6.15.4 塔身倾斜及变形情况

1. 塔身倾斜情况

采用从顶层向下放吊线锤，分别测出塔身外墙最顶层和最低层到垂线的距离，上下之差为塔身收分。每相对边差的一半为塔的中心偏移。分别测得每边的差为 970 mm、910 mm、890 mm、960 mm、1 190 mm。对塔体歪闪偏移程度进行测量结果为：塔中心向西倾 11 cm、北倾 15 cm。

砖石塔的倾斜危险程度是以砌体直径为依据，设底径为 d，偏心距为 L，则有

$L=0.055d$ 属安全；

$L=0.17d$ 已达危险；

$L=0.203d$ 属危险边缘，超过此状态即倒塌。

将测量数据代入公式，本塔偏心距（110/150）L 最大为 $0.018d$，本塔为安全状态。

2. 塔身变形现状

(1)长树、长草：各层檐上均不同程度的长有植物。

(2)垮塌：塔檐残缺，局部坍塌；塔刹坠落地面。

(3)底层须弥座及角柱风化，起层，酥碱。

(4)各层塔心室地面及龛严重毁坏。

(5)裂缝：七层东南角竖向贯通裂缝共 3 条，每条长达 3 m 以上，是此次大地震造成的地震卸荷裂缝。

(6)脱灰：几乎全部脱落。

(7)砖缝垫层被风雨掏蚀，灰缝裂口。

(8)基础下岩土台垮塌严重。

6.15.5 震后维修加固设计

1. 设计原则

保护的目的是真实、全面地保存并延续其历史信息及全部价值，保护现存实物原状与历史信息。修复应当以现存的有价值的实物为主要依据，并必须保存重要事件和重要人物遗留的痕迹。

遵循四保持原则：保持原来的建筑形制、保持原来的建筑结构、保持原来的建筑材料、保持原来的工艺技术。

2. 塔身裂缝加固工程

(1)首先对塔身出现松、塌、裂、垮等危险(但不需要拆出)部位进行化学保护加固处理。

①裂隙封堵。清洁裂隙，用改性环氧胶泥填充缝隙并封堵裂口，表面铺上砖石粉，待环氧胶泥即要凝固时，用手术刀修整缝隙口沿，削除多余的胶泥，对修补缝隙表面进行做旧，使之与塔本体色彩基本一致。

②灌浆补强。清洁裂隙，并用改性环氧胶泥封堵，在最高点留灌浆口，待胶泥凝固后，从灌浆口注入灌浆材料。灌浆材料中加入适量的砖石粉和细砂骨料，最后对缝隙表面做旧，使之与塔本体色彩基本一致。

③黏结加固材料的性能。改性环氧树脂作为黏结加固和灌浆补强的材料已在石质文物保护工程中得到广泛的应用。具有黏结强度高、韧性好、老化期相对较长等优点。

(2)对风化严重的石质文物封护加固处理

①封护加固处理。中江南塔封护加固工作以风化严重的石质文物为工作对象。根据现场勘察，塔体须弥座及石柱严重风化的面积约 30 m^2。

②材料选用。从中江南塔取回风化石样和新鲜岩石，分别采用丙烯酸酯类、硅酸酯、甲基三甲氧基硅烷等材料处理风化石样和新鲜岩石，对比研究它们的加固性、憎水性和耐候性。实验结果表明以甲基三甲氧基硅烷为主剂的保护材料既具一定的加固作用又有良好的憎水性和耐候性，适合中江南塔石材封护加固要求。

③甲基三甲氧基硅烷封护加固材料浓度选用。取回中将南塔样石分别加工成岩样，将每一岩样分成 10 个等份并编号。将甲基三甲氧基硅烷、溶剂、润湿剂、蒸馏水按一定比例混合，反应 4 h后，用溶剂稀释成 12％、16％、20％、25％、30％、35％、50％七个浓度梯度待用，每一个浓度备好一块岩样，使用相同类型的滴管，从第 2 个编号开始，在每一个等分面上，滴上以甲基三甲氧硅烷为主剂的封护材料的相应浓度溶液，让滴液面浸透为止，半小时后重复上述操作。如此重复直至编号作完，这样各种不同浓度不同渗透次数岩石的色调影响就一目了然。结果表明使用浓度大于 30％时颜色变化较大，如采用浓度低于 16％时黏结性能较差，从实验结果来看采用 25％、30％浓度为宜，涂刷次数三至四遍效果最好。

④甲基三甲氧基硅烷封护加固材料憎水性实验。将甲基三甲

氧基硅烷、溶剂、润湿剂、蒸馏水按一定比例混合，反应 4 h 后，用溶剂稀释成 25%的浓度待用。将现场取回的一块石样分成两半：一半(实验样品)用软毛刷蘸配好的防风化试剂涂刷 3～4 次，每次以石块吸收饱和为止。处理完成后，先将实验样品放在相对湿度大于 60%、温度低于 20 ℃的环境中保养两周，然后在自然环境中放两周；另一半(空白样品)不做任何处理。将两块样品放入 80 ℃烘箱中，烘干恒重，然后将样块浸泡水中，观察两块岩石在水中的吸水现象，并定期检测两块岩石质量变化，计算其吸水率，绘制样品吸水率曲线，见图 6.15-1。

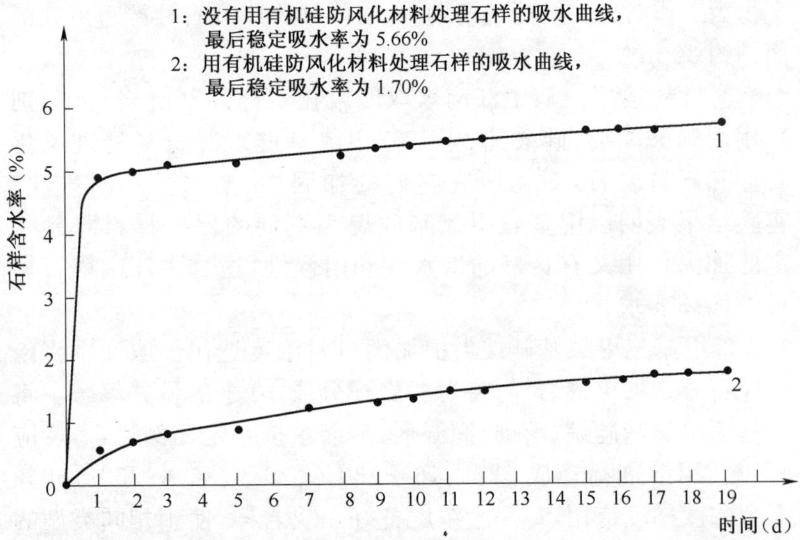

图 6.15-1　加固材料配比和主要性能曲线

实验测量表明：空白样品吸水率为 5.66%，甲基三甲氧基硅烷处理样品吸水率仅为 1.70%，石材经甲基三甲氧基硅烷封护加固材料处理后，憎水性提高了 300%以上。

⑤加固保护工艺

在现场施工前，根据实验的测试结果，在中江南塔基座两侧选择一个区域做现场实验，最终确定一种与工作环境、岩石性质相适应的材料配比和浓度。根据保护的基本原理，针对保护对象的具体情况，使保护方法达到最佳保护效果，结合以往的保护经验，拟定喷涂法、点涂、敷盖等保护方法。

a. 喷涂法：适用于较大面积的石刻部位，要求选用雾化效果好的小型喷雾器，喷距适当，喷雾压力适当，以不要给风化石刻造成太大冲力。喷量以石材吸收饱和但又不在其表面形成流淌为佳，如果保护材料在石刻表面形成挂流，应立即用吸水纸吸去表面残余的材料。

b. 点涂法：适合于较小部位的保护处理。对造像的眼、鼻、唇、手指、发带等部位的保护采用点涂法较为适宜。要求选用优质软毛刷或小毛笔蘸封护加固材料进行点涂，操作过程避免涂刷动作，点涂时不能用力过大，否则将损伤石刻风化层。

c. 敷盖：造像有些部位及部分碑刻粉状风化特别严重，如果只采取喷涂或点涂单一的方法进行一次性保护，其效果不太理想。先喷涂或点涂浓度较小的防风化材料使风化层吸收饱和，再用浸有保湿剂的纱布进行敷盖，48 h 后再喷涂或点涂浓度较大的防风化材料进行加固处理。

3. 南塔防震构造加固工程

因塔体并未失稳，只需按 7 度抗震烈度进行加固。方法是：在塔四周外部靠近塔基部位作钢筋混凝土圈梁 60 cm×30 cm 直接置于基岩上。在钢筋混凝土圈梁外新加一砌须弥座，须弥座材料、形状和高度应与现有的须弥座相同，仅比现有的宽1 m，须弥座的功能是保护原有风化很严重的基座，遮挡钢筋混凝土圈梁。在塔每边设 2 道竖向连接筋共计 16 道，每道竖向连接筋用 2ϕ28 HRB400，竖向连接筋在圈梁底部作 L 型脚与圈梁主筋焊接，竖向连接筋打孔穿过檐部并与钢箍焊接。水平方向每2 m 设扁钢－60 mm×6 mm 钢箍一道，用 ϕ20 螺栓锚接，将塔体和竖向连接筋箍住，箍筋与竖向连接筋交接处应焊接。见图 6.15-2。

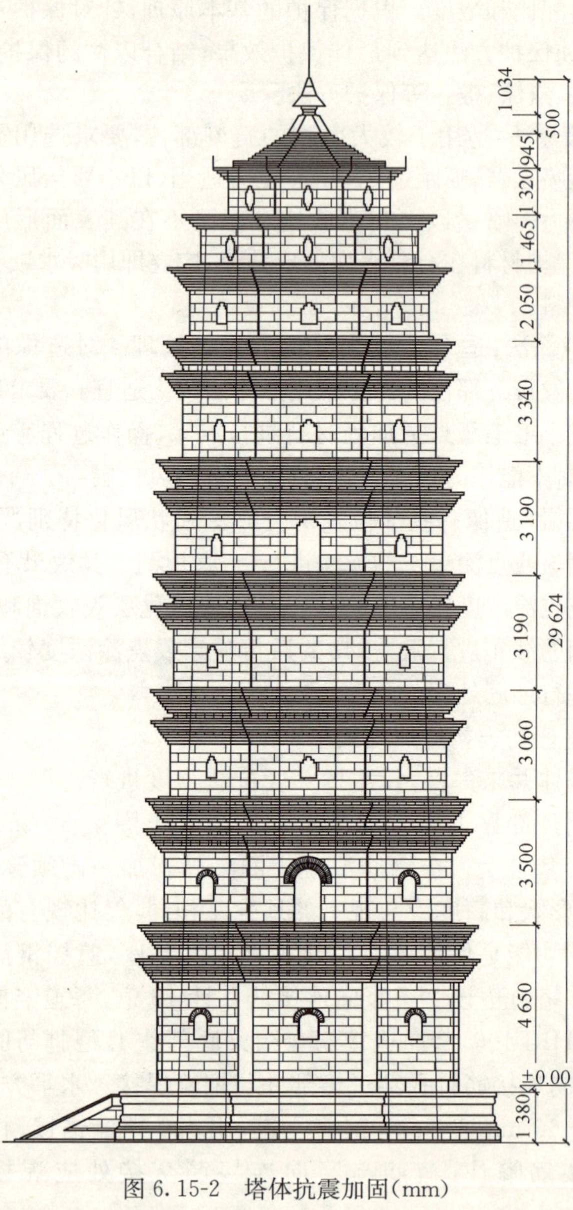

图 6.15-2　塔体抗震加固(mm)

在塔刹部分可将竖向筋下部作伞状延伸以勾拉下檐箍筋。塔加固所加钢箍皆需防腐,灌浆注实隐蔽。

4. 修补工程

(1)清理塔顶及塔檐上的杂树、杂草,铲除檐面积土,清洗干净塔基、塔心室油烟。

(2)对已垮塌和残缺的塔檐进行补砌。尽量利用旧砖和依样烧制的青砖进行修补。按拆卸一部分、修补一部分原则,轻轻揭取已残坏砖块,安放新砖并用石灰糯米浆砌筑。根据塔檐的坍塌程度,能顺利叠涩恢复最好,也可安放砖筋辅助补砌,即通过钻孔将锚杆或钢筋水平置于砖缝,一般可隔层或每层设置,设置钢筋或锚杆层数依具体而定,主要依塔身砖的质量及抗震需要等。钢筋应不少于 $\phi4\sim8$ mm,水平间距不大于 12 cm。

(3)修复塔心室地面,恢复塔门。为方便管理和游客安全,在塔门上安装铁门。

(4)将被地震震落的塔刹原样修复重新安装于塔顶。

5. 防雷避雷工程

南塔按第二类防雷建筑物设防。在塔刹处用 $\phi20$ 长 2 m 的不锈钢管作接闪器。在塔顶用 $\phi10$ 的圆钢焊一闭合线路,角部用长为 0.3 m 的钢筋作接闪器。接闪器与构造加固钢箍连接,钢箍作下引线。在塔的底层将下引线引出,距塔 10 m 处埋入地下接地。

6.15.6 工程施工概况

1. 工程施工概况

2009 年 2 月 15 日,由中江县文物体育旅游局组织,省文物局、监理单位、技术顾问、县文化体育旅游局等相关人员在施工现场对施工中注意事项、施工要点和施工技术要求进行交底,并对工程区域范围内设计方案中遗漏项目进行了更正和补充。经过前期充分的准备工作,加固保护工程于 2 月 16 日开工。在施工过程中,现场施工人员克服各种不利条件,以优质工程的标准要求自己,严格按照有关设计和规范要求进行施工,坚持一工序一表格一报检的工作申报次序。同时，工程所用主要材料均按照设计要求规格进料，附有出厂合格证，并对主要材料(仿古砖、水泥、砂、钢材等)进场试验室复检，在工程进行中现场施工人员对水泥砂浆(水泥浆)和C25混凝土按施工台班和工程量进行了相应量的取样和试验，有效保证了工程质量。

2. 锚杆工程

锚杆工程施工方案和技术措施如下，见图6.15-3。

(1)脚手架搭设

脚手架纵、横间距1.5 m，并按要求设置斜拉杆，脚手架搭设必须稳固，并在适当部位设置拉杆且靠近塔体。

(2)锚杆定位

根据设计图纸和现场实际情况确定工程中塔体锚固范围。利用坐标网线根据设计图纸中的锚杆坐标位置，在锚固范围内塔面上放置锚杆孔位，并根据塔体实际情况反复校核，确保锚杆位置准确。

(3)锚杆成孔

①本工程拟采用QZJ-100轻型钻机进行锚杆成孔。

②锚杆成孔全部采用无水干钻，以高压风清渣。钻孔深度大于设计深度0.1 m，作为沉渣段，以保证钻空深度和锚固效果。为保证出渣效果，我们拟配备美国英格索兰VHP-750型空压机，输送压力为105 MPa，风量为21 m^3/min。

(4)锚杆制作安装

①杆体材料：杆体锚筋选用符合设计要求的精扎螺纹钢筋。

②杆体制作：严格按照设计尺寸进行下料，锚杆体的连接采用螺帽式连接。锚头钢垫板尺寸为150 mm×150 mm、厚10 mm，锚头钢垫板采用螺栓和锚杆连接。锚杆体安装前应妥善保护，以免腐蚀和机械损伤。

③在锚孔内安装锚杆，安装时将注浆管一同下入孔内，注浆管距孔底50～100 mm。锚杆杆体外露岩面的长度不易过长，但必须保证外部螺栓联接长度。锚杆安装后不得随意敲击。

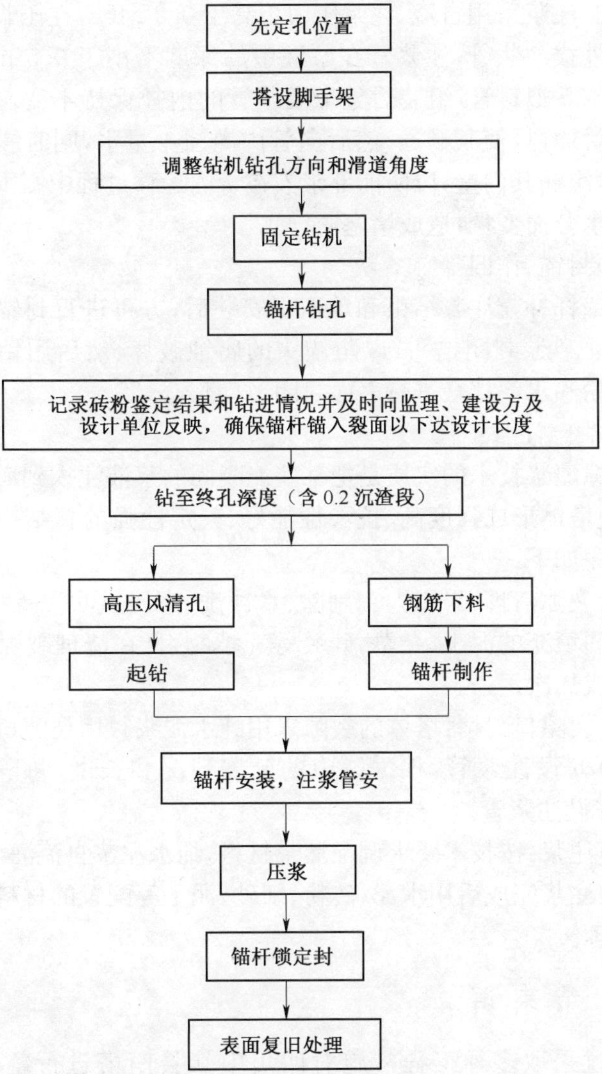

图6.15-3　锚杆施工工艺流程图

(5)锚杆孔注浆

注浆材料:采用标号为42.5 R普通硅酸盐水泥,拌和水采用饮用水。注浆采用自流，注浆压力不高于0.2 MPa，在压浆过程中缓慢向外拔注浆管，注浆管在浆液中的深度不小于0.5 m。灌浆管采用ϕ35塑料管，组装后整个灌浆管的内径保持不变。灌浆前对灌浆管通风，使其畅通；然后向管内灌注少量水，同时缓慢转动灌浆管，湿润其内壁，以防前部浆液在管内运移过程中因干燥的管壁吸收水分而变稠，造成堵塞。

(6)封锚、作旧

待锚杆补充注浆结束和承压板安装后，方可进行封锚。先用M25水泥砂浆封闭锚头，以防锚头的腐蚀破坏、然后用钻孔时收集的砖粉和水泥拌合进行表面封闭、复旧。

3. 裂隙注浆工程

裂隙灌浆技术的实质是把某些能凝固的浆液注入到塔体的裂隙中，使塔体形成强度高、抗渗性能好、稳定性强的新结构体。其施工工序如下：

(1)裂隙清理：采用人工剔除、水冲洗、高压风吹洗等措施，清除裂隙间填充的泥土、杂草、碎砖等充填物，且在清理裂隙时注意不能造成二次污染。

(2)裂隙口封堵：塔体的裂隙采用纯水泥浆封堵裂隙口。

(3)安设注浆管：根据裂隙的延展情况和长度，每隔1.0～2.0 m安设注浆管。

(4)注浆：按技术要求调配灌浆材料，纯水泥浆自流灌入。

(5)注浆完成后用水泥、砖粉、细砂、泥土等配置的材料沿裂隙作旧处理。

6.15.7 结束语

通过采取多种工程措施对四川中江县南塔进行整体加固后，塔体的稳定性和耐久性得到了显著的提高。经历汶川地震浩劫的中江南塔，以更加坚实的身姿安然矗立在鱼铜山顶，轻风拂面，笑看卸马河畔秀美山川，和谐人间。见图6.15-4、图6.15-5。

图 6.15-4　塔身南面修复前照片

图 6.15-5　塔身南面修复后照片

6.16 四川省中江县北塔震后维修加固工程

6.16.1 中江北塔概况

闻名遐迩的白塔寺，座落在四川省中江县城北塔山脚下。由天王殿、观音殿等建筑组成，寺内对联、匾牌林立，雕梁画栋、观音塑像的艺术水准达国内一流。宋代千年古塔屹立山顶。这里是国内高僧释海空上师传授如意金刚法的基地，目前这里是全国唯一的观世音菩萨金刚道场。前来学法、练功、旅游观光的海内外人士络绎不绝，该寺倡导发扬人间佛教精神，已成为集旅游、传法为一体的现代寺院。山门前有幅对联：胜景重新永兴江山增壮丽，善行多助且看南北峙雄奇。

白塔寺就座落在这样的人杰地灵之乡。她依山傍水，脚下蜿蜒绵长的凯江水滔滔不绝地绕城奔腾而去；背后巍峨的北塔山顶上，一座片石砌就的十四级宋代古塔直插云霄。沿着 186 级 2 m 宽的石梯登上山顶，富饶辽阔的田野和繁华美丽的中江县城尽收眼底，更兼山顶凉风习习，足以让人心旷神怡、流连忘返。

北塔始建于北宋神宗熙宁六年(公元 1073 年)，历来为中江著名胜景和历史古城的象征。近年来，随着城市的扩大，北塔已高耸于中江县主要街道——伍城北路的尽头，更具有点缀风景、标志城市的重要功能。1991 年北塔被德阳市人民政府公布为市级文物保护单位，2002 年被四川省人民政府公布为省级文物保护单位。

北塔在清嘉庆、光绪年间曾进行了两次维修，近百年来，由于自然、人为因素破坏，塔体倾斜，塔檐及墙体坍塌严重，表面灰层大面积脱落，塔体已残破不堪。塔基周围岩土垮塌，水土流失严重，其安全性已存在很大问题。

2008 年“5·12 汶川”8 级特大地震波及中江北塔，给北塔造成了很大的破坏，北塔顶部的天宫、塔体第十一至十三层被震落在塔的北面地上，塔身四周很多部位被震垮，塔的四周散落了许多塔上构件，见图 6.16-1。

受中江县文体局委托，四川省文物考古研究院古建石窟研究设计所派员于 2008 年 6 月对北塔进行了现状调查、地质勘察、塔倾测量及塔体测绘等工作，制定了以使塔体坚固耐久、安全第一为宗旨的维修方案，编制了《四川中江县北塔震后维修加固方案设计》。中铁西北科学研究院有限公司中标承担了中江北塔的震后维修加固工程施工。

图 6.16-1　地震后的中江北塔

6.16.2　北塔建筑形制

北塔为方形十三层密檐式砖石实心塔，坐北朝南，通高 24 m。石砌塔基，平面上呈正方形，边长 8.6 m，周围包砌六级石质踏道。塔身砖砌，平面上呈正方形，第一层较高，边长 5.7 m、高 6.72 m，上部略有收分。南向辟一券门，门额有一弧形灰塑如意条饰，券门内设心室，心室以上各层为实心砌体。心室顶部为叠涩方顶。顶端中心用青砖平铺封砌。四周出砖制五铺作斗栱八朵，按八卦方位从周围塔壁向中心伸出，以承托用砖叠涩而成的方顶构成藻井。心室平面亦为正方形，边长 2.5 m、高 4.5 m。塔身自第一层以上为重重密檐，舒缓上收至第八层，再向内收至顶，外形呈现优美的抛物线弧形。每一层塔檐均为先平出一层(二砖)再菱出一层，其上再平出七或五层，逐层檐砖叠涩挑出檐口，再反叠涩内收三至四层成檐。每层檐中部及四角均出石挑梁至檐口。塔身第二层至十二层每层各面均辟假一门二窗，中间为圭形门，两侧为长方形直棂窗。塔刹座为浑圆半球形覆钵式，覆于四角攒尖方锥顶上，刹杆、相轮已毁。

中江北塔在我国塔林中具有重要地位，现有四川古塔大都为南宋以后所建，中江北塔建于北宋时期，造型古朴庄重、挺拔优美，未曾大修，保存了北宋时期的建塔原貌。采用“实体密檐式”做法，与北方辽式密檐塔极为相似，是四川境内宋塔中唯一既有地方特色，又有辽式风格的十三级实心体密檐式佛塔。

塔身每层檐部叠涩部位每面中部和四角均出挑梁，共 8 根，互成 45°。内部勾联向外伸出挑檐，具有加固和增强塔身结构的功能，这也是古塔经历了千年风霜而不垮，历经 16 次以上地震而依然屹立的重要原因。此塔有幸保存至今，是我们研究宋代科技文化的实物资料，也是宝贵的精神物质财富。

6.16.3 场区工程地质概况

1. 自然气候条件

中江县属亚热带季风气候，冬暖夏热，四季分明。年平均降雨量 1 000 mm 左右，多集中于 7 月，其中月平均降雨量为 190 mm，日最大降雨量 24.7 mm。空气湿度大且变化小，年平均相对湿度在 80%～90%之间。终年日平均气温大于 0℃，年平均气温在 6.5 ℃以上。日照季节变化明显，夏季最多，多年月平均日照 531.3 h；冬季最少，多年月平均日照 154 h；多年年平均日照 1 285.7 h。多年平均风速为 1.4 m/s，四月和五月平均风速最大，约 1.7 m/s。

2. 塔址所处地质环境：

北塔塔基下为白垩系下统与新生界上更新统地层，白垩系下统为灰褐色厚层砂质泥岩，岩层倾向南东，倾角 5°左右，更新统地层为黄红色泥土。

塔基下为一平坦山包，平面直径约为 25 m，四周隐约可见基岩出露。南侧为条石水泥建造的踏道和浮土堆积,北侧地形较平缓。

(1)塔基东侧距基脚 7.5 m 处,上部 30 cm 为填杂土,下部为基岩层,岩层产状为 185°∠5°。

(2)塔基西侧距基脚 4.75 m 范围,上部 65 cm 为填杂土,下部为基岩层,岩层产状为 185°∠5°。

(3)基岩风化严重,轻触即破碎,且吸水性强。

(4)塔基周边地层无断裂、褶皱,岩层倾角近水平,属较稳定岩层。

(5)塔基无明显沉降,基础不是塔体倾斜歪闪的主要原因。

(6)塔基基本直接置于强风化的砂质泥岩基岩上,但基下岩层风化严重,周边岩土台垮塌,水土流失严重,应采取措施堡坎。

3. 北塔地基基础形式

北塔自下而上由中风化砂岩、强风化泥质砂岩地基、条石基础组成。据勘察分析:原建塔时首先在天然夷平的泥质砂岩山脊清除表层强风化部分,尔后找平,将中风化泥质砂岩作为地基,并未做地基处理。

条石基础由两层条石搭砌而成,每层厚约 30 cm,由勘察资料推测出基础为两层条石满铺。条石基础形状同塔身外壁一致为四边形,且扩大了 20 cm 左右。总体上来说基础完整,条石基础所用红褐色砂岩风化严重。

6.16.4 塔身倾斜及变形情况

1. 塔身倾斜情况

采用苏光 OTS-234 全站仪在塔西、塔北设站观察。以塔身底层中线为定点,覆盆刹座并参考塔中端挑梁为动点,对塔体歪闪偏移程度进行测量观察,测量结果为:塔身西倾 41.5 cm、南倾 7.5～10 cm。

砖石塔的倾斜危险程度是以砌体直径为依据,设底径为 d,偏心距为 L,则有

$L=0.005\ 5d$ 属安全；

$L=0.203d$ 属危险边缘，超过此状态即倒塌。

将测量数据代入公式，本塔偏心距(41.5/570)$L=0.071\ 9d$。本塔虽然倾斜较为严重，但尚在安全状态。

2. 塔身变形现状

(1)倾斜：西倾 41 cm，南倾 7～10 cm。

(2)长树、长草：10～13 层檐上长树，以下各层檐上均不同程度的长草。

(3)垮塌：塔檐近半残缺，塔身破碎，局部坍塌。据统计，52 个檐角有 35 个残破，其中 24 个全毁、4 个半残、7 个略残。

(4)塔心室严重毁坏。

(5)裂缝：塔身小裂缝多，西面一根裂缝贯穿 10 层至底层。

(6)脱灰：除刹座及十三～十层残留部分灰外，其余几乎全部脱落。

(7)梁断：石挑梁共断 28 根。

(8)砖缝垫层被风雨掏蚀，灰缝裂口。

(9)基础下岩土台垮塌严重。

6.16.5 震后维修加固设计

1. 设计原则

保护的目的是要真实地、全面地保存并延续其历史信息及全部价值，保护现存实物原状与历史信息。修复应当以现存的有价值的实物为主要依据，并必须保存重要事件和重要人物遗留的痕迹。

保持四原则：保持原来的建筑形制、保持原来的建筑结构、保持原来的建筑材料、保持原来的工艺技术。

2. 加固工程

(1)首先对塔身出现松、塌、裂、垮等危险(但不需要拆出)部位进行加固处理。用聚合水泥作黏合剂，水泥砂浆加适量 107 胶水(聚乙烯醇缩甲醛)。灌浆工艺为：清理裂缝，低压或无压灌浆；对已被风雨掏蚀而不需拆卸的砖缝进行封闭，其工艺为：清理砖缝，灰浆勾抿严实。

(2)北塔按7度抗震烈度设防加固。拆卸箍塔基条石，在塔周外部作钢筋混凝土圈梁，钢筋混凝土圈梁直接置基岩上。塔四周每边设2道竖向连接筋，每道竖向连接筋用2ϕ28 HRB400，共计8根，竖向连接筋在圈梁底部作L型脚与圈梁低主筋焊接。水平方向设扁钢—60 mm×8 mm作钢箍，尽可能将钢箍安排在上檐处，这样便宜于遮挡。竖向连接筋打孔穿过檐部。在塔刹部分可将竖向筋下部作伞状延伸以勾拉下檐箍筋。箍筋在竖向连接筋外部并与之焊接。塔加固所加钢箍皆需防腐，灌浆注实隐蔽。图6.16-2、图6.16-3分别为北塔基础圈梁要段施工和浇筑完成后的基础圈梁。

图6.16-2　北塔基础圈梁要段施工

3. 修补工程

(1)清理塔顶、塔檐上的杂树、杂草，铲除檐面尘土，清洗干净塔基、塔底层油烟。

(2)清除塔身一层砂灰层(根据实际情况进行)，拆除下层红砖砌制的台阶，换成条石台阶。

(3)对已垮塌和残缺的塔身、塔檐进行补砌。尽量利用旧砖和依样烧制的青砖进行修补。按拆卸一部分、修补一部分原则，轻轻揭取已残坏砖块，安放新砖并用1∶2水泥砂浆砌筑。根据塔檐的坍塌程度，能顺利叠涩恢复最好，也可安放砖筋辅助补砌。通过钻孔将锚杆或钢筋水平置于砖缝，一般可隔层或每层设置，设置钢筋或锚杆的层数主要依塔身砖的质量及抗震需要等具体而定，钢筋应不少于 $\phi4$～8 mm，水平间距不大于 12 cm。

图 6.16-3 浇筑完成后的基础圈梁

(4)修补已残损的石挑梁。经测量并依残状逐个复制后，可采用直径 6～10 mm 螺纹钢穿孔，并调合环氧树脂粘接。

(5)修复塔心室，恢复塔门。

(6)已修复好的塔体表面抹灰。采用麻刀灰(灰麻比为 100∶3)或砂子灰(灰砂比为 3∶1)，用传统方法进行施工，其工艺流程为：清除残旧灰皮、浇湿墙面、抹填平、罩面灰、轧浆、抹光、刷浆、作旧。其抹灰厚度参考残留墙面灰。

4. 避雷针及环境整治工程

(1)搬迁塔西石碑，拆迁塔南石碑、蜡台及焚纸池。

(2)基周打围墙堡坎二级。揭取表面松散堆积，将堡坎置于泥岩风化层下部或未风化层中，中填素土夯实，将易吸水、易松垮坍塌的泥岩围在堡坎内，但注意保留清代界石。

(3)基周做 C15 混泥土砂浆，底层厚 10 cm，其上错缝补地幔，做 2%散水。

(4)设石围栏。

(5)北塔按第二类防雷建筑物设防。在塔刹处用 $\phi20$ 长 2 m 的不锈钢管作接闪器，在塔顶用 $\phi10$ 的圆钢焊一闭合线路，角部用长为 0.3 m的钢筋作接闪器。接闪器与加固的钢箍接通，钢箍作下引线。在塔的底层将下引线引出，在塔外 10 m 处埋入地下接地。

6.16.6 工程施工中的各种控制措施

1. 工程施工概况

依据《四川中江县北塔震后维修加固方案设计》，2008 年 12 月对中江县北塔震后维修加固工程进行了全国范围内的招标。经过投标，中铁西北科学研究院有限公司承担了项目的施工任务，工程于 2009 年 2 月 16 日正式开工，在国家文物局、四川省文物局、德阳市文化局、中江县政府、中江县文化体育旅游局等各级领导的支持和关注下，经建设、设计、施工、监理等各单位的共同努力，工程至 2009 年 9 月 16 日正式完工。

在 7 个月的施工过程中，现场施工人员克服各种不利条件，以优质工程的标准要求自己，严格按照有关设计和规范要求进行施工，坚持一工序一表格一报检的工作申报次序。同时，工程所用主要材料均按照设计要求规格进料，附有出厂合格证，并对主要材料(仿古砖、水泥、砂、钢材等)进场试验室复检，在工程进行中现场施工人员对水泥砂浆(水泥浆)和混凝土按施工台班和工程量进行了相应量的取样和试验，有效保证工程质量。

因施工地点在山顶上，工程材料的供给是施工中最需解决的问题，必须经过 150 m 长的斜坡才能进入施工现场。为此，专门搭设了轨道运输架，保证施工材料和施工机械的运输需求。在施工过程中，主要遇到了以下困难：

(1)施工现场交通不便：所用材料和机械设备不能一次性到达工地，要经过多次人工倒运才可到达卧佛院码头，最后全部用人工在临时修建的施工便道上搬运。为此，项目部加大了劳动力投入，加班加点，使得工程按预期施工计划进行。

(2)夏季暴雨连绵：由于施工期处于夏季，在工程实施过程中经常性的连日大雨，给本来就狭窄的山路增加了湿滑和泥泞，加大了原材料的运输难度，持续不断的降雨使工地交通及施工条件恶化。为了不影响工期，施工单位抓紧有利时机，加大劳动力投入，采取“二班倒”作业，使工期得到了保证。为此项目部根据现场实际情况调整施工人员搭配，增加脚手架、木板、安全网等施工材料的措施，确保了施工安全、质量和进度。

(3)高空作业：北塔高 24 m，维修材料的垂直运输和塔身加固施工均是高空作业，为了加快工作进度、确保施工安全，采用了龙门架、卷扬机起吊，设置了安全防护网等措施，最终保证了施工的正常进行和工程如期安全完成。

2. 施工中的工程变更情况

在中江县北塔震后维修加固工程的施工过程中，由于塔体的实际破坏状况和塔体修复内容与原勘察报告和设计文件有一定的差异，为了使塔体震后维修加固措施更加合理和完善，使工程加固效果更加显著，由建设单位、设计单位、监理单位和施工单位共同协商，现场核对，决定对原设计进行了部分变更。主要设计变更如下：

(1)考虑到北塔堡坎的整体效果和当地香客人数的多少，经建设、设计、监理、施工各方相关人员现场查勘后决定：北塔堡坎挡墙根据现场实际上下两级挡墙砌筑尺寸进行相互调整，即一级挡墙高度由 3.3 m 变更为 2.5 m，二级挡墙高度由 2.5 m 变更为 3.3 m，二级挡墙基础根据实际地面高度进行开挖；在塔身四周由原设计方案中在南北两个方向设置两个上下踏步变更增加为沿塔身东西南北四个方向设置四个上下踏步，每级踏步宽 30 cm、高 20 cm，踏步两侧设置扶手栏杆，并与堡坎栏杆相连接。

(2)受长期自然营力的作用，北塔塔身存在多组破损裂缝，特别是在“5·12”特大地震的影响下，塔身裂缝加宽，局部砖块破碎严重，塔身结构遭到严重破坏。为更好的保证北塔的安全和塔身结构加强，在建设、设计、监理、施工各方相关人员对现场勘查后决定：

①对北塔顶部塔身存在的“十字”形破损裂缝与“烟囱”状空洞进行裂隙注浆处理，注浆材料为水泥浆，注浆前对空洞和裂缝进行封护，防止浆液进入空洞或漏浆产生污染。

②北塔塔檐的破损严重，60%以上的塔檐均已破坏，需重新替

换或砌筑，为保证新砌塔檐与内部塔身砖块较好连接形成一个整体，在塔檐处增加微型锚杆和塔檐砖块之间加设 2 层 HPB235ϕ4 钢筋，每层 3 道，并使得微型锚杆与塔檐钢筋相连接。微型锚杆直径为 25 mm，内置 HPB335ϕ12 钢筋，共增加设置小锚杆 80 根。

③针对北塔西北角垮塌和砖块破损比较严重的情况，为减少塔身下部砖块承重，在塔身西北角设置槽钢锚杆，锚杆长度 4 m、孔径 110 mm；钻孔内置 8# 槽钢，每 3 层设置 2 根，呈喇叭放射状布置，共设置 6 根，共长 24 m。为增加塔身结构的整体性，在塔身横竖向每 3 层间隔分别设置 2 根水平对拉锚杆，与外侧围箍结构相连，长度 6 m、孔径 75 mm，内置 HRB400ϕ25 钢筋，共设置 8 根。

(3)因《北塔震后维修加固方案设计》中遗漏了对北塔风铃的恢复设计，故中江县财政评审项目费用中没有包含仿古风铃项目。为恢复北塔原有的建筑风貌，经建设、设计、监理、施工各方会议讨论决定：应将北塔塔檐风铃进行恢复，风铃样式和悬挂方式采用仿古风铃的样式进行制作和安装设置，在每层塔檐中部处设置一风铃，塔檐风铃挂钩与原塔檐风铃挂钩一致，采用扁钢炭火锻造而成。北塔共增加设置仿古风铃 52 个。

(4)避雷针设置和塔顶恢复在《北塔震后维修加固方案设计》图纸中已明确为维修加固项目之一，但在工程预算和县财政评审报告中均没有涉及该两部分的工程费用，故增加该两部分工程费用。

3. 文物保护措施

(1)通过学习增强文物保护意识

项目部成员在进驻工地前须认真学习《中华人民共和国文物保护法》、《中华人民共和国文物保护法实施条例》、《文物保护工程管理办法》以及《环境保护法》等相关法律法规，增强文物保护意识。

在进驻工地后正式施工前，项目部对施工人员进行文物保护宣传教育，必要时邀请业主就有关事项进行讲解，切实树立起文物保护意识，提高员工保护文物的责任感和自觉性。

(2)遵守文物保护区内的各项规章制度

进驻工程现场后，所有施工人员必须遵守相关法律、法规以及文物保护区的相关规章制度，协同文物管理人员作好文物区的防火、防盗、环境卫生等工作。任何人不得对文物造成污染、破坏，不得在文物上随意刻划、涂抹。

(3)施工过程中文物防护措施

正式施工前首先作好塔周边防护，确保文物及施工安全，防护共分五个层次：

①防砸：使用木板或竹夹板满铺于塔上方的脚手架上，并铺设密目网，以防施工中机械、工具以及坠落砖块等对塔体造成破坏。

②防碰：使用竹夹板将文物与施工脚手架隔离，防止施工人员、工器具等对塔体造成碰撞。

③防污染：在对文物进行前两项防护后再以彩条布、塑料布等材料对文物进行覆盖，防止施工粉尘对其造成污染。在注浆施工中作好塔面隔离，防止浆液污染文物，剩余浆液须妥善处理，不得在塔面上随意抹。

④防坍塌：在对塔体进行防护后，利用钢架杆、木板等对稳定性较差的砖体进行支顶防护，确保施工中塔体的稳定和施工安全。

⑤防误操作：施工操作人员必须按照技术规程进行操作，材料、工、器具传递必须稳妥，不得抛扔，防止坠落物碰砸塔体。

⑥完工后，对塔体表面进行作旧处理。

(4)文物安全检查

为确保文物安全，将文物保护工作落实到人，项目部将根据施工过程中的文物保护工作情况进行定期和不定期检查。每天进行安全、技术交底，每周进行安全检查，发现问题及时纠正、处理。

4. 质量保证措施

在全体员工中不断强化质量意识，实行全员质量管理，严格执行各项规章制度，把质量做为企业生存和发展的头等大事抓紧抓好。

(1)质量目标

按照合同要求，确保工程质量达到优良。

①项目经理部与各施工队共同制定全部工程创优规划，制定目标，提出要求，明确任务，落到实处。

②各施工队制定分项工程创优措施和分期实施计划，落实任务，找准关键，选定课题，成立 QC 小组，积极开展活动，确保质量全优。

③各施工作业班组，要根据自己的创优任务拟订项目工程具体的实施计划，责任到人，严格要求，全员保证，精益求精。

(2)保证质量的主要措施

强化质量意识，健全规章制度。

①在职工中树立“质量终身负责，搞好质量人人有责”的观念，使其认识到质量工作的好坏与企业、个人利益的关系，把质量工作贯穿到施工的全过程中，深入到企业的每一个人，形成道道工序齐抓共管、上下自律，使工程质量始终处于受控状态。

②施工前组织技术人员，对照工地实际，细致复核图纸，发现问题及时与设计单位取得联系，待设计单位确认后，方可进行施工。

③严格按照有关工程施工规范和设计要求施工。

④推行《技术管理条例》和“分级技术负责制”，使基层单位技术工作规范化。

⑤推行全面质量管理，实行项目分解及目标管理，对重大技术问题组织 QC 小组攻关，科学指导施工。积极推广新技术、新工艺、新材料，为创质量全优的目标共同努力。

⑥坚持质量双检制，隐蔽工程签证，质量挂牌、质量讲评、质量双检、质量事故分析等行之有效的质量管理。

在施工中，建立操作人员自检、工序交接检查和工前检查、工中检查、工后检查、分项分部检验、定期检查以及随机抽查的内部检查制度。质量检查程序为：质检员检查合格后，报项目质量安全部；质量安全部验收合格并签认后，报监理工程师和业主，层层把关，确保工程质量。质量控制按施工准备阶段、施工过程中和竣工收尾阶段三个阶段进行。

5. 环境保护措施

(1)加强文明施工及环保教育,组织职工学习环保知识,强化环保意识,使大家认识到文明施工及环保工作的重要性,遵守国家法律法规及地方各项规定。

(2)强化环境保护管理,定期进行检查,及时处理违章事件。

(3)建立环保制度,由专人负责落实。

(4)场地废料、土石渣要按要求运到指定地点倾倒;机具、材料要定点堆放整齐;保证道路畅通,工地干净卫生,做到"工完料尽场地清"。

(5)若确因施工需要而对塔体周边环境造成影响的时,按甲方规定程序报批后方实施,尽量减少对周围环境的破坏。

(6)对钻孔时吹出的砖粉和灰尘采取技术措施消尘,施工中对环境可能造成污染的材料均按要求妥善处理。

(7)施工及生活用水、用电设专人管理,生活垃圾须按业主要求运输到指定地点进行处理。

(8)工程竣工后及时清理施工现场,彻底清除施工垃圾。

6.16.7 结束语

举世瞩目的汶川大地震,造成四川省几十座古塔产生裂缝、倾斜、局部坍塌等病害,甚至发生倒塌事故,临近千年的中江北塔在这场特大地震中幸免于难,本身就是奇迹。本次对中江北塔进行加固和维修,扩大和加固了古塔基础,对塔身裂缝进行注浆、锚杆及其他抗震加固,增强了古塔的整体性和抗震性能。还对北塔周围的堡坎进行加固处理,重新铺砌了地坪,改善了古塔的周围环境,增强了古塔所依附山体的稳定性。见图 6.16-4、图 6.16-5。

如今,劫后余生的千年古塔重新涣发出勃勃生机,居高临下守望着美丽富饶的中江大地。安装在塔角的 52 盏铜铃闻风而鸣,它们轻重有别音阶有异,随风之强弱,发出不同的响声,时而悠扬,时而激越……从以"叮当"为主旋的乐律中,可以品味到自然和谐的共鸣，尤其在月明清风之时，闻铃心动，或让人怡然陶醉，或引发人幽远遐想。

图 6.16-4　北塔修复前照片

图 6.16-5　北塔修复后照片

6.17 都江堰奎光塔震后加固修复工程

6.17.1 古塔维修加固、纠倾的历史

早在 20 世纪 80 年代初期，人们发现奎光塔明显出现倾斜，遇到刮风下雨，塔顶时有砖块坠落。与此同时，塔底东侧砖体被压酥掉块，西侧砖体被拉伸开裂。根据文物专家建议，有关单位分别于 1986、1987、1989、1994 年对塔体进行了多次倾斜测量，发现塔体向北东方向倾斜 1.211 m，倾斜率为 25 ‰，大大超过了国家规范允许 4 ‰的倾斜率。

1995 年对塔体下部第一、二层进行了加固处理，主要是做了一道圈梁围箍，耗资 30 万元。随后测量发现，塔身倾斜不但未得到有效遏制，而且与日俱增，截止 1999 年，塔身倾斜量达到 1 369 mm，倾斜率已达 26 ‰，古塔安全岌岌可危。

1999 年 7 月，中铁西北科学研究院应邀承担了奎光塔病害勘探工作，提出了奎光塔纠倾加固工程可行性研究报告及纠倾加固方案。经专家评审予以肯定，并委托该院进行施工图设计。经都江堰市政府组织的市、省、国家三级专家五次评审通过，该工程最终于 2001 年 9 月 20 日正式开工实施。历经 11 个月的维修加固，耗资近 200 万元，至 2002 年 8 月 10 日圆满完成了塔体加固和纠倾工作。纠倾加固后的奎光塔，倾斜率由以前的 25 ‰减小到 0.17 ‰，塔顶偏移量由原来的 1369 mm 减小到 3 mm，倾斜了 20 余年的古塔终于站直了，经过连续 6 年的观测（最后一次是地震前的 4 月份）资料表明奎光塔状态十分稳定。

6.17.2 奎光塔为何经历特大地震挺立而不倒?

“5・12”特大地震以后，中铁西北科学研究院组织考察组对震区建筑物进行了科学考察，发现奎光塔第一至第六层基本完好，第七层以上塔体产生了严重的裂缝。但相对于周围倒塌的低矮楼

房，高耸的古塔挺立未倒本身就是一个奇迹。

在2002年纠倾加固前，通过地质勘察和地震调研，中铁西北科学研究院得出结论：奎光塔倾斜主要系地震所为，所以在纠倾加固中针对地震做了一定的抗震设防。按当时抗震区划，都江堰市抗震烈度为7度，地震加速度值为0.10g。通过抗震检算，塔体第一至第六层在7度地震烈度条件下安全储备较低，第七层以上有较大的抗震安全系数。故在纠倾以前，对古塔基础、塔身第一至第六层进行了加固处理。即便如此，相对于灾区现代钢筋混凝土楼房仍不堪一震，仅按7度设防，高度为53 m（相当于17层楼房），经历180年风雨沧桑的奎光塔，为何能在遭遇10度地震烈度后依然巍然挺立？2002年在进行纠倾加固时做了哪些有益抗震的工作？探索奎光塔大震不倒的原因，有助于我们积累古塔抗震加固的经验，使更多的古塔免遭地震的损害。总体来说主要有以下几点：

1. 采用基础围箍使原基础得到加固和扩大

古塔原条石基础呈六边形，其面积与塔底面大体相同，没有扩大。纠偏之前，在原六边形条石基础外围增设了一圈钢筋混凝土围箍，将原基础包围起来，深度略深于原基础。为了避免挖通槽施工对塔体的扰动，特意将基础围箍化整为零，分解为18块，使其围成一个边长为12 m的正方形连续墙，见图6.17-1。经此改善后，基础承压面积由原来的65 m^2 扩大到144 m^2。为解决纠倾时千斤顶下部承压问题，在基础围箍上面又作了一道钢筋混凝土圈梁。新增的基础围箍和圈梁增强了侧向约束，增大了受力面积，减少了塔底应力，提高了塔基承载力。

2. 用钢筏（钢筋混凝土）置换原土护台

古塔下原有一土护台，四周用条石砌筑。纠倾前，将土护台置换成钢筋混凝土筏式基础（简称钢筏）。钢筏由旧钢轨纵横交织而成，部分穿过塔身，用C25混凝土浇筑成整体，形成一个长宽各12 m、厚1.5 m的钢筋混凝土“托盘”，塔置于“盘”中。纠偏时用千斤顶控制钢筏，让钢筏徐徐下降，塔身就会随着整体沉落。纠偏

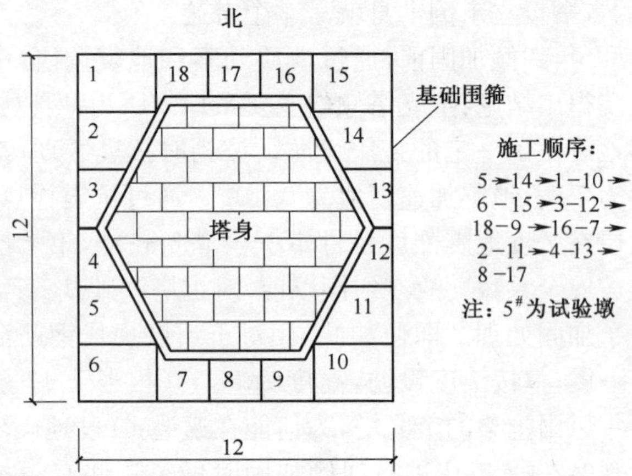

（a）平面图

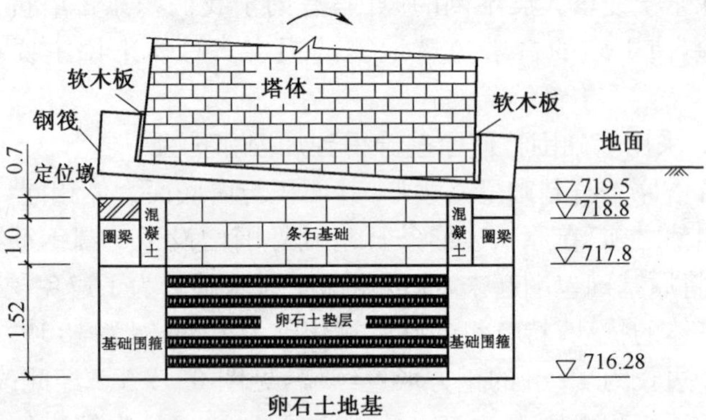

（b）立面图

图 6.17-1　古塔基础围箍加固示意图(m)

完成后钢筏成为护台和基础的一部分。该托换技术使古塔置于钢筏之内，钢筏与下部基础围箍相连接，增大了奎光塔的基础埋深和整体性。

3. 在钢筏与塔身间设置柔性连接

在浇筑钢筏混凝土时，有意在钢筏与塔身之间留有 5 cm 的空隙，在空隙内镶嵌浸过沥青的木板，使塔身与钢筏之间“软”接触，当地震发生时，塔身在水平方向有一定的摇晃缓冲空间，可以消减一部分地震能量。见图 6.17-2。

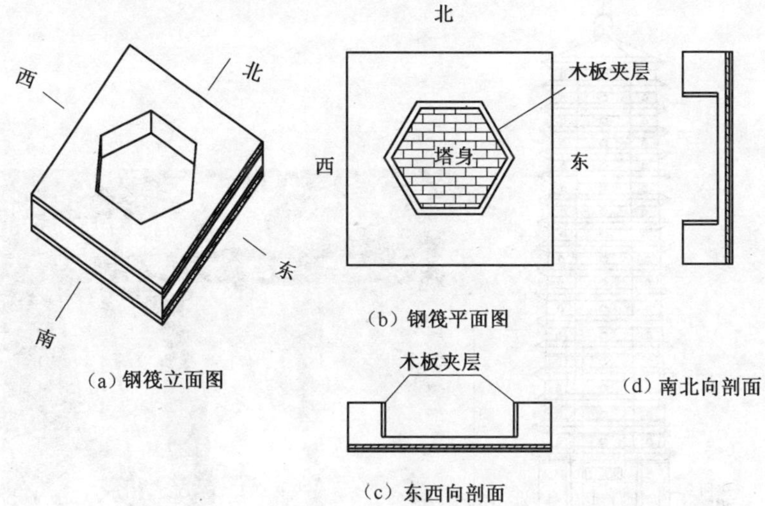

图 6.17-2　钢筏与塔身柔性连接示意图

4. 对塔身第一至第六层进行了抗震加固

在塔身每面沿竖向设置两道(共 4 根)高强钢筋,六面共计 24 根竖向钢筋。同时在每层设置两道横向钢带并与纵向钢筋相焊接,纵向钢筋伸入下部与基础围箍钢筋相连,形成空间钢筋网架,相当于给塔穿了件“钢背心”。另外,对塔身裂缝用环氧树脂填灌,以增加塔身砖砌体的抗拉强度和抗弯能力。见图 6.17-3。

上述四项措施,有效地提高了古塔的抗震能力,这很可能是使奎光塔在地震中幸免于难的原因。

6.17.3　汶川大地震对奎光塔的损害

尽管都江堰奎光塔经历了汶川特大地震的考验,古塔尚未再次产生倾斜,做过抗震加固处理的第一至六层基本完好。但毕竟古塔离震源近、地震强度大,奎光塔未进行抗震加固的塔体产生了一定的裂损。塔体西南侧和东北侧第六层至塔顶出现自下而上的

图 6.17-3　古塔抗震加固示意图

贯穿裂缝，且从塔体的第十层处这两组裂缝已延伸至塔体内部并连通，将塔体切割为南北两部分。裂缝最大宽度达到 15 cm，第九层东北侧密檐垮塌严重，坍塌宽度约 1.8 m、高度约 1.2 m。塔体第八层及以上部分塔体发生受扭剪切破坏，上部塔体和下部塔体形成错位，最大错距达到 15 cm。塔体第九层东北角、第十层的东北角和西南角、第十五层的东南角等有倾倒的迹象，其中第九层、第十层东北角最为严重，裂缝呈上宽下窄，上部裂缝宽度达到 8 cm。若倾倒破坏进一步发展，上部塔体会出现整体倒塌。整个塔体结构受到严重破坏，而当时都江堰余震不断，使塔体的裂缝宽度及倾斜量不断增加，加之正值雨季，在降雨和余震的影响下，塔体上部随时都有可能坍塌。

奎光塔不仅是我国悠久文化遗产的组成部分，也是古代劳动人民伟大创造的结晶，更是都江堰市人民的精神支柱，塔的存在与否，对都江堰市人民抗震救灾、重建家园的信心有着重要的影响。都江堰奎光塔的严重灾情引起了国家文物局、四川省文物局、都江堰市人民政府、都江堰市文化旅游局及奎光塔文物管理所及相关部门的各级领导和专家的高度重视，在地震发生后不久，即组织相关单位和人员展开抢救保护工作。受都江堰市文物管理所的委托，中铁西北科学研究院有限公司承担了都江堰奎光塔震后塔体勘察及治理方案设计工作。接受任务后，立即组成项目部赶赴现场展开工作，并多次派专家顾问组进行现场指导。由于奎光塔较高，从塔底无法准确了解塔体整体破坏情况。因此，首先进行了塔体外部脚手架的搭设工作，该项工作于 2008 年 6 月 23 日开始，8 月 25 日完成。在设计阶段，多位老专家亲自登上脚手架，对奎光塔的破坏情况进行调查分析，并于 2008 年 10 月 10 日提交《都江堰奎光塔抢险加固工程方案设计》。

6.17.4 奎光塔破坏类型及成因分析

"5·12"汶川特大地震震级为里氏 8.0 级，震中位置为四川汶川县映秀镇（纬度：31.0°，经度：103.4°）。汶川大地震属于浅源地震，震源深度为 10～20 km，破坏性巨大，震中地震烈度高达 11 度。都江堰市位于汶川县映秀镇东 21 km（方位角 93°），地震烈度达到 10 度。汶川大地震为逆冲、右旋、挤压型断层地震。发震构造是龙门山构造带中央断裂带，在挤压应力作用下，由南西向北东逆冲运动。这次地震属于单向破裂地震，由南西向北东迁移，致使余震向北东方向扩张。挤压型逆冲断层地震在主震之后，应力传播和释放过程比较缓慢，因此导致余震强度较大，持续时间较长。据中国地震台网测定，截止 2008 年 8 月 29 日 08 时，汶川 8.0 级地震余震区共发生 26662 次余震，其中 4.0～4.9 级 222 次，5.0～5.9 级 31 次，6.0～6.9 级 8 次，最大震级为 6.4 级。见图 6.17-4。

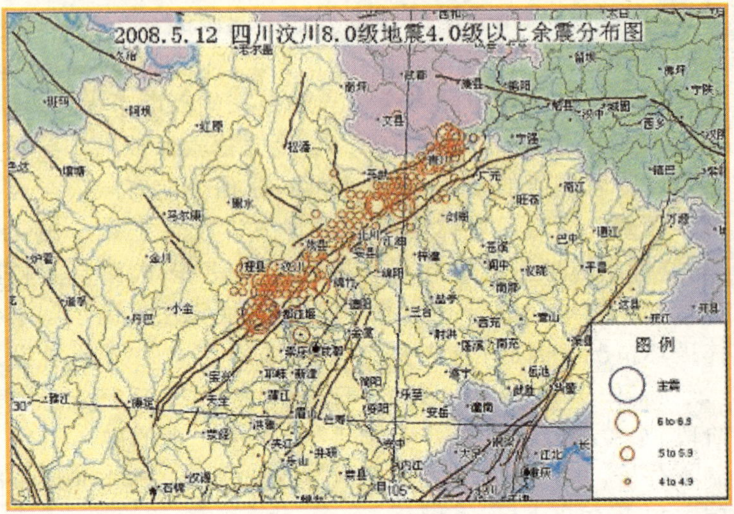

图 6.17-4　汶川特大地震 4.0 级以上余震分布图

由于此次汶川特大地震在都江堰市地震烈度达到 10 度，远远大于原纠倾加固时设防烈度，而且汶川特大地震持续时间长，余震频繁。在地震的直接影响下，奎光塔受到严重的结构性破坏，其破坏类型多，破坏原因复杂。根据多次的调查，我们发现塔体的破坏主要可以归结为以下四种类型：

(1)塔体西南侧和东北侧六层至塔顶出现自下而上的贯穿裂缝，且这两组裂缝在第九层和第十层从塔体中部已部分连通。这些自上而下的裂缝将塔体切割为南北两部分，塔体西北侧和东南侧第七层至十四层出现自下而上的贯穿裂缝，裂缝多数从塔体窗口处通过，属压张裂缝。见图 6.17-5。

(2)塔体第八层及以上每层都不同程度的存在因受扭发生的剪切破坏，受扭方向均为逆时针，第十、十一、十五、十六层破坏最为严重，上部塔体和下部塔体形成错位，最大错距达到 15 cm。见图 6.17-6～图 6.17-9。

(3)塔体第九层东北角、第十层的东北角和西角、第十五层

图 6.17-5 第六及第九层以上东北侧、西北侧裂缝向上发展

图 6.17-6 十层西南角剪断错开

的东南角等有向临空向倾倒的迹象，其中第九层、第十层东北角最为严重，裂缝呈上宽下窄，上部裂缝宽度达到 8 cm。若倾倒破坏进一步发展，上部塔体会出现整体倒塌。见图 6.17-10～图6.17-13。

图 6.17-7　十层北侧剪断错开

图 6.17-8　十一层西角剪断错开

图 6.17-9　十五层东南侧剪断错开

图 6.17-10　十层东北角有外倾迹象

图 6.17-11　十层西角有外倾迹象

图 6.17-12　九层东北角有外倾迹象

(4)塔体每层每面窗口上部都不同程度受到压酥破坏,窗口周围裂缝发育,多为受压产生的“X”型裂缝。部分窗口上部和密檐砖体压裂破碎塌落,特别是第九层东北侧窗口上部砖体已被完全受压破碎塌落,塌落范围宽 2.0 m、高 1.0 m。见图 6.17-14～图6.17-17。

图 6.17-13　十五层东南角有外倾迹象

图 6.17-14　九层西南侧砖块压碎塌落

6.17.5　奎光塔震后抢险加固主要工程措施

1. 设计参数

在奎光塔病害调查分析的基础上，对奎光塔进行抢险加固工程设计，主要设计参数如下：

(1)塔体换算高度 H=49.87 m，顶层平截面面积 A_{17}=23.01 m^2，底层平截面面积 A_1=48.21 m^2。

(2)都江堰市海拔 706.7 m，基本风压 ω_0=0.35 kN/m^2(基本

图 6.17-15　九层东北侧密檐砖块塌落

图 6.17-16　十层西南侧“X”型裂缝

风压按 100 年一遇的风压考虑)。

(3)根据汶川地震后，国家最新修订的《地震动参数区划分图》与《建筑抗震设计规范》规定，都江堰市的抗震设防烈度为 8 度，设计基本地震加速度值为 0.2g。

(4)根据自然层数将塔体分为 17 个单元分别进行计算。根据都江堰市精益工程技术开发有限公司《奎光塔第十五次变形监测成果》，塔体第六层至底层倾斜率为 0.9 ‰，倾斜方位角259°22′49″，塔体 6 层至塔顶倾斜率为 10.5 ‰，倾斜方位角 13°34′39″，塔体总

图 6.17-17　十五层东南侧密檐砖块塌落

倾斜率为 6.0 ‰，倾斜方位角 10°22′54″。

(5)设计时考虑了两种可能遇到的工况，工况 1：永久荷载＋倾斜荷载＋风荷载；工况 2：永久荷载＋倾斜荷载＋风荷载＋地震力。

2. 临时加固措施

由于奎光塔七层以上受到了结构性破坏，抢险加固时还处在汶川特大地震的余震阶段，余震较频繁，严重威胁到奎光塔的安全和施工人员的人身安全。为了保证施工人员的安全、增大塔体的稳定系数，在奎光塔抢险加固工程之前必须进行临时加固措施。临时加固措施如下：

(1)塔身围箍：对塔体第六层以上各侧面采用 ϕ15 钢丝绳进行揽拉围箍防护工作。为了使围箍压力能均匀的传递至塔体，塔体每侧面各设置 3～8 块宽木板(块数根据塔身的破坏情况确定)，木板厚度 4 cm，宽度 20～25 cm，高度根据塔面确定。木板用 3 根 ϕ15 钢丝绳揽拉为一体，并用紧绳器施加一定的预应力。

(2)窗口封堵：因为塔体窗口为塔体的薄弱区域，竖向裂缝、斜裂缝一般都穿过窗口。窗口上部砖体十分破碎，部分砖体已塌落。为了提高塔体窗口处的承载能力，在破损窗口处堆砌砖块，并填充木板保证砖块与塔体充分接触。

3. 主要工程措施

该抢险加固工程根据奎光塔病害的特点和成因,采用塔体外部钢带围箍、塔体内部钢带支撑、竖向贯穿钢筋、裂隙注浆、窗口封堵等多种工程措施综合治理。

(1)竖向贯穿钢筋

先在塔身自上而下凿宽 7 cm、深 5 cm 的竖槽,密檐部位改用钻孔通过,将 ϕ28 mmⅢ级钢筋贯穿放置于竖槽中,钢筋间采用螺栓连接,以保证连接段抗拉强度。待钢筋安装完毕后,再填充密实的丙烯酸水泥砂浆。塔体第一层至十层每面设置 8 根竖向贯穿钢筋,第十一层至十七层每面设置 4 根贯穿钢筋。钢筋底部与原混凝土基础相连接,连接方式采用植筋技术连接。植筋钻孔直径 40 mm、深度 400 mm。钻孔完成后将硬毛刷插入孔中清理孔壁,后使用专门的灌汁器,灌入 JN-Z 型植筋锚固胶黏剂。胶黏剂灌注量应保证在植入钢筋后有少许胶黏剂溢出;之后,单向旋转插入钢筋,并尽量使植入的钢筋与孔壁间的间隙均匀。

(2)塔体外部钢带围箍

在塔体第七层至十七层外部每层塔面使用两道厚 8 mm、宽 10 cm 的钢带进行围箍,长度根据塔体每面宽度确定。塔体相邻面钢带用 8 mm 厚角钢焊接。

在塔体第七层至十二层外部每层密檐上下各设置一组围箍钢带。围箍钢带使用厚 8 mm、宽 5 cm 的钢板制作,长度根据密檐实际宽度确定。密檐相邻面钢带用 8 mm 厚角钢焊接。

塔体 A 面第九、十、十一、十六和十七层外部塔身围箍钢带各用两组十字型钢带连接成一体。塔体 B 面第七至十一层、十三、十五和十六层外部塔身围箍钢带各用两组十字型钢带连接成一体。塔体 C 面第十层、十五层至十七层外部塔身围箍钢带各用两组十字型钢带连接成一体。塔体 D 面第十、十五、十六层外部塔身围箍钢带各用两组十字型钢带连接成一体。塔体 E 面第七至十一层、十六层外部塔身围箍钢带各用两组十字型钢带连接成一体。塔体 F 面第九至十一、十三、十六层外部塔身围箍钢带各用两组十字型钢带连接成一体。钢带采用厚 5 mm、宽 8 cm 的钢板,长度根据实际情况确定,钢带间采用螺栓连接。

为了保证围箍钢带和塔体的充分接触,在钢带与塔体间的空隙处填充丙烯酸水泥砂浆。围箍钢带完成后,在钢带外涂抹 JN-J 复合界面处理剂,界面剂中加入适当的水泥以达到复旧效果。

(3)塔体内部钢带和对穿锚杆

在塔体第七层至十七层外部每层塔面外部钢带围箍处对应的塔体内部设置钢带。钢带用厚 8 mm、宽 10 cm 的钢板制作,长度根据塔内每面宽度确定。塔体相邻面钢带用 8 mm 厚角钢焊接。塔面外部围箍钢带和内部钢带在施工前先预留孔洞,通过 ϕ25 对穿锚杆将两者连接为一体。

在塔体第七层至十二层外部每层密檐围箍钢带处对应的塔体内部设置钢带。在塔体第十三层至十六层外部每层密檐上下对应的塔体内部设置钢带。钢带用厚 8 mm、宽 10 cm 的钢板制作,长度根据塔内每面宽度确定。塔体相邻面钢带用 8 mm 厚角钢焊接。

塔体内部每两根相邻钢带用 2 根竖向钢带连接在一起。连接钢带使用厚 5 mm、宽 8 cm 的钢板制作,长度根据相邻围箍钢带间距确定,钢带间采用螺栓连接。

(4)裂隙注浆

对塔身所有裂缝进行注浆加固,注浆材料根据裂缝宽度确定。小于 2 mm 宽的裂缝用 JN-L 型低黏度灌缝胶注浆;2~10 mm 宽的裂缝用丙烯酸纯水泥浆灌注;大于 10 mm 宽的裂缝用丙烯酸水泥细砂浆灌注。

JN-L 型低黏度灌缝胶注浆具有以下特点:极强的渗透力、黏度很低、能注入 0.05 mm 宽的微裂缝、不含挥发性溶剂、硬化时基本不收缩、粘接强度高、韧性及抗冲击性好、抗老化性及耐介质(酸、碱及水等)性好、可操作时间长、使用方便且无毒,可以很好的保证塔身微裂缝的注浆效果。

丙烯酸纯水泥浆以纯水泥浆为主剂，配方为：水泥∶水∶丙烯酸乳液＝1∶(0.2～0.4)∶(0.25～0.35)；丙烯酸水泥细砂浆以水泥细砂浆为主剂，配方为：水泥∶砂∶水∶丙烯酸乳液＝1∶(0.6～1.0)∶(0.3～0.4)∶(0.25～0.3)。改良后的纯水泥浆和水泥细砂浆具有黏结强度高、耐候性、耐老化性好，对人体和环境无害的特点。施工前必须进行现场试验，以决定最终的配合比，保证注浆效果。

裂缝注浆加固工序：裂缝清理→预留进浆孔、排气孔(ϕ30 mm钻孔)→JN-F型封口胶封闭裂缝→裂缝注浆→注浆效果复检。

(5)窗口封堵

塔体 *A* 面第八、九、十、十一、十二、十六和十七层的窗口；*B* 面第七至十六层的窗口；*C* 面第八、九、十一、十四至十七层的窗口；*D* 面第九、十、十二、十五层的窗口；*E* 面第七至十七层的窗口；*F* 面第七至十三、十六层的窗口分别用灰砖进行砌筑封堵。砌筑浆材采用丙烯酸水泥砂浆，其配合比为：水泥∶砂∶水∶丙烯酸乳液＝1∶5∶0.4∶0.2。

(6)碳纤维加固

碳纤维加固技术是近十几年来在结构加固领域迅速发展的一项新技术，在建筑加固、桥梁加固等领域应用广泛且效果显著。碳纤维材料用于结构加固特别是古建筑进行加固，具有以下突出优点：

①重量轻(约 200 g/m^3)：与钢材、混凝土等加固材料相比，碳纤维材料(本工程应用碳纤维布)重量很轻，对原结构重量的增加很小。

②厚度薄：与其他加固材料相比，碳纤维布对原结构的尺寸增加最小，对古建筑外观影响最小。

③抗拉强度高：碳纤维布的抗拉强度是钢材的 10 倍以上，在结构的受拉部位可以有效地抑制结构变形。

④耐腐蚀、不生锈。

⑤抗疲劳，适应于振动、冲击。

⑥适应于构筑物外部形状的变化。

由于塔体内部结构复杂、空间狭小、裂缝分布较广，为了提高塔体内部的抗压强度，对塔体内部较大裂缝除注浆加固外，还需要粘贴碳纤维布加固。碳纤维布选用重量为 300 g/m² 、厚度为 0.168 mm、抗拉强度不低于 3 000 MPa 的碳纤维布。碳纤维布采用 JN-C 碳纤维加固专用胶进行粘贴。碳纤维布粘贴完工后再使用水泥细砂浆封闭处理。

(7)密檐和塔身修复

密檐和塔身砖块掉落区域用与原塔完全一致的砖块砌筑修复。砌筑浆材采用丙烯酸水泥砂浆，其配合比为：水泥∶砂∶水∶丙烯酸乳液＝1∶5∶0.4∶0.2。为保证新砌筑砖体和原塔体完全连接，根据砖块掉落实际情况可在新砌砖体中增加钢丝网。

(8)塔身表面复旧处理

根据四川省文物管理局《关于都江堰市奎光塔抢险加固工程方案设计的批复》，要求将抗震加固措施中的横向围箍钢带做成隐蔽工程，以保持塔体的原貌。因此，施工图设计中增加塔身表面复旧处理工程。待塔体外部钢带围箍和塔身修复完成后，在塔身外侧贴补仿古砖块。仿古砖可以根据原塔体砖块大小订做烧制而成，从尺寸和外观上要保持一致。仿古砖使用 107 胶的聚合物水泥砂浆进行粘贴，其配合比为：水泥∶砂∶107 胶＝1∶0.5∶(0.20～0.25)。

6.17.6 加固措施效果评价

为了更为全面地评价本次加固工程的抗震性能，采用数值计算方法得到塔身加固前后的地震响应情况。例如，塔身部分点的加速度、位移、应力等，并预测结构在设计地震动作用下的反应，以保证奎光塔的抗震安全稳定性。

1. 有限元方法基本原理

有限元法的基本思想是将连续的求解区域,离散为一组有限个按一定方式相互联系在一起的单元组合体。有限单元法作为一种数值方法,其重要特点是在每一个单元内利用假设的近似函数来分片地表示全部求解域上待求的未知场函数,如位移场、应力场等。单元内的近似函数通常由未知场函数或其导数在单元的各个节点进行数值插值来表达。这样,对一个问题进行有限元分析时,未知场函数或其导数在各个节点上的数值就成为新的未知量(或称为自由度),从而使一个连续的无限自由度问题变成离散的有限自由度问题。在求解出这些未知量后,就可以通过插值函数计算出各个单元内场函数的近似值,从而得到整个求解域上的近似解。显然,随着单元数目的增加,亦即单元尺寸的缩小,或者随着单元自由度的增加及插值函数阶数的提高,解答的近似程度将不断改进。如果单元满足收敛条件,近似解最后将收敛于精确解。

有限单元法的基本思想虽然早在 20 世纪 40 年代就提出来了,但直到 60 年代以后,随着电子计算机的广泛应用,才快速发展起来。随着现代计算力学、计算数学和计算机技术等学科的发展,有限单元法作为一种具有牢固理论基础和广泛应用效力的数值分析工具,在国民经济建设和科学技术发展中发挥了巨大作用。许多关系到国计民生的重大工程建设项目都进行过认真细致的有限元计算,作为理论分析和模型试验的验证和补充。对于现有结构物的评价和检测,有限单元法也具有和现场试验一样重要的作用,并可揭示试验手段所不能到达区域的力学特性。

2. 运动平衡方程

地震时,地震波令地面产生一定的运动,经过基础和结构的相互作用,从而使结构系统的各质点相对于地面进行振动。以结构系统的各质点相对于地面的位移为基本未知量,可建立地震作用下结构系统的运动方程如下:

$$[M]\{\ddot{u}\}+[C]\{\dot{u}\}+[K]\{u\}=-[M]\{\ddot{u}_g\} \qquad (6\text{-}1)$$

式中 $[K]$、$[M]$、$[C]$——分别为整体刚度矩阵、质量矩阵和阻尼矩阵；

$\{u\}$、$\{\dot{u}\}$、$\{\ddot{u}\}$——分别为位移、速度和加速度向量；

$\{\ddot{u}_g\}$——为地震时地面运动的加速度。

在体系的运动方程中，阻尼力相比于惯性力和结构抗力要小得多，因此，可以近似地计算阻尼矩阵。由于粘滞阻尼值不易直接确定，在实际计算中，常采用瑞利线性组合法来计算体系的总体阻尼矩阵$[C]$。该法假定体系的阻尼矩阵为质量矩阵和刚度矩阵的线性组合，即：

$$[C]=\alpha[M]+\beta[K] \qquad (6\text{-}2)$$

因为运动方程为常系数二阶线性常微分方程组，为此，在求解中可以采用 Newmark-β 算法。

3. 计算模型及参数

奎光塔的 Ansys 分析模型，见图 6.17-18。采用 SOLID45 六面体单元来建模，结构共划分 147 640 个节点和 663 100 个单元。

根据《砌体结构设计规范》、《建筑用钢筋标准与规范汇编》以及其他的一些相关研究资料，塔身砖及加固钢材的力学参数，见表 6.17-1。

表 6.17-1 塔及加固材料的力学参数

物理量	弹性模量 E(MPa)	泊松比 ν	容重 γ(kN/m^3)
砖	1 047.5	0.115	23.0
钢材	2 060 00	0.250	78.5

参照相关资料，此次四川汶川大地震波及都江堰的基本烈度为 10 度，地面运动的最大水平加速度为 0.50g。因此，计算中必须将实际地震记录的峰值加速度折算成基本烈度所对应的峰值加速度。计算中所采用的烈度为 10 度的加速度时程曲线，见图6.17-19。

（a）几何模型

（b）数值模型

图 6.17-18　奎光塔数值分析模型

4. 计算结果及分析

(1)加速度分析

图 6.17-20 给出了塔身顶点—1# 点在加固前和加固后的水平加速度时程曲线。显然，在同一地震激励作用下，采取加固措施可以使 1# 点的地震加速度反应有所减小，并且峰值加速度值的出现

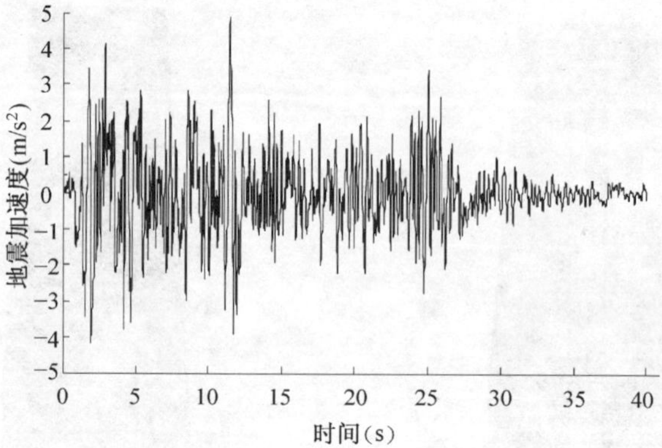

图 6.17-19　水平地震加速度时程曲线(地震烈度 10 度)

时刻发生了的变化。例如,分别在加固前和加固后的第5.66 秒,12.06 秒出现峰值加速度,其值分别为 $-14.860\ m/s^2$ 和 $-13.307\ m/s^2$,加固后相比于加固前减小了 10.45 %。

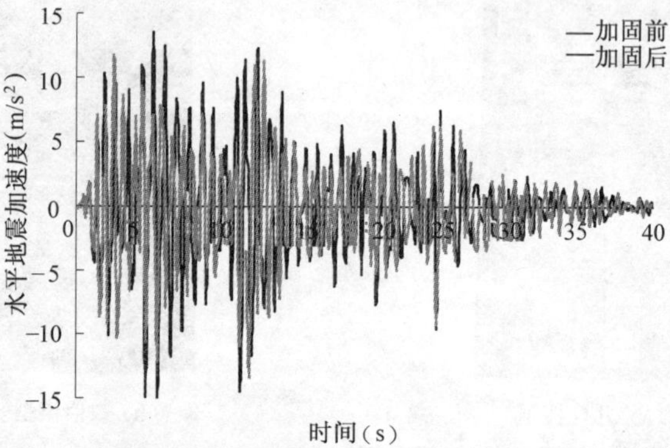

图 6.17-20　1# 加固前后水平地震加速度响应时程曲线(地震烈度 10 度)

图 6.17-21 是塔身中下部—2# 点的加固前、后水平加速度响应时程曲线。可以看出,在塔身加固后,2# 点的水平地震加速度反应有较大地减小,同样,最大加速度值的出现时刻也发生了较大的变化。分别在加固前、后的第 12.06 秒,12.76 秒出现峰值加速度,其值分别为 $-2.863\ m/s^2$ 和 $-2.441\ m/s^2$,加固后相比于加固前减小了 14.74 %。

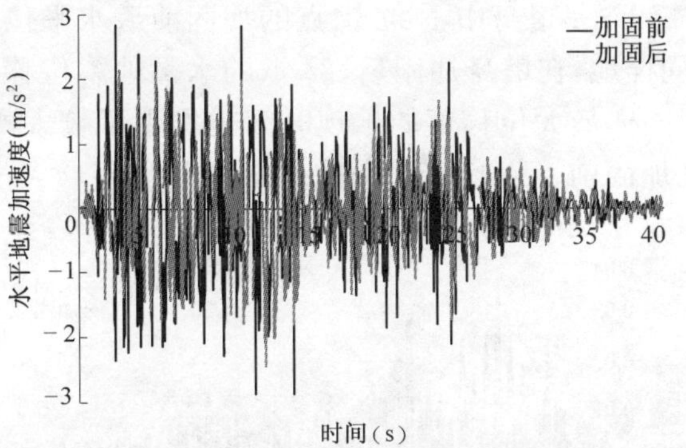

图 6.17-21　$2^{\#}$ 点加固前后水平地震加速度响应时程曲线(地震烈度 10 度)

显然,通过对塔身两点的加速度响应时程曲线分析可知,采取加固措施后,大大地减小了塔身的水平加速度反应,提高了塔的抗震性能。

(2)位移分析

图 6.20-22 为塔顶 $1^{\#}$ 点的加固前后水平位移响应时程曲线。显而易见,在同一地震激励下,当采取加固措施后,$1^{\#}$ 点的水平地震位移反应大大减小,并且最大位移值的出现时刻发生了很大的变化,例如,分别在加固前、后的第 5.76 秒、12.06 秒产生最大位移值,其值分别为 0.238 m、0.182 m,减小了 23.53 %。

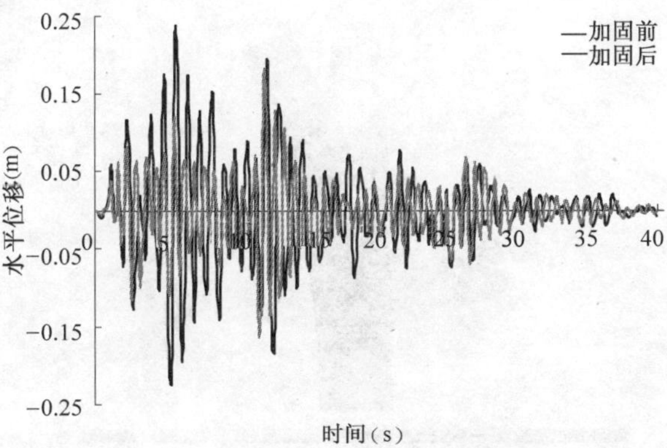

图 6.17-22　$1^{\#}$ 点加固前后水平位移响应时程曲线(地震烈度 10 度)

图 6.17-23 是塔身中下部 2# 点的加固前后水平位移响应时程曲线。同样地，在塔身加固后，2# 点的水平地震位移反应有较大地减小，同样最大位移值的出现时间也发生了较大的变化，例如，分别在加固前、后的第 5.76 秒、11.66 秒出现最大位移值，其值分别为 0.035 m、0.030 m，减小了 14.29 %。

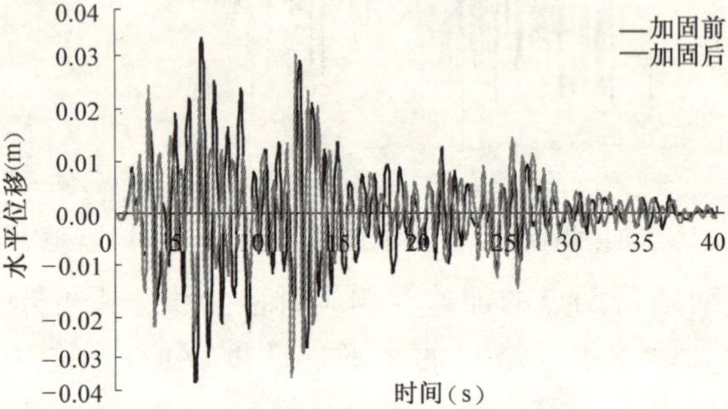

图 6.17-23　2# 加固前后水平地震位移响应时程曲线(地震烈度 10 度)

为了很好地描述整个塔身的位移状况，分别给出了塔顶—1# 点出现最大水平位移时刻加固前(地震烈度 10 度)和加固后(地震烈度 10 度)的塔身水平位移分布图，见图 6.17-24 和图 6.17-25。很明显，所采用的加固措施加强了塔身的抗震稳定性，塔身的最大水平位移明显减小了。

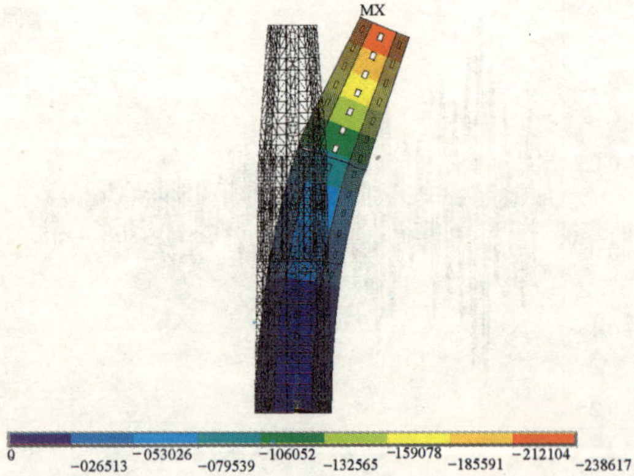

图 6.17-24　加固前第 5.76 秒时刻水平位移分布图(地震烈度 10 度)

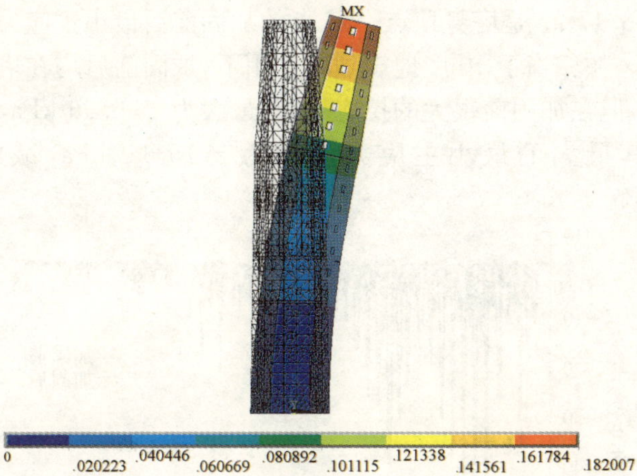

图 6.17-25　加固后第 12.06 秒时刻水平位移分布图(地震烈度 10 度)

(3)应力分析

图 6.17-26 是塔身顶点—1# 点的加固前后最大主应力响应时程曲线。在同一地震作用下,由于采取了加固措施,塔身砖体的最大主应力大幅度减小,而且最大的最大主应力值出现时刻发生了转移,比如在塔顶 1# 点,将分别在加固前、后的第 5.36 秒、11.66 秒出现最大的最大主应力值,其值分别为 56.02 kPa、15.97 kPa,减幅可达到 71.49 %。

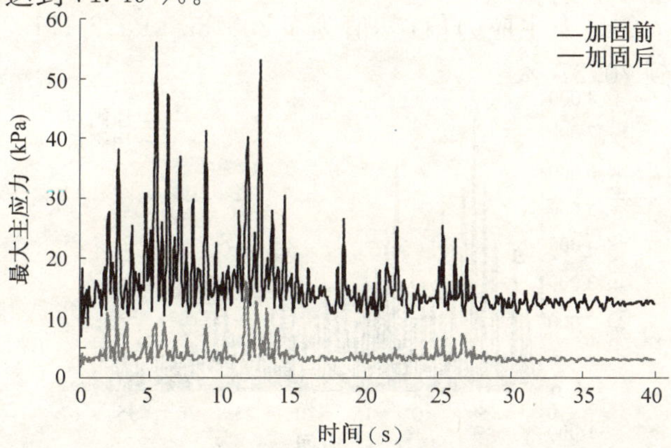

图 6.17-26　1# 加固前后最大主应力响应时程曲线(地震烈度 10 度)

图 6.17-27 是塔身顶点—1# 点的加固前后最小主应力响应时程曲线。在相当于 10 度地震烈度作用下，加固前后均在塔顶产生拉应力，但在加固前很大的拉应力，其最大为－56.96 kPa，然而加固后，其最大的最小主应力值仅为－15.11 kPa，减幅可达 73.47 %。

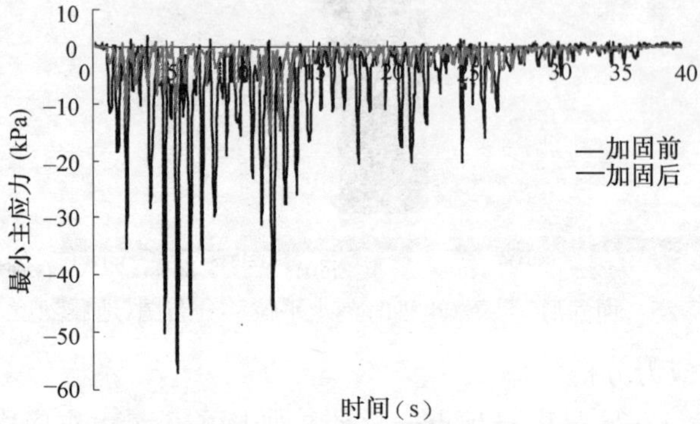

图 6.17-27 1# 加固前后最小主应力响应时程曲线（地震烈度 10 度）

图 6.17-28 给出了塔身 2# 点的加固前后最大主应力响应时程曲线。在同一地震激励下，采取加固措施后，塔身砖体的最大主应力大幅度减小，而且最大的最大主应力值出现时间也发生了转移，比如在塔身 2# 点，将分别在加固前、后的第 5.76 秒、12.06 秒出现最大的最大主应力值，其值为 7 305.82 kPa、2 171.75 kPa，减幅达到 70.27 %。

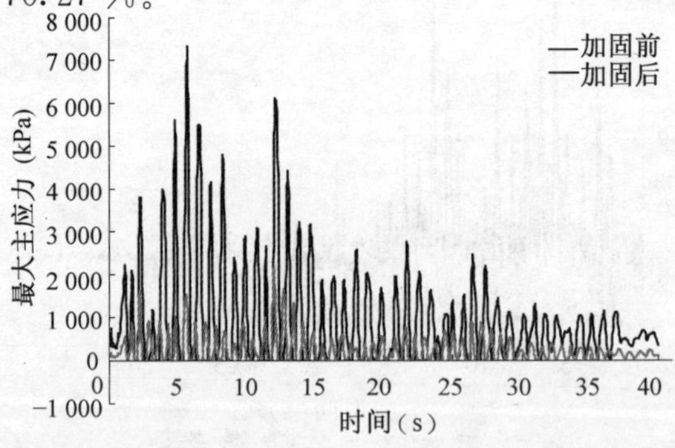

图 6.17-28 2# 加固前后最大主应力响应时程曲线（地震烈度 10 度）

图 6.17-29 是塔身 2# 的加固前后最小主应力响应时程曲线。在 10 度地震烈度激励下，加固前后都将在塔身产生拉应力，但在加固前存在很大的拉应力，其最大值达－5 718.25 kPa，然而在采取加固措施后，其最大的最小主应力值仅为－1 728.97 kPa，减幅为 69.76 %。

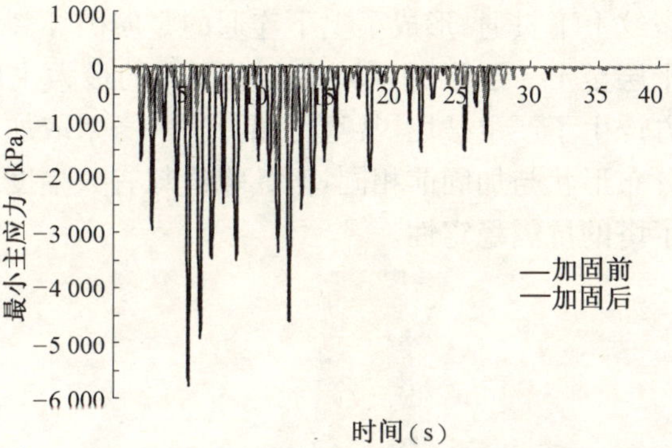

图 6.17-29　2# 加固前后最小主应力响应时程曲线(地震烈度 10 度)

同样地，为了较好地反应整个塔身的应力状态，也分别给出了塔身—2# 点出现主应力峰值时加固前和加固后的塔身主应力分布，见图 6.17-30、图 6.17-31。

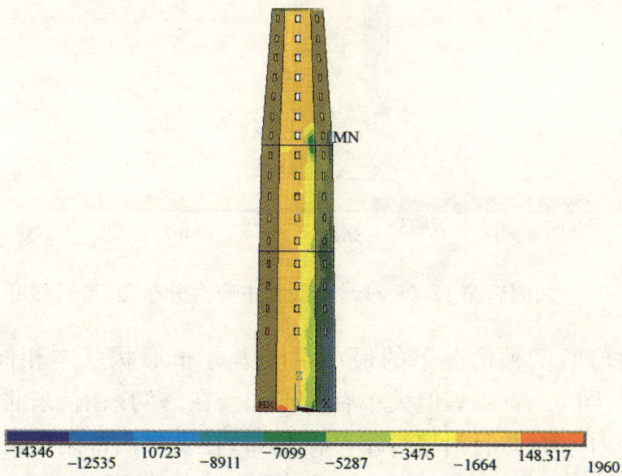

图 6.17-30　加固前第 5.76 秒时刻最大主应力分布图(地震烈度 10 度)

可以看出，两种情况下的最大主应力分布形状基本相同，只是大小有所不同。在塔的东南、东北侧出现很大的压应力，并且沿塔身呈竖向分布，而在西南、西北侧则产生了较大的拉应力，并且在窗户附近区域产生应力集中。因此在地震往返力作用下，首先在窗户附近发生破坏。随后，由于最大主应力沿塔身竖向分布，所以窗户周围裂纹上下贯通，形成了上下连通的竖向破坏裂缝。同时，在塔身第十层至十一层附近区域将出现很大的最大主应力，因而在这些地方产生了严重破坏，甚至坍塌。当塔身采取加固措施后，尽管应力分布形状与加固前相同，但其峰值却有大幅度地减小，大大地提高了塔的抗震稳定性。

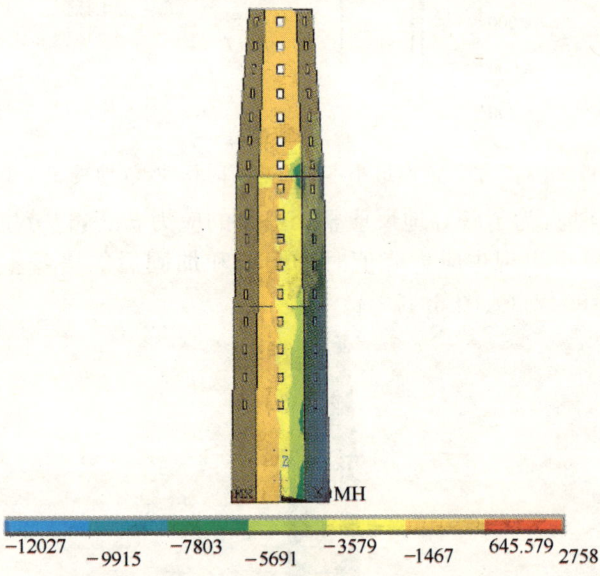

图 6.17-31　加固后第 12.06 秒时刻最大主应力分布图(地震烈度 10 度)

同样地，两种情况下的最小主应力分布形状基本相同(见图 6.17-32、图 6.17-33)，但大小有所不同。在塔的东南、东北侧出现很大的拉应力，并且沿塔身呈竖向分布，在窗户内部附近区域产生拉应力集中，因此在往返的地震作用下，窗户附近首先发生破坏。

随后，裂纹沿窗户上下贯通，形成了上下连通的竖向破坏裂缝。同时，在塔身第十至十一层附近区域将出现很大的拉主应力，因而在这些地方破坏严重。而当塔身采取加固措施后，尽管应力分布形状与加固前相同，但其峰值有大幅度地减小，显著地提高了塔的抗震性能。

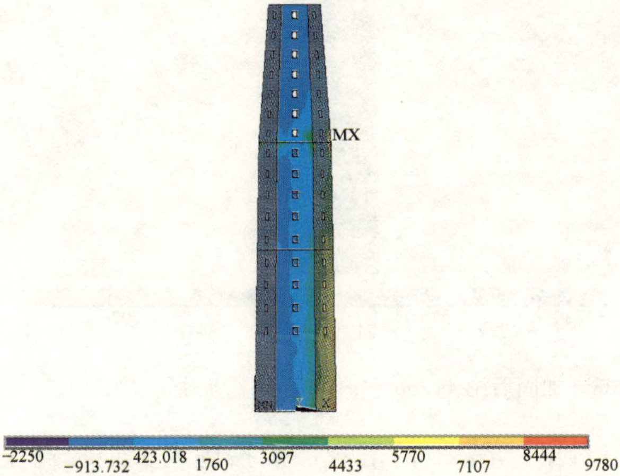

图 6.17-32　加固前第 5.36 秒时刻最小主应力分布图(地震烈度 10 度)

5. 数值分析结论及评价

通过对应力的计算分析发现：在地震波作用下，塔的东南、东北侧出现很大的拉、压应力，并且沿塔身呈竖向分布；而在西南、西北侧也产生了相对较大的拉、压应力，并且在窗户附近区域发生应力集中。因此在地震往复力作用下，首先在窗户附近发生破坏。随后，由于主应力沿塔身竖向分布，所以窗户周围裂纹上下贯通，形成了上下连通的竖向破坏裂缝。同时，在塔身第十层至十一层附近区域将出现很大的主应力，因此在这些地方发生了严重破坏，甚至坍塌。当塔身采取加固措施后，尽管应力分布形状与加固前相同，但其峰值却有大幅度地减小。例如，与加固前相比，加固后的主应力降低了 70 %左右，同时，水平位移的降幅可达 20 %左右。

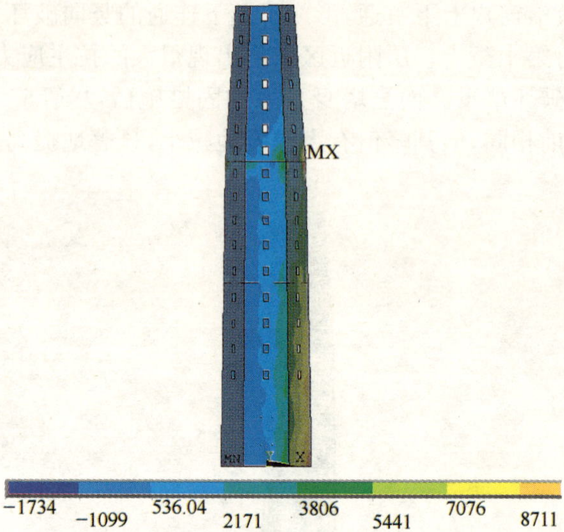

图 6.17-33　加固后第 11.66 秒时刻最小主应力分布图(地震烈度 10 度)

由此可以看出,所采取的塔身加固措施大大地提高了塔的抗震稳定性,显著地降低了地震危害性。

6.17.7　加固工程的实施

2009 年 5 月 11 日,都江堰市奎光塔抢险加固工程正式开工。该抢险加固工程根据奎光塔病害的特点和成因,采用塔体外部钢带围箍、塔体内部钢带支撑、竖向贯穿钢筋、裂隙注浆、窗口封堵等多种工程措施综合治理。在对塔身所有裂缝进行裂缝注浆加固时,我们以纯水泥浆和水泥细砂浆为主剂,适当添加丙烯酸树脂乳液。改良后的纯水泥浆和水泥细砂浆具有黏结强度高、耐候性、耐老化性好,对人体和环境无害的特点。由于塔体内部结构复杂、空间狭小、裂缝分布较多,为了提高塔体内部的抗压强度,对塔体内部较大裂缝除注浆加固外,还增加了新型材料碳纤维布进行加固。

图 6.17-34～图 6.17-41 记录了工程的实施过程。

图 6.17-34　外部钢带围箍

图 6.17-35　内部钢带围箍

图 6.17-36　对穿锚杆连接

图 6.17-37　竖向贯穿钢筋

图 6.17-38　预留注浆孔

图 6.17-39　预留注浆孔注浆

图 6.17-40　高压注浆机注浆

图 6.17-41　现场讨论加固方案

6.17.8　结束语

都江堰奎光塔是我国珍贵的历史文化遗产，具有很高的历史与文化价值。汶川特大地震后，奎光塔第七层以上未作抗震加固的塔体裂缝遍布，危砖垒垒。随着余震的持续，随时都有塌落的危险，威胁塔下行人的安全。在四川省文物局、成都市文物局的及相关单位的管理和协调下，施工单位冒着强烈余震的危险，经过近5个月的施工，终于完成了抢险加固工程。该工程依据文物保护工程"修旧如旧"的原则，未破坏古塔的原貌和结构，不留施工痕迹或尽可能少留痕迹，保持了历史文化遗产的原始风貌，见图6.17-42。

大难逃生的都江堰奎光塔重新再现了昔日雄姿，以奎光塔为中心的文化公园也恢复了往日的繁荣景象，正像门口的盈联所写的：淳风醇俗焕万载遗情，盛世胜景传千年文化。

图 6.17-42　奎光塔震后加固工程竣工后外貌

6.18　陕西周至仙游寺法王塔迁建工程

6.18.1　仙游寺法王塔概况

仙游寺法王塔为全国重点文物保护单位，位于西安城西南周至县马召镇黑水峪口。出县城向南约 10 km 便是黑河水畔，这里青山环抱、碧水环绕、风景秀丽。隋文帝开皇十八年（公元 598 年），在这里修建了避暑行宫，名曰“仙游宫”。隋仁寿元年（公元 601 年），杨坚为了安置佛舍利，于十月十五日命人送佛舍利至仙游宫建塔安置，改称仙游寺。唐大中年间（公元 847 年～859 年），扩建为三寺，现仅存二寺。位于黑河南岸的仍称仙游寺，后经历代重修，现存正殿 5 间。法王塔位于殿西北，是一座早期仿木楼阁式砖塔，共 7 层，截面为正方形，最底层边长 8.7 m，塔残高 34.65 m。

塔身南面每层均辟拱形券门，塔身逐层收分，层间叠涩檐下砌两排菱角牙子。第一层塔身内设方形塔室，以上各层单壁中空。塔内原有木梯可攀，塔顶平砖攒尖，塔刹残毁。

国内的隋塔除山东历城四门石质塔外，仙游寺法王塔是我国现存为数不多的隋代砖塔之一。该塔砖缝细密，宛如水磨，底层东、北、西三面各嵌碣石两方，东面南侧碣石上有线刻人物像。法王塔整个造型古朴庄严，颇具特色。寺院建筑虽经历代重修改建，塔却一直巍然屹立，显示了千余年前建筑工程技术的高超水平。

隋唐时期，长安为国家的政治、经济和文化的中心。位于终南山下的黑水峪口风景秀丽，且距首都长安不远，因此帝王与臣子们经常来这里游玩。这里的风光与寺庙吸引了历代许多文人墨客，如唐朝的白居易、岑参，宋朝的苏东坡等都在此留下了诗篇与墨宝。其中尤以白居易在此为县丞时所写的《长恨歌》最为著名，成为千古绝唱。

6.18.2　为解决市民饮水，古塔被迫让路

1998 年，为了配合西安市黑河引水枢纽工程建设，国务院批准对仙游寺和法王塔进行异地搬迁保护，这是建国以来，中国首次对古塔进行搬迁复建保护。拆迁时，在塔的二、三层间发现 3 枚舍利。同年 10 月 17 日，开启法王塔地宫，发现地宫内有双面刻纹石碑一块、石函一具，打开函盖，见内藏鎏金铜棺一座，棺内有一精美的琉璃瓶，内存 10 粒舍利子，呈亮灰，略泛黄色。碑文记载着建塔年月。

仙游寺和法王塔的新址选定在距原址约 2 km 的金盆村北山梁上，位于 108 国道东侧，海拔高约 620 m。

国家对法王塔的搬迁复建工程建非常重视，搬迁复建的方案经过国家文物局的审批，国家文物局古建专家组组长罗哲文先生亲任搬迁复建的总顾问，并亲临现场进行指导。

6.18.3　迁址复建，“古塔”原貌犹存

2001 年 8 月，法王塔整体搬迁工程破土动工，整个古塔完全

是按照“修旧如旧”的原则进行复建。工作人员在古塔四周搭设脚手架至塔顶，自上而下、一层一层、一块一块拆卸。拆卸时，技术人员对古塔的每一块砖，每一层，每一个局部都进行了绘图、编号、照相，然后再装箱搬运，全塔共用 50 多万块古砖。在新址复建时，全部按原来每块砖的位置，一一对应安装上去。只要是不威胁安全的残缺，都保留了原样，最大程度地保留了古塔的原貌。见图 6.18-1。

图 6.18-1　砖上都贴有标签确保每块砖搬迁后都在原位

整个法王塔的塔体基本上全是用旧砖，塔内也全部使用原来的材料，即使缺陷也要保持原貌，只是在个别影响安全的残缺处补充了新砖。旧砖上都有当年烧制人的手印，其作用可能类似现在的责任到人制度。由于该塔在搬迁前底座就已大面积坍毁，本次复建时，其底座的外表采用了专门烧制的新砖，每块新砖上都刻有一个“佛”字，以便和旧砖有所区别。

法王塔的地宫也是按照原样复建的，不过现在已经封闭。据悉，地宫里还摆放了石棺、鎏金铜棺、琉璃瓶和佛舍利的复制品。见图 6.18-2。

2003 年 10 月，法王塔在新址上又重新矗立起来了，将 50 多万块古砖有条不紊的按原位“对号入座”。该工程历时近两年，共耗资 500 多万元，是中国首例古塔搬迁工程，是一项非常不容易的工程。见图 6.18-3。

图 6.18-2　法王塔内的的佛像

图 6.18-3　复建封顶后的法王塔外貌

第 7 章　中国著名古塔、倾斜及残损古塔概览

7.1　国 内 名 塔

杭州六和塔

位于杭州钱塘江畔月轮山上，始建于北宋开宝三年(公元 970 年)；宣和五年，塔被烧毁，南宋绍兴二十四年重建，清光绪二十五年重修塔外木结构部分。塔高 59.89 m，其建造风格非常独特，塔内部砖石结构分七层，外部木结构为八面十三层。

西湖雷峰塔

位于杭州西湖南岸南屏山日慧峰下净慈寺前，塔共 7 层，重檐飞栋、窗户洞达，十分壮观。雷峰塔是西湖的标志性景点，有“雷峰如老衲，保俶如美人”之誉，西湖上亦呈现出“一湖映双塔，南北相对峙”的美景。

西安大雁塔

大雁塔是唐贞观二十二年(公元 648 年)太子李治为了追念他的母亲文德皇后而建,座落在慈恩寺,故又名慈恩寺塔。大雁塔初建时只有 5 层,武则天时重修,后来又经过多次修整。现在的塔是 7 层,共 64 m,呈方形角锥状;塔身为青砖砌成,各层壁面作柱枋、栏额等仿木结构;每层四面都有券砌拱门。这种楼阁式砖塔,造型简洁、气势雄伟,是我国佛教建筑艺术的杰作。

西安小雁塔

建于唐中宗景龙年间(公元 707 年～709 年),距大雁塔 3 km,东西相对,如同昆仲,和大雁塔一样也是西安的重要标志性建筑。小雁塔为密檐式方形砖塔,初建成时为 15 层,高约 46 m。现存 13 层,高约 43.3 m。因比大雁塔矮小,建造时间也较晚,故称小雁塔。虽历经沧桑,但它仍保存着唐塔的原貌。从古建筑的角度看,小雁塔的造型和结构都堪称早期密檐塔的代表作品。

山西应县木塔

建于辽清宁二年(公元 1056 年),金明昌六年(公元 1195 年)增修完毕,是我国现存最高最古的一座木构塔式建筑,也是唯一一座木结构楼阁式塔,为全国重点文物保护单位。塔建造在 4 m 高的台基上,塔高 67.31 m,底层直径 30.27 m,呈平面八角形。第一层立面重檐,以上各层均为单檐,共五层六檐,各层间夹设暗层,实为 9 层。整个木塔整体比例适当,建筑宏伟,艺术精巧,外形稳重庄严。

北京妙应寺白塔

建于元朝至元八年(公元 1271 年),至正二十八年(公元 1368 年)曾遭火焚,于明宣德八年(公元 1433 年)再建。现寺内的建筑大都为清代所建,仅白塔在火焚中幸免,为元代遗物,至今已 700 余年。妙应寺白塔塔体为砖石结构,通高 50.9 m,由塔基、塔身和塔刹组成。妙应寺白塔是元大都保存至今的重要标志,是我国现存最早最大的一座藏式佛塔,也是中尼两国人民的友谊和文化交流的历史见证。

苏州虎丘塔

建于宋代建隆二年(公元 961 年),为平面八角形砖塔,共 7 层,高 47.5 m。因地基原因,塔身自 400 年前就开始向西北方向倾斜。据初测,塔顶部中心点距中心垂直线偏离已达 2.3 m。1956 年在塔内发现大量文物,其中有越窑莲花碗罕见的艺术珍品,是苏州现存的最古老的一座塔,由于风格与同一时期建的杭州雷峰塔相似,被誉为江南二古塔。

陕西扶风法门寺塔

位于陕西省扶风县城北 10 km 的法门镇。法门寺历史悠久,是隋唐佛教四大圣地之一,始建于东汉。据记载,法门寺塔原为四层木塔,下有地宫。公元 1569 年关中大地震,塔被震毁,明万历七年(公元 1579 年)神宗赐银数万两重建,1654 年关中因地震再次倾斜。1981 年倾斜的古塔在大雨中倒塌,1987 年重建,新塔为砖砌楼阁式,平面八角 13 层,高约 60 m。

西藏日喀则万佛塔

位于西藏江孜县城区白居寺内，始建于明朝初期，平面为一巨大的十字折角形，铺展特别大，底层占地 2 200m^2，而上面塔身较小。塔的基座建成佛寺的形式，高达 5 层，塔身呈圆形。日喀则万佛塔不论在结构上还是艺术造型上，既有藏族建筑艺术的特点，又兼融汉族民族建筑的一些特色，是西藏古塔中的佼佼者，是极为珍贵的文物。

北京碧云寺金刚宝座塔

建于清乾隆十三年(公元 1748 年)。塔仿北京五搭寺形状建造。碧云寺金刚宝座塔高 34.7 m，分搭基、宝座、塔身三层。塔基呈方形，砖石结构，外以虎皮石包砌，台基两侧有石雕护栏。塔身全部为琢磨过的汉白三石砌成，四边还雕刻有藏传喇嘛教的传统佛像。这是一种独特的建筑形式，是曼陀罗的一种变体。

延安宝塔

建于明万历三十六年(公元1608年),清代曾多次修葺。塔地处东山战略要地,周围无庙,极可能用于军事防御。塔为平面八角形,9层砖砌,通高44 m,楼阁式。延安是中国革命的圣地,1937年至1947年,中共中央就设在这里,领导全国人民进行抗日战争和解放战争。延安宝塔也就成为革命圣地的象征。

内蒙古大明塔

位于宁城县辽中京遗址内。传为感圣寺内的舍利塔,近年修缮工程中发现辽寿昌四年(公元1098年)题记,证实为辽代晚期兴建。塔为八角十三层砖砌密檐式,通高81.14 m,为国内现存第二高古塔,仅次于河北定州市料敌塔。塔座下部为阶梯式,上部砌有仰莲瓣,塔身第一层每面镶嵌浮雕造像,浮雕刀法简练,线条流畅,形象庄严,是辽代雕塑艺术的佳作。

新疆苏公塔

建成于1777年，是新疆现存最大的古塔，至今已有233年的历史。塔高44 m，基部直径10 m。塔身上小下大，呈圆锥形。塔中心有一立柱，呈螺旋形向上逐渐内收直至塔顶，共有台阶72级。塔系砖木结构。在不同方向和高度留有14个窗口，塔身外部有几何图案15种之多，可谓精妙绝伦。苏公塔造型别具一格，庄严、古朴，具有浓郁的伊斯兰风格，是新疆现存最大的古塔，也是我国百座名塔中唯一一座伊斯兰风格的古塔，1985年列为国家重点文物保护单位。

甘肃夏河贡唐宝塔

贡唐宝塔是由拉卜楞寺著名学者三世贡唐仓、贡曲丹贝仲美大师建于嘉庆十年（公元1805年），嘉庆十一年（公元1806）年，嘉庆皇帝御赐“佛光普照”匾额。后经四、五世贡唐仓耗费巨资数次修建，在建筑艺术与宗教意义上达到完美神圣的境界。于1991年动工重建，于1993年8月竣工开光。重建的贡唐宝塔塔高五层，由塔刹、塔瓶、塔座三大部分组成。宝塔不仅外表宏伟壮观，气势非凡，而且内部更是构造精巧，多宝严饰。

江西绳金古塔

位于南昌市绳金塔街，始建于唐天佑年间，是市内最高的古建筑。相传建塔时在地下挖得“铁函”一个，内装金绳四匝、古剑三把、舍利子三百粒，故称“绳金塔”。清康熙戊子年（公元 1708 年）塔圮，癸巳年（公元 1713 年）重建。塔身八面七层，高 58.7 m，底周长 33.8 m，每层飞檐回廊，八面均有拱门相通，楼梯直通顶层。塔顶为铜胎鎏金镇火鼎。

山西普救寺莺莺塔

位于永济市普救寺内。原名舍利塔，因西厢记里张生与崔莺莺的故事发生在塔下，故俗称“莺莺塔”。原塔在明嘉靖四十三年（公元 1564 年）地震中被毁，现塔是 1563 年重修的。塔内外呈四方形，共 13 层，高 36.76 m。7 层以上突然收缩，使整个塔显得更为灵巧。塔内各层之间有甬道相通。塔檐呈微凹的曲线形式，表明莺莺塔保留了唐塔的特征。更为引人注目的是，莺莺塔具有奇特的回声效应，在塔的附近以石相击，人们在一定位置便可听到“咯哇、咯哇”的回声，类似青蛙鸣叫。

甘肃敦煌白马塔

位于敦煌市古城南部，党河乡红星村内，建于公元 386 年，相传是为纪念北凉时高僧鸠摩罗什东传佛教路经敦煌城时死去的白马而修建的。白马塔为 9 层，高 12 m、直径约 7 m，建筑结构为土坯垒砌，中为立柱，外面涂以草泥、石灰。如今，白马塔四周绿野碧树、青瓦幽舍，微风吹来，铎铃声声，实为敦煌又一佳景。

湖北武汉黄鹤楼前胜象白塔

塔原在武汉市蛇山西端黄鹤楼前，1955 年修长江大桥时，把它迁移到蛇山上。相传为元代至正三年（公元 1343 年）威顺王宽彻普化的世子所建，用以供奉舍利和安放佛教法物，是一座大型菩提佛塔，分为地、水、火、风、空五轮。胜象宝塔是典型的元代覆钵式塔，总高 9.36 m。塔部分用石砌成，塔室则砖石混用。塔由塔座、塔身、塔刹三部分组成。

广州光塔

光塔始建年代已不可考，是我国伊斯兰教最大的邦克楼之一，形体独特，为我国塔林所罕见。塔高 36.6 m，用砖石砌成，建筑平面为圆形，中为实柱体，塔顶有“邦克楼”。光塔对研究中国海外交通史、建筑史、伊斯兰教史以及中国同伊斯兰国家人民的经济文化交流等都有重要意义。

山东九塔寺九顶塔

位于灵鹫山九塔寺内，建于唐代，高 13.3 m，基座呈八角形，单层砖塔，为水磨对缝砌筑而成。檐叠涩向外挑出 17 层，又叠收进 16 层，基、身、檐均呈凹形曲线，异常柔和。塔的刹部结构处理奇异，在塔檐上端各隅角处，筑有方形三层小塔 8 座，高 2.84 m，中央筑有中心塔，高 5.33 m，塔林式塔顶，故名九顶塔。塔身南面距地高3.1 m处，辟一拱门，内为佛室，室内雕一佛工罗汉，并有残存壁画。该塔造型华美，国内罕见，日本出版《世界美术全集》一书称该塔：“匠意纵横，构筑奇异，其他无能及。”

北京香山琉璃万寿塔

位于北京市海淀区香山，是一座7层八角形楼阁式塔。塔高30 m。檐部外挑，各层有窗，因此它不是密檐塔。檐端挂有铜铃，共56个，风吹时齐响。墙面用琉璃砖镶贴，外貌美观。塔内用楼梯作成回廊，可以攀登。此塔创建于乾隆四十五年(公元1780年)，当时六世班禅前来北京为乾隆七十岁祝寿，乾隆为他建造了“宗镜大昭之庙”，此塔就建在庙内。1900年八国联军攻打北京时，庙被破坏，只保留下这座琉璃塔。

广东省德庆三元塔

建于明朝万历二十七年(公元1599年)，是广东省重点文物保护单位。三元塔是一座砖石结构的古塔，塔高十五丈三尺，共七层、八面。塔的基围是用花岗岩石砌成的；基围上面雕刻着老虎、狮子等各种走兽，塔围宽十四丈，塔门正对着滔滔而下的韩江；塔门的横匾上用楷书镌刻着“三元塔”三个字；门的两边镌刻着：“霞标插汉三千界，砥柱当潮九万程”的楹联。如今它以其“只新不旧”的美誉而闻名于世。

山西五台山白塔

始建于元大德六年(公元1302年),由尼泊尔匠师阿尼哥设计建造。塔基为正方形,环周83.3 m,通高75.3 m。宝塔通体洁白,塔身状如藻瓶,从底到顶方圆搭配,造型优美。圆盘周长23 m多,铜顶高5 m多,雄伟挺拔,直指蓝天,有气盖山河、一览五台之慨。古人称誉此塔:“厥高入云,神灯夜烛,清凉第一胜境也,”是我国建塔史上的一项伟大成就,是我国塔式建筑中少见的珍品和孤例,是研究高层建筑如何经历地震和风雨雷电侵袭而不衰的实物资料。

天津观音寺白塔

始建于辽代(公元907年～1125年)明嘉靖、隆庆、万历和清乾隆年间重修,主要结构和形制仍保持着初建时的原貌和风格。塔高20.6 m,砖石结构,平面呈八角形。由须弥座、塔身、覆钵和相轮等部分组成。此塔分内外两层,内层为辽塔,外塔是明代大修时,按辽塔造型而砌在内塔外的重层。此塔下部为密檐式,上部为喇嘛塔式,造型奇特,在我国古塔形制中甚为罕见,是辽塔中的精品之一。古诗云:“金峰(指塔尖)平挂西天月,玉柱(指白色塔身)直擎北塞云。”现为市级文物保护单位。

宁夏青铜峡黄河西岸108塔

多年来，关于108塔的修建年代一直是个谜，史书里对此的记载也语焉不详。由108座覆钵塔组成的大型塔群，塔群依山势自上而下，按一、三、三、五、五、七、九、十一、十三、十五、十七、十九的奇数排成12行，总计108座，形成总体呈三角形的巨大塔群，此塔群属于喇嘛式的实心砖塔，塔体外表涂有一层白灰。塔顶一般为宝珠式，塔的高度，除第一层较大，高3.5 m外，其余的大约在2.5 m左右。在我国的古塔建筑中，如此众多的塔体组合成群，不仅在宁夏，而且在全国也是罕见的。

青海塔尔寺如来八塔

建于清乾隆四十一年（公元1776年）。这八个塔从东到西是：莲聚塔（纪念释迦牟尼降生时行走七步，步步开一朵莲花）；菩提塔（纪念释迦牟尼修行成正觉）；四谛塔（纪念释迦牟尼初转四谛法轮）；神变塔（纪念释迦牟尼降伏外道时的种种奇迹）；降凡塔（纪念释迦牟尼从天堂返回人间）；息诤塔（纪念释迦牟尼劝息诸比丘的争端）；胜利塔（纪念释迦牟尼战胜一切魔鬼）；涅磐塔（纪念释迦牟尼入涅磐，不生不灭）。如来八塔每个塔底周长9.4 m，底座面积5.7 m^2。

河北开元寺塔

于宋至和二年(公元 1055 年)建成,2001 年修缮加固,是世界上现存最高的砖木结构古塔。开元寺塔全部为砖木结构,呈平面八角形,13 层,高 84.2 m,平面由两个正方形交错而成。塔有四个正面辟券门,其余四面设假窗;塔内每层均有梯级,两层之间形成八角形回廊。其建筑比例匀称,结构严谨,各层四面皆辟有门。塔分内外两层,层间有游廊环绕而上,可直达塔顶。塔内壁龛绘有壁画,供有塑像,极为精美。

河北南宫普彤寺塔

普彤塔座落在南宫市普彤寺内,始建于东汉明帝永平十年(公元 67 年),永平十五年正月十五落成,距今已有 1 900 多年。此塔为八角实心砖塔,共 9 层,塔高 33 m,底层直径 5 m,塔身每级出檐,檐下翘置斗栱。塔的须弥座正南面,有一门洞,直至塔心,塔心下有一砖井,砖井东、西、北三面之上分坐石佛三尊,这种佛龛营造方式实属罕见。

西双版纳曼飞龙笋塔

始建于傣历565年(公元1204年),距今已有800多年的历史。由八座小塔、一座主塔组成,小塔与主塔共建在一个塔基上,形成一个紧密相连的整体,其周围有16个托莲圆柱。主塔高16.29 m,居于曼飞龙笋塔基中央,8座小塔分布在主塔周围,形成八角之状。笋塔的塔身以白色为基色,曼飞龙笋塔基座涂彩,有黄、白、红几色相间的凸凹槽台,显示出多层立体感,造型美观、玲珑精致。国务院将其列为全国重点文物保护单位。

云南大德寺双塔

大德寺双塔位于昆明五华山东侧的祖遍山巅,今平政街大德寺内。1983年经昆明市人民政府批准,列为市级重点保护文物单位,它同东、西寺塔一样,是昆明古老文明的象征。大德寺双塔建于明成化十三年,形制仿西安小雁塔,位于大德寺接引殿和大雄宝殿之间,两塔高21 m,东西相距27 m,均为密檐实心方塔,塔身每层四面均有佛龛,供奉佛像,并嵌有碑记。全塔朴素无华,自然庄重,五百余年来,历经沧桑,依然如故。

山东邹城重兴塔

建于宋代(公元 960 年～1279 年),砖结构,平面八角形,8 层,高约 30 m。塔身直接砌出地面,不设基座,第一层塔身较高。以上逐层收小,各层倚柱做圆形,塔身在东、南、西、北四个方面,都开塔门。在檐部仅第一、第二层檐和第二层平座施用斗栱,第三层以上各层檐子,不用斗栱,采用极密的仰莲瓣作为檐下的装饰。此塔至今仍然保持宋代的风格。

北京戒台寺辽塔

位于北京戒台寺院内,该塔为 7 层密檐式砖塔,是辽代戒台寺主持法均和尚的墓塔。始建于辽大康元年(公元 1075 年),明正统十二年(公元 1448 年),由当时戒台寺主持高僧知幻大师重建。

辽塔的南面还有一座五层密檐式砖塔,塔里有法均和尚的袈裟、食钵等物件,自古被称“衣钵塔”。

安徽安庆振风塔

安徽省安庆的振风塔座落于长江边上，号称万里长江第一塔，又称浮屠、佛图，是7层八角楼阁式的建筑。是由当时是北京白云观老道人张文采的精心设计，相传它是为了振兴文风所建，建于明代，据今已有400多年的历史。

振风塔佛教从印度传入中国后，中华大地上耸立起座座佛塔，与中国传统的建筑学相融合，形成了具有民族风格的佛教建筑文化。

广东梅州千佛塔

千佛塔在梅州市东山岭上，建于南汉大宝八年(公元965年)，与广州光孝寺内的东西两铁塔同为南汉时遗物。由生铁铸成，上有千佛浮雕，塔共7层，高4.2 m，底宽1.6 m，第一层铸有建塔的纪年铭文，上有琉璃瓦亭覆盖，塔旁有清末诗人黄遵宪的南汉修慧寺千佛塔诗等碑刻。山后有红色岩系形成的大东岩、油岩等岩洞。现为广东省重点文物保护单位，是梅州历史文化名城的标志。

湖州飞英塔

飞英塔始建于唐代(公元 618 年～907 年),其内为石塔,五层八面;外塔七层八面,通高 55m。塔身各面均辟壶门状佛龛,内雕大幅佛造像。整座石塔为一件唐代石雕艺术珍品。1988 年 1 月,国务院公布飞英塔为全国重点文物保护单位。

广州六榕寺和花塔

建于梁大同三年(公元 537 年),距今已有 1473 年的历史,是广州著名的古迹之一。和花塔雄矗六榕寺寺院中央,高 57 m,十一角形,外观 9 层内分 17 层。

桂林日月塔

座落在桂林市美丽的杉湖中，日塔为铜塔，位于湖中心，高 41 m，共 9 层；月塔为琉璃塔，高 35 m，共 7 层。两塔之间以湖底一条 10 m 长的湖底隧道相连。铜塔所有构件如塔什、瓦面、翘角、门拱、雀替、门窗、柱梁、天面、地面完全由铜壁画装饰，整座铜塔创下了三项世界之最——世界上最高的铜塔、世界上最高的铜质建筑物、世界上最高的水中塔。双塔的四周、内墙、门窗等处都尽满了五彩缤纷的图案，颜色主要以黄、绿、白、蓝、黑为主。

云南大理崇圣寺三塔

三座塔作三角形排列，大塔为千寻塔，建筑年代有唐贞观六年(公元 632 年)、开元元年(公元 713 年)与开成元年(公元 836 年)诸说，为密檐式空心砖塔，方形十六层，高 69.13 m。南北两座小塔建于五代，为十层八角实心砖塔，各高 42.19 m。塔身表面涂有一层白色泥皮，雕有各式花纹，各层分别有券龛、佛像、莲花、瑞云、花瓶等雕刻作装饰，两塔顶各有三个铜制葫芦。1978 和 1980 年重修时，在塔中发现南诏、大理时期文物 600 余件。是中国西南地区著名佛塔。

福建龙文塔

据漳州府县志记载称：明嘉靖乙未年(公元 1535 年)知县刘天授建石塔其上，后又废，清雍正十年(公元 1732 年)重建，是漳州古城的标志性建筑。塔共有 7 层，由花岗石砌成，塔身呈八角形，每层有檐露出。

龙文塔历经了烽火岁月，沧桑巨变，几经废立，在“文革”中遭受重创，后又被拆除，趋于湮灭。如今新龙文塔现已迁建于龙文区。

福建望海塔

建于宋嘉祐四年(公元 1059 年)，造型古朴、独具一格，塔高 10 m，四角五层。塔顶为西班牙国王皇冠形状，呈四方形，四个角棱都竖立著波纹状的冠羽，冠羽中心是接连葫芦形的顶轴。塔上还精雕细刻著各种各样的花卉图案和佛像。望海塔为福建省著名的古塔之一，是研究宋代古建筑的宝贵资料，1985 年，望海塔被列入福建省第二批文物保护单位。

山东枣庄青檀寺报国塔

报国塔为砖木结构，建筑面积 1 180 m^2，高 48 m，八角七级。异型灰色亚光琉璃瓦复顶，金山石浮雕护栏围绕塔廊，塔身外观为银灰色，雄伟、典雅、古朴。塔顶铜制塔刹重 2.4 t，高 7.8 m，金灿灿直刺云霄，飞凌苍汉。塔周苍松翠柏环绕，塔前广场宽 25 m，长 48 m，有六只华贵柱灯。

广东纪元塔

纪元塔为八角九层楼阁式攒尖顶仿宋宝塔，全塔为钢筋混凝土结构，体现了古建筑艺术和现代科技的完美结合。该塔高九层 53.89 m，建筑面积 1 950 m^2，底层 180 m^2，塔内扶梯九段共 197 级，盘旋而上至塔顶，结顶塔刹为铜铸相轮十三重葫芦，8 支圆柱支撑各层内外游廊。纪元塔丹柱黄瓦，斗栱飞檐，气派非凡。

苏州双塔

始建于唐代，后塔损毁，现存为金代遗物，距今有千年的历史。重要特征就是在塔身上半部分装饰有各种繁复的花饰，看上去好像巨大的花束。苏州双塔是现存为数不多的双塔中造型最奇特、装饰最华美的两座。苏州双塔为八角楼阁式花塔，塔身由两部分组成。主塔为四层，耸立正中，塔高约 40.5 m，底层四隅各建一六角形亭状小塔，将主塔一至二层环抱，高低错落，主次偎依。1956 年公布为江苏省文物保护单位，1996 年晋升为全国重点文物保护单位，为古城苏州重要标志。

台湾龙虎塔

龙虎塔始建年代尚无定论，大致的猜测是塔基和塔身建于唐，塔顶补建于宋。龙虎塔因塔身雕有龙虎而得名，砖石结构，高 10.8 m，方形。塔身由 4 块石板筑成，雕有四大天王、迦叶和阿难、佛、菩萨、飞天、龙虎、云等形象。每面石板中央各开一宝珠券门，塔身内方形石柱上各雕盘龙、佛像、飞天等。塔檐用砖砌筑，仿木结构重檐，檐下有双跳华栱承托，上置覆莲、项轮、宝顶为塔刹。龙虎塔整座建筑造型优美、刻工精细、富丽堂皇，显示了盛唐造型雕刻艺术之精华，为我国稀有古建筑。

辽阳白塔

建于金代大定年间(公元1161年～1189年),是金世宗完颜雍为其母贞懿皇后李氏所建的垂庆寺塔的俗称,至今已有800多年的历史。塔高71m,八角十三层密檐式结构,是东北地区最高的砖塔,也是全国六大高塔之一。基座塔身都以砖雕的佛教图案为饰。塔身八面都建有佛龛,龛内砖雕坐佛。塔顶有铁刹杆、宝珠、相轮等。因塔身、塔檐的砖瓦上涂抹白灰,俗称白塔。辽阳白塔是全国76座古塔之一,属国家级文物保护单位。

四川蓬溪鹫峰寺塔

建于南宋嘉泰四年(公元1204年)。塔坐西向东,为方形十三级楼阁式塔,砖石结构,通高36 m,底层边长5.7 m,分为塔基、塔身和塔刹三部分。方形须弥座塔基高0.85 m。塔身每层各面分为三间,砖砌仿木倚柱、斗栱等。砖叠涩塔檐出檐较大,角部有明显起翘。各层塔室均辟佛龛,龛壁彩绘背光、祥云。塔刹为宝瓶葫芦顶。

该塔体态高大,外观采用仿木作工艺,历经800多年,充分体现了中国传统建筑技术水平。

四川广元来雁塔

始建于清代同治十一年(公元 1872 年),共 13 层,高 36 m,呈八卦形,每层八角,每角挂铜铃,最上层铸通巅宝顶。建成之初终日铃声叮当,金光闪烁,甚为壮观。1985 年被列为县级重点文物保护单位。

安徽黄金塔

建于公元 1220 年,为阿拉伯风格的堡垒形建筑,实际由 12 个等边形砖塔组成,为一座仿木楼阁式砖塔,平面六边形,面阔 34 m,塔高 35 m,共 9 层,层层仿木斗栱,鸳鸯交手,结构牢固,逐层内收,造型挺拔,历经千年,巍然屹立。

银川承天寺塔——都市象牙塔

承天寺塔为一座八角十一层楼阁式砖塔，高 64.5 m，塔体建在高 2.6 m、边长 26 m 的方形台基上。承天寺塔是宁夏惟一有文献记载始建年代的古塔。整座塔造型挺拔，呈角锥形风格，古朴简洁。为宁夏回族自治区重点文物保护单位。寺院内修建了博物馆，增建了古建筑展室，收藏了许多宁夏历史、民族、军事等方面珍贵的文物，成为人们观赏和游乐的重要活动场所。

宁夏银川海宝塔

海宝塔的始建年代不详，为一座方形九层楼阁式砖塔，通高 53.9 m。塔建在一处方形宽阔的台基地上，台高 5.7 m，边长 19.7 m。塔身平面呈方形，四壁出轩，每层四面设券门，均向外略有突出，构成鲜明的十二角形。塔上端为砖砌四角攒尖顶，顶上置方体桃形绿色琉璃塔刹。海宝塔建筑风格独特，方形的塔身，四面的券门，众多的棱角，四角的尖顶，为中国古塔所罕见，被视为中国古代建筑的杰作。

宁夏田州塔

田州古塔是西夏所建。进塔门楣石匾上刻有“田州古塔”4个大字，有“乾隆四十八年六月维秀和尚募款重修”的字样，说明古塔是震毁后又于公元1783年重修的。塔呈平面六角形，八层楼阁式砖塔，高38 m，塔顶呈六边覆斗状，塔底直径7.5 m。

四川泸州报恩塔

建于南宋绍兴十八年（公元1148年），明弘治年间、清光绪四年、1985年历经三次维修。塔坐西向东，砖石结构，双檐七级楼阁式，通高33.2 m，塔身呈八边形，塔内设有90龛256尊深浮雕石刻造像。塔基为八边形，边长4.1m，底层高4.5m，檐下砖砌仿木斗栱。现为四川省文物保护单位。

河南开封铁塔

建于北宋皇祐元年(公元1049年),距今已有960多年历史。以卓绝的建筑艺术闻名中外,塔体完全采用中国传统的木结构形式。塔高55.88 m,通体遍砌彩色琉璃砖,砖面饰以栩栩如生的飞天、麒麟、伎乐等数十种图案,有"天下第一塔"的美称。开封铁塔因其卓绝的建筑艺术闻名遐迩。因其外表全以褐色琉璃砖镶嵌,远看近似铁色,加之本身坚固异常,犹如铁铸,故从元代起民间称之为"铁塔"。

河北正定广惠寺华塔

建于唐代,金大定及明清两代多次重修,过去学者认为这种结构的塔在唐塔中未见,应为金代重修寺庙时所建。高40.5 m,为三层八角形楼阁式华塔,是中国砖塔中造型最为特异、装饰最为富丽的塔。塔的第一层平面为八角形,在四角附建六角形单层小塔,构成亭榭式的套室;塔身正面及小塔正面均开有圆形拱门,檐下是砖制的斗栱。但从整个结构和遗存来看,除了塔顶为金元重修外,第一至三层虽经后代修葺,但基本构件和造型做法应是唐代贞观初年的遗构。

吉林长白灵光塔

唐代渤海时期(公元 698 年～926 年)所筑,为一座平面呈方形的楼阁式砖塔,共 5 层,具有唐代风格。塔身高约 13 m,塔基为等边四边形,是我国东北地区年代最久远的一座古塔,也是唐渤海国遗存的一件最具代表性的历史文物。该塔对研究渤海时期的文化和建筑具有重要的历史价值。

五台山佛光寺祖师塔

位于距山西五台县东北 32 km 佛光寺内。佛光寺建于北魏孝文帝时期(公元 471 年～477 年),祖师塔是创建佛光寺初祖禅师的墓塔,祖师塔是它的俗称,砖结构,平面六角形,两层,高约 8 m,式样古朴。塔的形制是国内仅见的孤例,也是全国仅存的两座北魏石塔之一。

云南大姚白塔

位于云南楚雄州大姚县西城门外的文笔山顶，外形是一个奇特的空心砖塔，其造型是典型的古印度佛塔样式，属于古代南诏国盛行佛教时的遗物，为唐天宝年间(公元 742 年～755 年)吐蕃所建，迄今已有 1 200 多年的历史，因塔身通体粉白，故称为白塔。塔高 18.4 m，顶部为圆锥形，腰部收缩，上大下小似磬锤，又名磬锤塔。塔分为三层，露出地面的基座是八角形的须弥座。白塔历史上曾经历过数次地震，仍安然屹立。

泛舟禅师塔

位于山西运城市西北报国寺的遗址上，创建于唐长庆二年(公元 822 年)，为一座保存完整的亭阁式圆形唐塔，有着极高的艺术价值。该塔为泛舟禅师的灵骨宝塔，是唐代报国寺的主要建筑之一。报国寺遗址上，寺宇早毁，泛舟禅师古塔独存。泛舟为唐代报国寺禅师，圆寂后筑塔祀之。塔侧镶有塔铭，记述泛舟生平及其建塔经过。塔檐逐层叠涩而成，两层山花蕉叶与覆钵之上为宝珠塔刹，造型古朴，雕刻粗细相间。

辽宁锦州班吉塔

位于距锦州 25 km 班吉塔村，俗称斑鸠塔，八角七级实心密檐式华塔，塔建于辽道宗清宁四年（公元1058 年），塔高 11.25 m、周长 14 m。因年久失修寺院已毁，1988 年已恢复原貌。班吉塔的石塔较完整，被涂成白色；厚重的底座共有八面，朝南的一面雕有金色座佛一尊，第二层塔身也呈八面，每面都有雕刻，有佛像，也有莲花等其他图案，其间还有圆形雕刻，再往上看还有三层逐层缩小的莲花座，每层之间更有密檐相隔，倒属第二层的塔身供有整整一圈金色的小佛；最顶层的小莲花座内有莲蓬。

上海龙华塔

位于上海市徐汇区龙华镇著名的龙华寺前。相传塔始建于三国吴赤乌十年（公元 247 年），是孙权为孝敬他的母亲而建，故又名报恩塔。现存龙华塔系北宋太平兴国二年（公元977 年）由吴越王钱弘俶重建。

龙华塔为砖木结构，七级八面，高 40.64 m。塔内为方室楼阁式，有木制楼梯可以上达。塔外每层均有平座、勾栏，飞檐高翘，角挂风铃。塔檐和平座之下，均有斗栱层层挑托，显示了木构楼阁建筑玲珑秀丽的外观特色。现存塔身和基础仍为宋代原物。

太原双塔寺双塔

位于太原市东南双塔寺内。原名永祚寺，因有双塔，故改名为双塔寺。双塔系明万历年间(公元 1573 年～1619 年)高僧佛登敕建造。两座塔均为密檐式砖塔，平面八角形，13 层，高 54.7m。塔檐下雕刻斗栱，檐上饰有琉璃脊兽，绚丽壮观。塔内有阶梯踏道可登顶层，凭窗远眺，太原风光历历在目。明末李自成《咏双塔》中有："郝庄两座塔，就把天来穿。"极言塔之高耸。人们出入太原，双塔首先映入眼帘，成为太原的标志。

杭州市余杭舒公塔

位于杭州余杭区余杭镇东北的南苕溪北岸。舒公塔与安乐塔双塔耸秀，一高居山巅，一雄镇溪边，虽隔两水(苕溪和南渠河)，但相距甚近，放眼望双塔，对影映苕溪，美景尽收眼底。塔为明万历年间县令舒兆嘉守余杭时所建，因而得名。塔身用青砖砌成，部分青砖边缘印有"佛塔官成就"五字。舒公塔是一座阁楼式砖塔，四面七层，通高 27.46 m，底层直径为 3.9 m 见方。每层塔檐采用菱角牙子出檐，檐下施有斗栱，为稳定结构，每层开塔窗真假二式，交替出现。

普利寺万佛塔

位于邢台市临城县城临泉路北侧。北宋皇佑四年(公元1052年)寺内建塔,塔为砖结构楼阁式,八层四面,高33 m,底层塔身南面辟门通塔心。外壁面略向内凹作弧状,并自下而上略收。各壁面砌千佛龛,每龛内浮雕坐佛一躯,一层塔身共有佛像1 016尊。佛龛以上砌出柱头及阑额、普柏枋,斗栱为双抄五铺作;二层塔身坐于斗栱出挑的平座上,各面分别浮雕四尊罗汉像,转角处饰有力士。该塔为研究古代建筑造型艺术提供了难得的实物例证。

浙江海宁镇海塔

位于海盐县大宁永祚禅寺千佛阁以北,始建于至正元年(公元1341年)。塔七面八层,塔身中空,高70 m,台基为须弥座,元代雕刻,今尚称完好。塔基周长约34 m。底层为副阶,副阶南侧正上方悬挂"镇海塔"木匾一块。副阶内有平座,平座下有斗栱支撑,平座东、西两面有木梯可登。底层东、西、南、北四面有壶门,北面壶门内置砖砌步阶,曲折盘旋,直达顶层。其余三面可通四方形的塔心室,塔心室顶部为木制藻井。

7.2 国内倾斜、残损的古塔

河北涞水庆化寺花塔

建于辽代(公元 907 年～1125 年)。塔高 13 m,围长 19.2 m,平面呈正八边形,砖木结构。塔最下部分是塔基,各角均雕力士一尊,每面各砌壶门两个,雕有形态各异的乐伎和人物故事像。塔基之上是塔身,四正面砌拱门。上用 120 个佛龛排列为上下八层环绕塔体,数目自下而上逐层递减,使塔的外观呈弧形。此塔风格独特、结构精巧、工艺精湛,是中国古塔建筑中的精品,有很高的保护价值。

上海护珠塔

建于北宋元丰二年(公元 1079 年),是一座七层八角形砖木结构的楼阁式宝塔,也称宝光塔。在清乾隆五十三年(公元 1788 年),因山上佛事燃放爆竹,引起火灾,烧毁了塔心木和各层木结构,引起塔身倾斜。现塔高约 30 m,底层 1/3 的砖已没有了,塔的底部被毁坏,逐渐侧倾。整个斜塔仅靠 2/3 不到的底层砖墙支撑,宝塔向东南倾斜达约 6°52′。

湖南传芳塔

始建于明嘉靖年间(公元 1522 年～1566 年),距今已有 400 多年。今存之塔为明嘉靖二十四年至万历八年重建,塔以天然岩石基,基底周长 32.3 m,塔高 40.18 m,全部青砖砌成,塔中有宽 0.55 m、高约 2 m 的内旋式阶梯 186 级,盘旋而上,直达塔顶。

徽州潜口翼峰塔

此塔建于明嘉靖二十二年(公元 1544 年),塔外观七层、八角、铁顶,高约 32 m。塔内只有一、二、六、七层可落脚观景,其余皆是石梯。石梯自底层西门夹壁中绕塔而上。是潜口建筑群落中唯一幸存的古塔。塔之左侧有万贯山,右侧为络狮山。

广西崇左斜塔

建于明代天启元年(公元 1621 年),分五层,塔底直径 5 m、塔高 28 m,塔身呈八面体,塔顶八面飞檐,每层各开一窗口。塔内有螺旋形阶梯通塔顶。整个塔身向外倾斜 1 m左右,俗称斜塔。使人惊讶叫绝的是,不管从东南西北哪个方向观看,归龙塔总是向人所在方向歪斜。

湖南岳阳慈恩塔

慈恩塔屹立于洞庭湖东畔的岳阳市西南隅,建于唐开元年间(公元 713 年～741 年),现存塔为宋代重建,砖石结构,七级八角实心。慈恩塔高 39 m,塔尖铁相轮重约 2 t。慈恩塔从第二层起,每层有小佛龛。慈恩塔该塔为湖南现存最早的古塔建筑之一。

徽州休宁富琅塔

休宁富琅塔，位于休宁县城东南。建于明万历二十二年（公元1594年），为楼阁式砖塔。原塔八角七层，外形完整，现存四层，残高约17 m。砖砌突伸的重檐，工艺精细。塔砖长1尺，宽5寸，厚3寸，上有“万历癸巳寅”或“万历癸巳宿”字样。

福建龙门塔

始建于明万历十四年（公元1586年），1985年重修，为六角三层空心砖木楼式塔，高10 m。塔之南北两座大山雄峙，狮象镇关，成为古时龙岩的一道重要门户。龙门桥以塔基为中心，横跨南北，与龙门塔相依相衬，构成一幅美丽的画卷。

吉林农安古塔

建于辽统和元年至太平年间(公元 983 年～1030 年)。1953 年修葺。塔为砖结构,平面八角形,13 层,高 33 m。密檐式,实心塔。第一层檐下有砖雕斗栱,八面修有壶门。塔上原有宝顶、风铃和铜铎,现多损坏。此塔现为吉林省文物保护单位。

辽宁前卫歪塔

建于辽代,现存塔身高 10 m,塔身向东北方向倾斜 12°,塔尖水平位移 1.7 m。该塔建成之后虽几经地震与洪水破坏,却始终斜而不倒。绥中县的前卫歪塔不仅比意大利比萨斜塔早建成 300 多年,而且倾斜度超过中外任何一座斜塔。

北京无碍禅师塔

无碍禅师塔位于北京市大兴区里河西村灵岩寺内。塔建于元至元九年(公元1272年)。砖结构,平面六角形,高10 m,系无碍禅师之墓塔。底座较高大,塔顶已损毁。由于寺塔周围地势较低,夏秋雨水倾注,水积如湖,形成塔影波光、晴云碧树的自然景观,为游人青睐。故人们又把里河村与无碍禅师之塔合称为塔里河。

河北邯郸常乐寺砖塔

建造年代不详,以建筑形式判断为宋塔。塔高约30 m,九级八角楼阁式砖塔,古塔最上面两层外墙已损毁脱落,看上去摇摇欲坠,已是十分危险。各层出单檐,一、三、五、七层檐下为斗栱,二、四、六层塔檐以莲瓣承托,第九层残存少量塔檐,为斗栱上加莲瓣,第八层塔檐已完全损毁,无法辨识了。

山西开化寺连理塔

位于山西省太原市西南蒙山脚下，又称释迦、如来佛塔，也称日光、月光佛塔。建于北宋淳化元年(公元990年)。两座砖塔均为平面方形，建在同一个基座上，故称连理塔，总高约11 m。束腰座之上为方形塔身，正面为半圆形门拱，火焰形券面，隐刻卷草和花瓣，南塔门楣题“化身佛舍利塔”，北塔题“定光佛舍利塔”。塔冠部分为莲花瓣，雕造精巧，但损毁严重，仅剩一半左右。

河北武安郭宝珠塔

郭宝珠塔位于武安县城北面不远处的土山乡西土山村后的山坡上，建于明代。此塔破损严重，残存三级，高约五 m，这座塔为楼阁式砖塔，内部中空，塔檐仿斗栱。塔身上嵌有一块刻石，可惜字迹已无法辨认。据周围村民介绍，郭宝珠是塔主人的名字。

云南西双版纳曼垒母子塔

位于勐海县城东南佛双公路7 km处的曼垒村后山顶上。母塔高9 m，子塔高6 m，造型美观，周围古木参天，环境优美。传说佛祖释迦牟尼曾带领一名高徒到西双版纳传经时曾坐在此地休息，后来当地傣族人民为了纪念他，运来砖石建塔。据说此塔已有1 000多年历史。

河北武安南岗塔

始建于宋代，塔身上嵌有一块明嘉靖十六年重修碑，观察整座塔，发现第一、二层塔砖风化很轻，应为明代重修所留，而古塔第三层风化严重，似乎是真正的宋代遗物。塔高约20 m，三级八角楼阁式砖塔，内部穿心式塔梯，外侧有回廊。此塔残损严重，已近摇摇欲坠，塔身上的砖墙多处塌落，由于古塔位于山坡上，雨水冲刷加上盗掘等原因，地宫已大部分露出地面，上面的盗洞更是千疮百孔。

北京房山区谷积山鞭塔

鞭塔座落在北京市房山区坨里乡北车营村谷积山内，建于辽代(公元 907 年～1125 年)，砖结构，平面六角形，7 层，高 7 m。

北京房山区谷积山东塔

东塔座落在北京市房山区坨里乡北车营村谷积山内，东塔又称和尚塔，建于明成化十五年(公元 1479 年)，石结构，覆钵式，高 3.2 m。雕工精致，为石塔中的珍品。

运城安邑千年古塔

建于唐贞观年间，宋代改建。塔呈平面八角形，共 13 层，原高 89 m。多年来因地震原因塔身高度减少了 18 m，现留十一级共 71 m。塔身三层至六、七层显著收分，塔内空、小八角室。塔尖上铸有“绛州”二字，塔尖下端原有如盘香的螺旋今已不存。

徽州岩寺文峰塔

建于明嘉靖二十三年（公元 1544 年），至今已有 460 多年的历史了。文峰塔高 67 m，为七层八面神龛塔，有旋式梯道，游人可以拾级而上。底层塔檐外伸 1.5 m，向上逐层加长，至第七层檐伸出 3 m，使上檐水直滴至地，避免各层塔檐被雨水剥蚀，既保坚固，又利观瞻，成为徽州古塔之奇构。清末塔檐被焚，民国初塔顶遭雷击倒塌，现仅存珠墩以下砖砌塔身。

河北广安白塔

宋朝安丙所建。广安白塔呈四方形，高 36 m，塔座每边长 10.5 m，塔身系砖石结构仿木建楼阁式，白塔共 10 层。此塔造型美观、工艺精湛，白塔每层均具有观赏性。1980 年 7 月，该塔被省政府确定为省级保护文物单位。

上海青龙塔

位于上海市青浦区古青龙镇，建于唐长庆年间（公元 821 年～824 年），北宋庆历年间（1041 年～1048 年）重建，清顺治五年（1648 年）又修缮。塔为砖木结构，七层八面，残存塔身高约 30m，楼阁式。青龙塔又名吉云禅寺塔。

浙江国安寺石塔

建于北宋元佑五年至八年(公元 1090 年～1093 年),九级六面实心,原通高 18 m,现残高 17 m,顶早毁。系青石仿木结构楼阁式塔。塔下有雕刻精美的须弥座。底层设回廊,塔身遍雕佛像计 1026 尊。腰檐平缓,檐口刻出瓦垅和脊,檐下施斗栱,顶安塔刹。

江西仰山文塔

为明万历十五年(公元 1587 年)所建,清康熙四十四(公元 1705 年)重建,塔高 22.4 m,底围 16.8 m,厚 1.4 m,七层八面,砖木结构,油灰砖砌制的密檐楼亭。底层有门西南向,上嵌石碑,镌刻“仰山文塔”四字,二层同向嵌有文塔赞词之碑刻。顶覆一合金圆锥形盖,塔内有梯可达顶层。

北京贤首慈恩二宗和尚塔

建于清康熙二十九年(公元1690年),座落在芦井村塔院内。这是一座砖砌实心覆钵式塔,高约8 m,塔基直径约2.5 m,由“亚”字形须弥座承托着塔身。砖砌覆钵体塔身南侧镶嵌塔铭为:“大清康熙二十九年十月初四奉圣旨殡葬钦命圣感住持中兴角观音寺传贤首慈恩二宗第二十七世乐修善公和尚灵塔。”塔身上部为塔刹,塔刹由砖砌的六角形须弥刹座承托着七层锥体相轮,刹顶覆盖圆形华盖,华盖周边雕刻着精美图案。

辽宁锦州大广济寺辽塔

建于辽清宁三年(公元1057年)。实心密檐式砖塔,高57 m,塔身八面,每面雕有一佛胁侍,三个宝盖和两位飞天。塔檐共13层,每层各角原来都有楠木挑梁,上托檐角,下缀铜铃,现多已脱落,仅西北角还剩11根。塔顶早在永乐年间被明军用炮打落。塔上砖雕的梁、柱、斗栱和花饰等也多半脱落。1933年曾用青砖维修塔座。古塔体量宏伟,是辽西最高的古代建筑。具有极高历史和艺术价值。

北京房山区天开塔

天开塔位于北京市房山区岳各庄乡天开村，建于辽代（公元 907 年～1125 年）。塔座落在山岗中腰，为八角形三层空心楼阁式，高约 15 m。须弥座装饰斗栱，束腰浮雕团龙、行龙等。塔身 4 个正方向每层均开发券的拱门，其他四面则辟为直棂假窗。每层檐均装饰斗栱，塔刹已毁。塔内设中心柱，柱与外墙之间是回廊，上下各层有爬梯贯通。

河北易县白塔

易县白塔位于易县城南，离荆轲塔不远的一座小山之巅。塔分三层，四方形砖塔，高约 10 m，南面有门，内有塔心室，各层叠涩出檐，塔身上原镶嵌有许多砖雕，现大部分已失。因塔身涂白色灰浆，也称为白塔。

这座塔被圈在了一座水泥厂的采石场中，周围几座山都在自上而下开采石头，只有这座小山还未遭破坏，可能是山上有塔的原因吧，古塔被用钢管加固，可能是为抵抗开矿带来的震动。

北京鹅头禅师塔(知幻和尚塔)

位于北京市门头沟区戒台寺松塔园内,建于明代,高约 15 m,九级八面密檐式砖塔,塔座为砖砌八角形须弥座,须弥座上为莲花瓣承托的塔身。塔身八面设有四门四窗,塔身顶端每面砖雕三朵挂云。塔身上部为九级砖砌密檐,塔刹由莲花和宝珠组成。

此塔位于戒台寺公园外东侧深沟密林里,周围还有十余座覆钵式塔,风化严重,大部分已倒塌。

河北易县血山镇灵塔

相传樊於期为助荆轲刺杀秦王,自杀献头,后人为纪念他,在他曾经居住的血山上建塔,当然这只是民间传说,其实这座塔是一座高僧墓塔,在古塔的第二层,嵌有一块石刻,上书“大朝易州开元寺尊宿敖公尚座灵塔”,铭文中的“大朝”应该是指元朝建立前成吉思汗创立的“蒙古汗国”的国号,时间大约在 1206 年至 1271 年。现在古开元寺已无存,独存此塔。

河南登封净藏禅师塔

建于唐天宝五年(公元 746 年),平面八角形单檐仿木构砖塔。该塔坐北向南,高 10.34 m,基座高 2.63 m,上部为须弥座,束腰各面均砌出 3 个门。座上为仿木结构形制的八角形塔身,各角砌五面倚柱。塔内平面亦作八角形,顶作穹窿式。在塔身的东、西两面雕砌出假门,其上砌出仿木结构的阑额,额上雕出人字形斗。塔身背面嵌塔铭一方,记述净藏禅师的生平。塔身以上为叠涩砖檐,塔顶由须弥座和山花蕉叶等组成刹座。塔刹以石雕成火焰宝珠,雕刻精美。

辽宁绥中永安双塔

双塔位于绥中永安乡塔子沟北 150 m 的妙峰岭上,东南距县城75 km。因塔下有一妙峰寺而得名。双塔建于辽乾统年间(公元 1101 年～1110 年),一大一小,东西对峙,相距 50 m。东塔高约 24 m,砖筑,八角九级实心密檐式,塔身八面各有角柱,东西南北四面砖砌浅龛,内置一佛坐于莲花座上。佛座须弥式,束腰部雕有马、象、狮头等。西塔高约 10 m,为砖筑六角实心七级密檐式。结构、雕刻与东塔基本相同,现存五层檐。

甘肃平凉崆峒山凌云塔

位于平凉崆峒山中台舒花寺，塔为七级八角砖塔，高近 30 m，约建于宋仁宗帝位之初（天圣七年之前）。塔上生长有两棵百年松树，构成了“古塔托松”的绝景，是崆峒山重要的景点之一。因长期的风雨侵蚀，塔体整体向北倾斜 1°16′，现在塔身裂缝较多，檐部有局部坍塌，个别塔角已经塌落。塔内木梁糟朽，有倒塌的危险。同时，塔顶上的两棵百年松树，因年代久远，根系逐渐向下延伸，塔身将可能被松树根系“劈开”。

河北赵县宋村西林寺塔

位于河北赵县西南约 3 km 的宋村西之商周遗址上。现寺无存，惟有前、中、后三大殿遗址及塔一座。塔为实心楼阁式砖塔，高约 14 m，四层，平面六边形，塔身下粗上细，收分显著。全塔现状残破，上部铁质刹顶已失，角梁及风铎全无，部分斗栱已脱落。1985 年，文物普查中发现塔附近有一块方柱碑，上刻“西林石佛寺住持普明净慧大禅师桂岩长老塔铭”等字，方知此塔应是为元代桂岩禅师而建。

7.3 四川汶川、青海玉树地震毁损的古塔

四川邛崃回澜塔

据《邛州志》载:“明万历四十四年(公元 1616 年)州牧袁昭文始建镇江塔。”塔为十三级六边形楼阁式砖塔,通高 75.48 m,为全国第三高砖塔,是四川省境内最高的古塔,也是成都地区唯一对外开放的古塔,被列为“成都之最”,四川省文物保护单位。

汶川地震导致回澜塔宝顶倾斜,第四层外部产生裂缝。

四川广安白塔

南宋淳熙至嘉定(公元 1174 年～1224 年)年间建。四方形,高 36.7 m。塔身为砖石结构,仿木楼阁式建筑,共九层。第一至五层为石结构,第六层至九层为方砖结构,彩裱三层。塔中空,层与层之间有阶梯,可登至塔顶。无塔刹,顶部四方相通。

汶川地震导致四川广安白塔墙体多处开裂。

地震后的四川

阆中市保宁镇玉台山石塔

始建于唐初(7世纪初叶),塔全用石建造,通高8.25m,塔基呈四方形,其上再建四瓣梅花状须弥座,座上下刻仰覆莲瓣,束腰处为镂空卷草纹;塔身呈圆钵状,下内收;塔身之上为塔刹,刹基为圆形莲盘,刹身呈六角柱形,刹顶为火焰宝珠。2006年被国务院公布为全国重点文物保护单位。

汶川地震后的玉台山石塔塔身变形,塔刹震落、损毁。

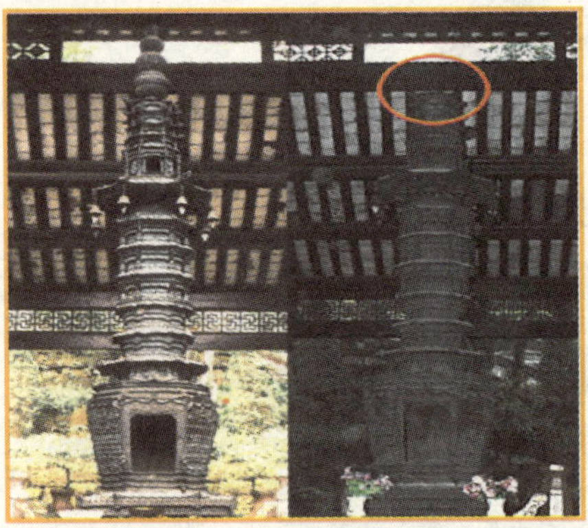

汶川地震前后四川

圣积寺铜塔对比

圣积寺铜塔铸造于明万历十三年(公元1585年),塔身呈八方形,通高5.8 m,为十三级楼阁式铜塔。塔基为须弥座,上置瘦长覆钵式塔身,高96 cm,正面设塔门,其余七面均铸神像6排。上接十三级八角形重檐楼阁,各级均设佛像,共4700余尊,像间铸《华严经》,塔刹为葫芦形。此塔铸造精美,有较高的艺术价值。

汶川地震导致圣积寺铜塔塔刹掉落。

四川德阳龙护舍利塔

始建于汉代，隋大业初仅存塔基，元顺帝至正二年（公元 1342 年）。该塔建于两层台座之上，为密檐式四方砖塔，外形 13 层，高 37 m，塔檐四角挂有铜铃，塔内有盘旋阶梯可登至十一层，清乾隆、嘉庆、民国年间均作过大型维修，塔前存有清代建成的藏经楼一幢。

汶川地震使德阳龙护舍利塔塔身倾斜，塔身外墙粉饰脱落。

地震后的四川阆中古城明代白塔

建于明代末期，共 13 层，高 29 m，外 12 层，内六层并有螺旋梯道 91 级。阆中白塔是一座风水塔，密檐式和楼阁式相结合，塔盘用石料砌成八边形须弥座，塔身用青石砌成八边形锥体，通身布上白灰，是阆中的又一标志性建筑。

汶川地震中，白塔被拦腰折断，只留下 6 层。2009 年进行修复加固，恢复如昔。

地震后的四川文峰塔

始建于清道光二十九年(公元 1849 年),坐北向南,石结构楼阁式。五层一塔刹,高 15.5 m,素面塔身,呈六边形,占地面积 182 m^2。整个塔身壮观,具有较高的历史、艺术、科学价值,2002 年 7 月,被公布为区级重点文物。

汶川地震后,文峰塔塔顶的塔刹和第五层塔身已全部垮塌,第四层约 1/3 的塔体垮塌,第三层也有小部分垮塌,倾斜。

地震后的四川绵竹回漾塔

回漾塔,始建于元朝,原名文峰塔,又名同庆阁,毁于明朝末年,现存的是清朝同治四年(公元 1865 年)所建,高 27 m,墙厚约 1 m,13 层。据碑文记载,同治四年,因马尾河洪水泛滥,波涛汹涌,民间传说河水泛滥与龙王爷兴妖作怪有关。于是将塔名更改为回澜塔,大约是想祈请龙王早早回龙宫去吧。汶川地震后的回漾塔顶部倒塌。

青海玉树禅古寺上寺震损的佛塔

禅古寺历史悠久，据传公元 12 世纪，被创时建于玉树地区的一“吉然圣地”，这里迄今还有“吉然红塔”遗址和“吉然自显白塔”等文物古迹。后因教派之争而渐趋衰微。十四世纪末在七世噶玛巴秋扎嘉措的关照下恢复了禅古寺，寺内建有大经堂、佛塔、僧舍、佛殿和讲经院等。

禅古寺因修建和管护文成公主庙而享有声誉，该寺位于结古镇南 4 km 处的禅古村，距文成公主庙 16 km，始建于公元 12 世纪，海拔 3 700 m，分上下两寺，两寺相距约 70 m，初有下寺，后建上寺，尊下寺为母寺。

禅古寺上寺遭受震害的佛塔群

禅古，直译为“花石头”，得名于下寺附近一块花色磐石。禅古寺属藏传佛教噶举派寺院，修持本派“大手印法”。

玉树地震给三江源名寺——禅古寺造成毁灭性的破坏。致使十余座佛塔倒塌或裂损。

图为上寺的佛塔群，共有 10 座佛塔，呈一字型排列，位于半山坡上。

禅古寺下寺倒塌的佛塔

禅古寺下寺佛塔群位于进寺路口处，原有佛塔共 9 座，呈一字型排列，像是迎接进寺的客人，塔身雕塑精美。

玉树地震后，下寺 9 座佛塔中有 6 座垮塌成为废墟。仅剩的 3 座塔身也受损严重，塔刹不存。

禅古寺下寺倒塌的佛塔

藏区的塔大都为喇嘛塔，塔座均由山坡上的石块就地取材砌筑，用黏土和草结拌合作浆材，经不起强烈地震。图为倒塌的塔体和坠落的塔刹。

禅古寺上寺震损的佛塔-1

位于半坡上的佛塔，基座局部坍塌，塔身产生裂缝并倾斜。

禅古寺上寺震损的佛塔-2

震损的佛塔及半山坡上的墓塔群也遭受不同程度的破坏。

禅古寺上寺震毁的佛塔群

位于陡坡边缘的佛塔群，受地震破坏最为严重。

震垮的佛塔基座

佛塔基座为当地山坡上的块石砌筑而成，胶结性差，不堪强烈地震，地震时首先散架垮塌。

参考文献

[1] 罗哲文.中国古塔概览.外文出版社,1997年.

[2] 陈希哲.地基事故与预防国内外建筑工程实例.清华大学出版社.1996年7月.

[3] 佛教小百科.中国的佛塔.中国社会科学出版社,2003年.

[4] 史佩栋.建(构)筑物地基基础特殊技术.人民交通出版社,2004年.

[5] 王桢.都江堰奎光塔纠偏加固工程竣工报告,2002年.

[6] 谌壮丽,王桢.古塔纠偏加固中的关键技术问题思考,2006年.

[7] 凌均安.兰州白塔寺白塔纠偏加固技术研究,1999年.

[8] 李传珠,李文军.兰州烈士陵园纪念塔纠偏加固工程竣工报告,2000年.

[9] 王桢,谌壮丽等.古塔及塔式建筑物可控精确纠偏加固技术研究,2004年.

[10] 尚继红,王桢,邓安,马骁骑等.北京妙应寺白塔病害勘察报告,2008年.

[11] 王桢,安利强,杨秀梅.青海化隆县阿河滩清真寺宣礼塔地基加固设计,2009年.

[12] 张小兵,程晓伟,杨秀梅等.北京万松老人塔病害勘察报告,2009年.

[13] 王桢,张小兵,程晓伟.北京万松老人塔纠倾加固工程设计,2010年.

[14] 王孟良,王桢.四川都江堰奎光塔纠偏加固工程,2004年.

[15] 程晓伟.青海师大高层住宅楼纠倾加固技术的研究,2009年.

[16] 张小兵.高层建筑物纠倾工程中的监测与控制技术研究,2009年.

[17] 赵仓群.昆明妙湛寺金刚塔整体顶升保护工程设计.文物保护工程,2005年.

[18] 中国工程建筑标准化协会.建筑物移位纠倾增层改造技术规范.北京:中国计划出版社,2007.

[19] 唐业清等.建筑物移位纠倾与增层改造[M].北京:中国建筑工业

出版社，2008.

[20] 唐业清等. 特种工程新技术[M]. 北京：中国建筑工业出版社，2006.

[21] 唐业清等. 特种工程新技术（2009）[M]. 北京：中国建筑工业出版社，2009.

[22] 王其均，谢燕. 宗教建筑. 中国水利水电出版社，2004 年.

[23] 晓东，李保平. 变形监测技术及应用. 黄河水利出版社，2007 年.

编 后 记

中国的古塔是中国文化遗产的一个重要组成部分，它凝聚了祖先们的高超技艺、聪明才智和创造精神，永远值得我们后人敬仰、学习、保护和维修。如果说“建筑是凝固的音乐”，那么中国古塔就是中国“古典音乐”中最华丽的乐章。

在佛教世界里，造塔、修塔、敬塔可获无量福德。即使扫塔也有诗文：“人等百千金，扫用行布施，不如一善心，恭敬礼佛塔。”《百缘经》中还记述：有一个童子在往昔毗婆尸佛时，因见佛陀舍利塔稍有破处，即和颜悦色召请众人共同整治，因此获得福报，于释迦牟尼佛在世时，得生富豪长者家，并于佛陀门下出家，证阿罗汉果。虽然，这些经论故事带有浓厚的宗教和迷信色彩，但主要宗旨还是教化人们淡薄名利地位和金钱、积德行善。人与塔和谐相处，尤其是从保护文物的角度来讲，具有十分积极的意义。

古塔乃至建筑物的倾斜是大自然对于人类不遵守自然规律行为的一种惩罚，从这个意义上说，包括古塔在内的建筑物的纠倾加固则是人类智慧与自然界协调共处的一种行为，认识与尊重客观规律是纠倾加固必须遵循的一项基本法则。

与正常的建筑物勘察设计、施工不同，建筑物纠倾、移位、增层和改造属于高风险、高难度的技术工程，所以国内岩土界称之为建筑物地基基础特种工程。在特种工程技术领域，整治古塔病害更是难上加难、险之又险。首先，古塔年代久远，相当于年迈体弱的古稀老人，各个部位年久老化，必须精心呵护；其次，古塔又属于文物范畴，文物是无价之宝、不可再生，不能有丝毫的损伤，同时文物工程强调修旧如旧，所以古塔纠倾加固是特种工程里的“特种工程”。

中铁西北科学研究院是岩土工程和灾害防治的专业研究院，

20世纪80年代开始涉足文物加固工程。20余年来，在以李传珠、谌壮丽、王恭先、裴章勤、王应先等一批老专家的带领下，先后完成了甘肃省榆林窟、莫高窟、炳灵寺石窟、北石窟、山东省蓬莱阁等岩体加固工程，取得了长足的进步。从1996年开始，先后承担了兰州市白塔山白塔、烈士陵园纪念塔、都江堰市奎光塔纠偏加固任务，实行勘测、设计、施工总承包；随后又承揽了北京妙应寺白塔、北京万松老塔、青海化隆阿河滩青真寺宣礼塔的病害勘察，以及山西应县木塔的技术咨询工作。

鉴于古塔及高层建筑物纠偏具有难度大、风险高的特点，因此中铁西北科学研究院为了开拓新的技术领域，以生产任务为依托，自筹资金，成立以老专家、青年技术骨干为主体的古塔及塔式建筑物纠偏技术研究课题组，对古塔及高层建筑物纠偏技术进行深入的研究。在兰州市白塔山白塔纠偏加固工程中，通过研究，首次采用了以钢筏托换为基础的掏土加压组合纠偏方法，并取得成功。在兰州市烈士陵园纪念塔的纠偏中，根据纪念塔的结构特点（钢筋混凝土结构）采用了双向（塔底和侧向）掏土、侧顶、牵引、定位桩定位的纠倾技术，获得良好的效果。特别是在四川省都江堰市奎光塔的纠偏加固工程中，创造性地采用了无外荷加载方法，形成了一套钢筏托换、千斤顶控制、定位墩防护，多种测试手段进行信息反馈的迫降、顶升组合协调纠偏技术，实现了古塔及塔式建筑物可控精确纠偏，使古塔及塔式建筑物纠偏技术达到国际先进水平，为我国古塔及高层建筑物纠偏提供了新的经验和借鉴。2008年，中铁西北科学研究院将有关古塔研究成果应用于青海师范大学3号高层住宅楼的纠倾加固工程中，取得了圆满成功，使国内倾斜最高的大楼(97 m)“改斜归正”，其科研成果通过鉴定，赢得高度评价，取得了良好的社会和经济效益。2001年6月，我院对西宁市盐湖小区101.6 m高的商住楼成功实施纠倾，再一次刷新了国内纠倾斜楼高度纪录。近年来，中铁西北科学研究院在古塔及高层建筑物纠倾加固特种工程领域，取得了3项省部级一等奖及4项发明专利。

笔者作为技术负责人有幸参与了上述工程实践和科研课题，在实践中积累了一些心得体会，恳望与同行们进行交流。如今《古塔纠倾加固技术》一书与大家见面了，但由于作者水平和掌握资料的限制，可能有不少错漏之处，恳切期望专家、学者、佛教界人士及其他广大读者给予批评指正。

致　谢

在本书编写过程中，中铁西北科学研究院有限公司朱本珍、王应先、牛怀俊、刘文龙、张国帅等院领导给予了大力支持和鼓励；李传珠、王恭先、裴章勤等诸多专家给予了很多帮助；在资料收集和图件整理过程中，杨秀梅、孔德刚、刘立志、程晓伟、张小兵、丁选星、吴冠中、姚伟、刘伟亚、张伟等几位同志也倾注了许多心血，在这里谨向他们表达最诚挚的谢意！

本书在编写过程中，文中有些图件及部分资料来源于网络，在此一并致谢！

2010 年 4 月 19 日